牛场卫生、消毒和防疫手册

NIUCHANG WEISHENG XIAODU HE FANGYI SHOUCE

赵朴 魏刚才 阿不都热衣木·赛提 主编

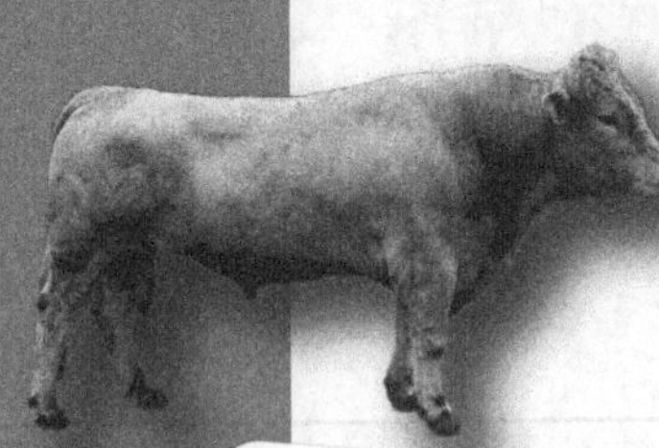

化学工业出版社

·北京·

图书在版编目（CIP）数据

牛场卫生、消毒和防疫手册/赵朴，魏刚才，阿不都热衣木·赛提主编．—北京：化学工业出版社，2015.4（2022.4重印）
ISBN 978-7-122-23114-7

Ⅰ.①牛… Ⅱ.①赵…②魏…③阿… Ⅲ.①乳牛场-卫生防疫管理-手册 Ⅳ.①S858.23-62

中国版本图书馆CIP数据核字（2015）第038410号

责任编辑：邵桂林　　　　文字编辑：李锦侠
责任校对：吴　静　　　　装帧设计：孙远博

出版发行：化学工业出版社
（北京市东城区青年湖南街13号　邮政编码100011）
印　　装：涿州市般润文化传播有限公司
850mm×1168mm　1/32　印张 $9\frac{3}{4}$　字数288千字
2022年4月北京第1版第7次印刷

购书咨询：010-64518888
售后服务：010-64518899
网　　址：http://www.cip.com.cn
凡购买本书，如有缺损质量问题，本社销售中心负责调换。

定　　价：32.00元

本书编写人员名单

主　编　赵　朴　魏刚才　阿不都热衣木·赛提
副主编　高　杰　屈红军　刘坤峰　李小军
编写人员(按姓名笔画排序)

刘代雨（濮阳市清丰县农业技术推广六塔区域站）
刘坤峰（汝阳动物疫病预防控制中心）
李小军（济源市动物卫生监督所）
阿不都热衣木·赛提（哈密地区动物疫病预防控制中心）
屈红军（济源市动物卫生监督所）
赵　朴（河南科技学院）
聂红敏（鹤壁市动物卫生监督所）
高　杰（滑县动物疫病预防控制中心）
梁亚辉（伊川县动物疫病预防控制中心）
魏刚才（河南科技学院）

前　　言

养牛业不仅产品种类多，经济价值高，产品质量好，市场价格稳定，养殖效益好，而且牛耐粗食，好饲养，可以充分利用各种天然资源和农林副产品，生产成本低。近年来养牛业发展迅速，成为人们创业致富的一个好途径，在畜牧业生产中的比重不断提高。但随着养牛业的规模化、集约化程度越来越高，疾病特别是疫病的危害也越来越严重，直接影响到养牛业的稳定持续发展和经济效益的提高。有效控制疫病必须树立“防重于治”、“养防并重”的观念，做好隔离卫生、消毒和免疫接种等基础工作。为此，我们组织有关专家编写了本书。

本书全面系统地介绍了牛场隔离卫生、消毒和免疫接种的基本知识和技术，并介绍了牛场的主要疫病及防制方法，具有较强的针对性、实用性和可操作性，为控制牛场疫病提供了技术支持。本书分为：概述、隔离卫生、消毒、免疫接种、疫病防制五章。本书不仅适宜于牛场的经营者、饲养管理人员、技术人员等阅读，也可以作为大专院校和农村函授及培训班的辅助教材和参考书。

由于水平有限，书中可能会有疏漏及欠妥之处，敬请广大读者批评指正。

编　者

目录 CONTENTS

第一章 概　述

第一节 牛场疫病的类型特点、现状及危害

一、牛场疫病的类型特点

由寄生虫和病原微生物引起的，并具有可传染性的疾病统称为疫病，疫病可以分为传染病和寄生虫病。

（一）传染病

由致病性细菌、病毒、霉形体、真菌等病原微生物侵袭机体引起牛发生疾病。凡是由病原微生物引起，具有一定的潜伏期和临诊表现，且具有传染性的疾病称为传染病。传染病的表现虽然多种多样，但亦具有一些共同特性，即是每一种传染病都有其特异的致病性微生物存在。如口蹄疫是由口蹄疫病毒引起的，没有口蹄疫病毒就不会发生口蹄疫；从传染病病牛体内排出的病原微生物，侵入另一有易感性的健康牛体内，能引起同样症状的疾病。像这样使疾病从病牛传染给健康牛的现象，就是传染病与非传染病相区别的一个重要特征。当条件适宜时，在一定时间内，某一地区易感动物群中可能有许多动物被感染，致使传染病蔓延散播，形成流行；在传染发展过程中由于病原微生物的抗原刺激作用，机体发生免疫生物学的改变，产生特异性抗体和变态反应等。这种改变可以用血清学方法等特异性反应检查出来；动物耐过传染病后，在大多数情况下均能产生特异性免疫，使机体在一定时期内或终生不再感染该种传染病；大多数传染病都具有该种病特征性的综合症状和一定的潜伏期及病程经过。根据上述这些特性可与其他非传染病相区别。这类疾病的特点是具有明显的传染性，往往引起大批动物发病，甚至死亡，生产性能受到严重影响，从而造成巨大损失。

病原微生物侵入动物机体，并在一定的部位定居、生长繁殖，从而引起机体一系列的病理反应，这个过程称为感染。病原微生物在其

物种进化过程中形成了以某些动物的机体作为生长繁殖的场所，过寄生生活，并不断侵入新的寄生机体，亦即不断传播的特性。这样其物种才能保持下来，否则就会被消灭。而牛为了自卫形成了各种防御机能以对抗病原微生物的侵犯。在感染过程中，病原微生物和动物体之间的这种矛盾运动，根据双方力量的对比和相互作用的条件不同而表现不同的形式：当病原微生物具有相当的毒力和数量，而机体的抵抗力相对比较弱时，动物体在临诊上出现一定的症状，这一过程就称为显性感染；如果侵入的病原微生物定居在某一部位，虽能进行一定程度的生长繁殖，但动物不呈现任何症状，亦即动物与病原体之间的斗争处于暂时的、相对的平衡状态，这种状态称为隐性感染。处于这种情况下的动物称为带菌者。健康带菌是隐性感染的结果，但隐性感染是否造成带菌现象须视具体情况而定；病原微生物进入动物体，若动物体的身体条件不适合于侵入的病原微生物生长繁殖，或动物体能迅速动员防御力量将该侵入者消灭，从而不出现可见的病理变化和临诊症状，这种状态就称为抗感染免疫。换句话说，抗感染免疫就是机体对病原微生物的不同程度的抵抗力。动物对某一病原微生物没有免疫力（亦即没有抵抗力）称为有易感性。病原微生物只有侵入有易感性的机体才能引起感染过程。

感染和抗感染免疫是病原微生物和机体斗争过程的两种截然不同的表现，但它们并不是互相孤立的，感染过程必然随伴着相应的免疫反应，二者互相交叉、互相渗透、互相制约，并随着病原微生物和机体双方力量对比的变化而相互转化，这就是决定感染发生、发展和结局的内在因素。了解感染和免疫的发生、发展的内在规律，掌握其转化的条件，对于控制和消灭传染病具有重大意义。

1. 传染病流行过程的三个基本环节

传染病的发生传播，必须具备三个相互连接的基本环节：传染源、传播途径和易感牛群。这三个环节只有同时存在并相互联系时，才会造成传染病的发生和蔓延，其中缺少任意一个环节，传染病都不能流行和传播。了解掌握传染病流行过程的基本条件、影响因素，有利于采取有效措施，减少传染病的发生。

(1) 传染源（传染来源）　指某种传染病的病原体在其中寄居、生长、繁殖，并能排出体外的动物机体。具体来说传染源就是受感染的动物，包括传染病病牛和带菌（毒）动物。动物受感染后，可以表现为患病和携带病原两种状态，因此传染源一般可分为两种类型。

① 患病动物。病牛是重要的传染源。不同病期的病牛，其作为传染源的意义也不相同。前驱期和症状明显期的病牛因能排出病原体且具有症状，尤其是在急性过程或者病程加剧阶段可排出大量毒力强大的病原体，因此作为传染源的作用也最大。潜伏期和恢复期的病牛是否具有传染源的作用，则随病种不同而异。病牛能排出病原体的整个时期称为传染期。不同传染病传染期长短不同。各种传染病的隔离期就是根据传染期的长短来制订的。为了控制传染源，对病牛原则上应隔离至传染期终了为止。

② 病原携带者。病原携带者是指外表无症状但携带并排出病原体的动物。病原携带者是一个统称，如已明确所带病原体的性质，也可以相应地称为带菌者、带毒者、带虫者等。病原携带者排出病原体的数量一般不及病牛，但因缺乏症状不易被发现，有时可成为十分重要的传染源，如果检疫不严，还可以随动物的运输散播到其他地区，造成新的爆发或流行。病原携带者一般分为潜伏期病原携带者（指感染后至症状出现前即能排出病原体的动物。在这一时期，大多数传染病不能起传染源的作用，但有少数传染病在潜伏期后期能够排出病原体）、恢复期病原携带者（指在临诊症状消失后仍能排出病原体的动物。一般来说，这个时期的传染性已逐渐减少或已无传染性了。但还有不少传染病等在临诊痊愈的恢复期仍能排出病原体）和健康病原携带者（指过去没有患过某种传染病但却能排出该种病原体的动物）三类。

另外，还应该注意疫源地。在发生传染病的地区，不仅是病牛和带菌者散播病原体，所有可能已接触病牛的可疑牛群和该范围以内的环境、饲料、用具和牛舍等也有病原体污染。这种有传染源及其排出的病原体存在的地区称为疫源地。疫源地具有向外传播病原的条件，因此可能威胁其他地区的安全。疫源地除包括传染源（传染源则仅仅是指带有病原体和排出病原体的温血动物）之外，还包括被污染的物体、房舍、牧地、活动场所，以及这个范围内怀疑有被传染的可疑动物群和储存宿主等。所以，在防疫方面，对传染源要进行隔离、治疗和处理；而对疫源地除以上措施外，还应包括污染环境的消毒，杜绝各种传播媒介，防止易感动物感染等一系列综合措施。目的在于阻止疫源地内传染病的蔓延和杜绝向外散播，防止新疫源地的出现，保护广大的受威胁区和安全区。

（2）传播途径　病原体由传染源排出后，经一定的方式再侵入其他易感动物所经的途径称为传播途径。研究传染病传播途径的目的在于切断病原体继续传播的途径，防止易感动物受传染，这是防治牛传染病的重要环节之一。

① 直接接触传播。是在没有任何外界因素的参与下，病原体通过被感染的动物（传染源）与易感动物直接接触（交配、啄斗等）而引起的传播方式。仅能以直接接触而传播的传染病，其流行特点是一个接一个地发生，形成明显的链锁状。这种方式使疾病的传播受到限制，一般不易造成广泛的流行。

② 间接接触传播。必须在外界环境因素的参与下，病原体通过传播媒介使易感动物发生传染的方式，称为间接接触传播。从传染源将病原体传播给易感动物的各种外界环境因素称为传播媒介。传播媒介可能是生物（媒介者），也可能是无生命的物体（媒介物）。大多数传染病如口蹄疫、牛传染性胸膜肺炎以及传染性鼻气管炎等以间接接触为主要传播方式，同时也可以通过直接接触传播。两种方式都能传播的传染病也可称为接触性传染病。

间接接触一般通过空气（飞沫、飞沫核、尘埃）、污染的饲料和水、污染的土壤、活的媒介物（节肢动物，如蚊、蠓、蝇、蜱等；野生动物；人类）以及兽医体温计、注射针头以及其他器械的消毒不严而传播。

（3）易感的牛群　该地区牛群中易感个体所占的百分率和易感性的高低，直接影响到传染病是否能造成流行以及疫病的严重程度。牛的易感性高低与病原体的种类和毒力强弱有关，但起决定作用的还是牛体的遗传特征、疾病流行之后的特异免疫等因素。同时，外界环境条件如气候、饲料、饲养管理卫生条件等因素也都可能直接影响到牛群的易感性和病原体的传播。

① 内在因素。不同的品种或品系牛，对传染病抵抗力存在差别，这往往是由遗传因素决定的，这也是抗病育种的结果。

② 外界因素。各种饲养管理因素包括饲料质量、牛舍卫生、粪

便处理、拥挤、饥饿断水以及隔离检疫等都是与疫病发生有关的重要因素。

③ 特异免疫状态。在某些疾病流行时，牛群中易感性最高的个体易于死亡，余下的牛、或已耐过，或经过无症状传染都获得了特异免疫力。所以在发生疾病流行之后该地区牛群的易感性降低，疾病会停止流行。此种免疫的牛所生的后代常有先天性被动免疫，在幼龄时期也具有一定的免疫力。牛免疫性并不要求牛群中的每一个成员都是有抵抗力的，如果有抵抗力的动物所占比例，一旦引进病原体后出现疾病的危险性就较小，通过接触可能只出现少数散发的病例。因此，发生流行的可能性不仅取决于牛群中有抵抗力的个体数，而且也与牛群中个体间接触的频率有关。一般如果牛群中有70%～80%是有抵抗力的，就不能发生大规模的爆发流行。这个事实可以解释为什么通过免疫接种牛群常能获得良好的保护，尽管不是100%的易感动物都进行了免疫接种，或是应用集体免疫后不是所有动物都获得了免疫力。当新的易感动物被引入一个牛群中时，牛群免疫性的水平可能会出现变化，这些变化就是使牛群免疫性逐渐降低以致引起流行。

2. 流行过程的表现形式

在牛传染病的流行过程中，根据在一定时间内发病率的高低和传播范围的大小（即流行强度），可区分为散发性（发病数目不多，并且在一个较长的时候里只有个别地零星地散在发生）、地方流行性（小规模流行的牛传染病）、流行性（指在一定时间内一定牛群出现比寻常为多的病例）和大流行（是一种规模非常大的流行，流行范围可扩大至全国，甚至可涉及几个国家或整个大陆）。

3. 流行过程的季节性和周期性

（1）季节性　某些牛传染病经常发生于一定的季节，或在一定的季节出现发病率显著上升的现象，称为流行过程的季节性。出现季节性的原因，主要有下述几个方面。一是季节对病原体在外界环境中存在和散播的影响。夏季气温高，日照时间长，这对那些抵抗力较弱的病原体在外界环境中的存活是不利的。例如炎热的气候和强烈的日光暴晒，可使散播在外界环境中的病毒很快失去活力，因此，病毒病的流行一般在夏季减缓和平息。二是季节对活的传播媒介（如节肢动物）的影响。夏秋炎热季节，蝇、蚊、蠓类等吸血昆虫大量孳生，活动频繁，凡是能由它们传播的疾病，都较易发生，如牛的副红细胞体病等；三是季节对牛活动和抵抗力的影响。季节变化，主要是气温和饲料的变化，对牛抵抗力有一定影响，这种影响对于由条件性病原微生物引起的传染病尤其明显。如在寒冬或初春，容易发生某些呼吸道传染病等。寒冷季节突然的寒流容易引起传染性胃肠炎的发生。

(2) 周期性　某些传染病经过一定的间隔时期（常以数年计），还可能表现为再度流行，这种现象称为传染病的周期性。在传染病流行期间，易感牛除发病死亡或淘汰以外，其余由于患病康复或隐性感染而获得免疫力，因而使流行逐渐停息。但是经过一定时间后，由于免疫力逐渐消失，或新的一代出生，或引进外来的易感牛，使牛群易感性再度增高，结果可能重新爆发流行。由于牛每年更新或流动的数目很大，疾病可以每年流行，周期性一般并不明显。

4. 传染病的发展阶段

(1) 潜伏期　由病原体侵入机体并进行繁殖时起，直到疾病的临诊症状开始出现为止，这段时间称为潜伏期。不同的传染病其潜伏期的长短常常是不相同的，就是同一种传染病的潜伏期长短也有很大的变动范围。这是由于不同的动物种属、品种或个体的易感性是不一致的，病原体的种类、数量、毒力和侵入途径、部位等情况有所不同也可导致出现差异，但相对来说还是有一定规律性的。例如牛的轮状病毒病的潜伏期为 18～96 小时，牛副流感的潜伏期为 2～5 天。一般来说，急性传染病的潜伏期差异范围较小；慢性传染病以及症状不很显著的传染病其潜伏期差异较大，常不规则。同一种传染病潜伏期短的，疾病经过常较严重；反之，潜伏期延长时，病程亦常较轻缓。从流行病学的观点来看，处于潜伏期中的动物之所以值得注意，主要是因为它们可能是传染的来源。

(2) 前驱期　是疾病的征兆阶段，其特点是临诊症状开始表现出来，但该病的特征性症状仍不明显。从多数传染病来说，这个时期仅可察觉出一般的症状，如体温升高、食欲减退、精神异常等。各种传染病和各个病例的前驱期长短不一，通常只有数小时至 1～2 天。

(3) 明显（发病）期　前驱期之后，病的特征性症状逐步明显地表现出来，是疾病发展到高峰的阶段。这个阶段因为很多有代表性的特征性症状相继出现，在诊断上比较容易识别。

（4）转归期（恢复期） 病原体和动物体这一对矛盾，在传染过程中依据一定条件，各向着其相反的方面转化。如果病原体的致病性能增强，或动物体的抵抗力减退，则传染过程以动物死亡为转归。如果动物体的抵抗力得到改进和增强，则机体便逐步恢复健康，表现为临诊症状逐渐消退，体内的病理变化逐渐减弱，正常的生理机能逐步恢复。机体在一定时期保留免疫学特性。在病后一定时间内还有带菌（毒）排菌（毒）现象存在，但最后病原体可被消灭清除。

传染病的病程长短取决于机体的抵抗力和病原体的致病力等因素，同一种传染病的病程并不是经常不变的，一个类型常易转变为另一个类型。

（二）寄生虫病

在两种生物之间，一种生物以另一种生物体为居住条件，夺取其营养，并造成其不同程度的危害的现象，称为“寄生生活”，过着这种寄生生活的动物，称为“寄生虫”。由寄生虫所引起的疾病，称为寄生虫病。被寄生虫寄生的人和动物，称为寄生虫的宿主。寄生虫病的种类很多，分布很广，常以隐蔽的方式危害畜禽的健康，不仅影响幼龄动物的生长发育，降低生产性能和产品质量，而且还可造成大批动物的死亡，给畜牧业的发展带来严重危害。

1. 寄生虫病的流行规律

牛寄生虫的传播和流行，必须具备传染源、传播途径和易感动物三个方面的条件，但还要受到自然因素和社会因素的影响和制约。

（1）寄生虫的生活史 寄生虫的生长、发育和繁殖的全部过程称为生活史。在牛体内寄生的各种寄生虫，常常是通过牛的血液、粪、尿及其他分泌物、排泄物，将寄生虫生活史的某一个阶段（如虫体、虫卵或幼虫）带到外界环境中，再经过一定的途径侵入到另一个宿主体内寄生，不断地循环下去。

（2）牛寄生虫发生和流行的条件 寄生虫发生和流行有三大条件是易感动物（各种寄生虫均有其各自的易感动物）、传染源（包括病牛、带虫者、保虫宿主、延续宿主等，在其体内有成虫、幼虫或虫卵，并要有一定的毒力和数量）和适宜的外界环境条件（包括温度、湿度、光线、土壤、植被、饲料、饮水、寄生条件、饲养管理，宿主的体质、年龄，中间宿主、保虫宿主的存在等，关系都非常密切），三者缺一不可。

（3）牛寄生虫病的感染途径　一是经口感染，这是主要途径，如球虫病、蛔虫病、绦虫病等，都是通过这条途径感染的；二是经皮肤感染，感染性幼虫主动钻入宿主健康皮肤而感染，如螨虫病；三是接触感染，如外寄生虫总是通过病牛和健康牛的直接接触或通过病牛的用具、牛舍、栏具、垫草等接触而感染。

2. 外界环境因素与寄生虫的关系

寄生虫都在一定的外界环境中生存，各种环境因素必然对其产生不同的影响。有些环境条件可能适宜于某种寄生虫的生存，而另一些环境条件则可能抑制其生命活动，甚至能将其杀灭。外界环境条件及饲养管理情况，对牛的生理机能和抗病能力也有很大影响，如不合理的饲养，缺乏运动，牛舍通风换气不良，过于潮湿和拥挤，粪尿不经常清除，缺乏阳光照射等，都会降低牛的抵抗力，而有利于寄生虫的生存和传播。因此，加强饲养管理，改善环境卫生条件，对控制和消灭牛寄生虫病是十分必要的。

二、牛场疫病的现状

（一）老病再度回升

新中国成立以来，我国对危害严重的动物传染病（包括牛传染病）开展了大规模的防制，除了彻底消灭牛瘟和牛肺疫外，还使许多在我国长期流行的传染病（如结核病、炭疽、布氏杆菌病、口蹄疫等）得到了有效控制。但是，近年来，口蹄疫、结核病、炭疽、布氏杆菌病等传染病的发生和流行，又呈上升趋势。值得注意的是，在这些再度回升的老病中，不少都是对人类健康有严重威胁的人兽共患病。以结核病为例，近年来，奶牛的个体养殖户不断增多，秸秆饲料得到有效利用，农村养牛、养羊的数量增加，在这样的形势下，人们往往只注意一时的经济利益，不按规定对牛群实施结核病的检疫、隔离、消毒等综合性防疫措施，这就为结核病的散播流行创造了有利条件。结核病的疫情已呈上升趋势，病牛检出率增高，有些新建牛场结核病牛检出数目也较多。牛结核病的流行，增加了人感染的机会，两者呈平行关系。因此，结核病已成为世界范围内人类每年以传染病而亡故的首位病因。又如炭疽，据报道，目前在全国 21 个省（区）中，家畜经常有散发性炭疽病流行，且不时引起人群中爆发炭疽病，甚至流行。炭疽病原体所产生的芽孢，对外界环境的抵抗力特别强大，在土壤中可长期存活（在兽墓内的土壤中可存活 34 年以上）。目前，由于土地资源的广泛开发和环境的改造，各类物资的频繁交流，增加了牛羊接触炭疽病原体的机会，如果放松了以往坚持进行的免疫接种，就容易造成炭疽病的爆发。

（二）新病增多

近年来，我国养殖业发展迅速，从国外引进种畜（禽）和动物产品的种类和数量显著增加。因为缺乏有效的监测手段，而且配套措施不足，使牛疫病旧病尚未根除新病又开始出现。当前发生率较高的牛病，主要有轮状病毒感染、口蹄疫、恶性卡他热冠状病毒感染、大肠杆菌病、牛流行热等疫病。另外，还致使诸如牛蓝舌病、赤羽病、牛黏膜病、牛传染性鼻气管炎和梅迪-维斯纳病等疾病传入我国。这些新出现的牛羊传染病，有些目前仅在局部地区出现，尚未引起广泛传播流行，有些则仅在血清学检查时为阳性反应，尚未出现有临床症状的病畜，但这类疾病具有更大的潜在危险性，在防制工作中绝不能掉以轻心。大肠杆菌 O157：H 是近几年发现的一种新的肠出血性大肠杆菌（EnterohPmorrhagic E. Coli，EHEC)，产生志贺毒素样细胞毒素，主要引起出血性便，人和动物都可发病，其传播途径主要通过污染的食物、饮水而感染。该菌可寄生于动物肠道内，动物类便处理不当，屠宰时不按照兽医卫生要求进行操作，就会使人或其他动物以及肉品受到污染。据资料报道，已在牛肉、猪肉、羊肉和禽肉中检出该菌，检出率分别为 3.7%、1.5%、2.0%、1.5%，牛奶、牛粪中也可检出该菌，该菌粪检阳性率，犊牛为 0.36%。我国已分离到该病原菌，因此，该菌在我国的感染不容忽视。

（三）病原的多型性和变异性

在细菌方面，大肠杆菌是犊牛、羔羊腹泻的主要病原。许多地区对分离到的牛、羊源大肠杆菌进行血清学鉴定，发现不同地区的优势血清型差别很大。以西北地区为例，徐桂珍等在宁夏一个农场从腹泻羔羊分离到大肠杆菌 95 株，对其中 54 株做血清学鉴定，其血清型分别属于 O_S（34 株）、O_{101}（12 株）、O_{78}（6 株）、O_9（2 株）。王治才等对在新疆 5 个地区分离到的 510 株大肠杆菌，用 126 种 O 抗血清鉴定，定出 O 型 57 种，其中略占优势的为 O_{85}（26 株）、O_{101}

(21株)、O_{93}（19株）、O_{90}（17株）、O_{60}（16株）、O_{8}（12株）。另据刘麟书等报道，即使在同一地区，不同疫群的优势血清型也不尽相同。因此在防疫实践中，使用商品大肠杆菌病疫苗效果不佳，血清型多是主要原因。有些地区使用当地分离株制成疫苗就地使用，收到了较好的效果。在病毒方面，口蹄疫病毒的多型性和易变性是其主要特点。所以在一些地区每几年就大流行一次，在某些地区甚至常年发生。

（四）疾病的混合感染和多病原性

当前在牛羊传染病流行过程中，常发现混合感染及多病原性疾病，从而导致病情复杂，诊断费时，并加大了防治的难度。如李明瑞等应用酶联免疫吸附试验和常规细菌检验方法，对采集的106份牦犊牛腹泻粪便进行检查，检出致病病原物95份，其中单独大肠杆菌、单独轮状病毒、大肠杆菌和轮状病毒混合感染的比例分别为44%、19%、37%。家畜"猝死症"是近年来新出现的一种疾病，此病主要发生于牛（黄牛、牦牛、水牛）、羊（绵羊、山羊）和猪，有山东、河南、吉林、青海、甘肃、四川、江苏等22个省（区）的586个县发病，病畜急性死亡，造成了巨大的经济损失。为此，全国畜牧兽医总站设立专题开展研究。病原学检验证明，此病在山东省病牛中表现为肺炎克勒伯菌和凝结芽孢杆菌的混合感染，其他省区则表现为多病原性，河南、江苏、吉林、四川、青海、甘肃等省的主要病原为魏氏梭菌（A型占优势），除魏氏梭菌外，青海、海南、四川等省从部分死亡牦牛、水牛和黄牛病料分离出溶血梭菌，江苏、四川、河南和甘肃等省从病死牛羊病料中分离到腐败梭菌。

大肠杆菌、轮状病毒、沙门菌等病原引起的腹泻，细菌、真菌与病毒引起的子宫内膜炎和乳房炎等，牛群存在多重或混合感染问题，很多疾病都是同时发生的，并且防治难度较大。病菌与病菌之间呈现交叉感染的现象往往是由于多种病原同时存在，导致病菌的耐药性逐渐增强难以诊治。

（五）牛寄生虫病发生机会增加

规模牛场由于牛群密度大，牛舍温度较高，为寄生虫的繁殖、生长、传播提供了温床，寄生虫病一年四季都可能发生。牛场的寄生虫种类繁多，如毛滴虫病（影响牛的繁殖）、牛疥癣病（引起发痒，皮肤患部被毛部分或全部脱落，病牛迅速消瘦等）以及牛壁虱病等，对牛的危害严重，常常造成牛群饲料转化率下降、生长发育不良、生长缓慢。

三、牛场疫病的危害

目前，我国牛群中发生的疫病，由于存在多种病原（病毒、细菌、寄生虫）混合感染，加之病原发生变异和毒力增强，各种免疫抑制因素广泛存在，饲喂发霉变质的饲料造成霉菌毒素中毒，滥用抗生素而诱发病原体抗药性的增高，不合理不科学地乱打疫苗造成的免疫失败以及饲养环境的污染与病死牛的流动等，致使牛病的疫情越来越严重，病症越来越复杂，防控的难度越来越大，给养牛业带来巨大危害。一是经济损失巨大，疫病发生导致牛的繁殖率降低，肉牛生长缓慢，奶牛产奶量少，饲料转化率差等，极大地影响了养牛的效益。同时，疫病的发生，极大地增加了疾病防治费用的投入，给牛场带来巨大的经济损失。二是影响产品质量，畜禽一旦感染疫病，其正常生理功能遭到破坏，机体处于应急和代偿状态，如果长时间处于这种状态，势必影响畜禽的生产功能和畜产品质量。加之治疗疫病而大量使用药物，可能造成产品中药物残留等，都会影响产品质量。三是危害公共卫生安全，疫病的发生导致畜产品的污染，病死畜处理不善在市场上的流通以及对环境的污染等，都会严重危害公共卫生安全。

第二节 牛场疫病的控制策略

规模化、集约化生产，一方面，畜禽的饲养规模扩大，高度密集，频繁引种，畜禽及其产品的广泛流通以及粪尿、污水、病死畜禽的不适当处理等，导致病原传播的机会增加，疫病种类增多；另一方面高密度舍内饲养，畜禽缺乏活动空间，养殖环境恶化以及饲养不完善等，导致畜禽经常处于应激状态，抵抗力大幅度下降，使疾病成为畜禽高效安全生产的“瓶颈”，成为影响养殖业持续发展和养殖场效益提高的主要因素。避免疾病，特别是疫病的发生，必须树立“防重于治”、“养防并重”的观念，采取综合控制措施。

一、注重饲养管理

采用“全进全出”制饲养方式；提供适宜的环境条件，如适宜的温度、湿度、光照、密度和气流。保证舍内空气清新洁净，可在进气口安装过滤装置或空气净化器，减少进入舍内空气中微粒的数量，降低微生物含量，也可在封闭舍内安装空气电净化系统来除尘、防臭和减少病原微生物。根据不同阶段畜禽营养需求提供营养全面、平衡的优质日粮，保证充足的活动空间等。通过科学饲养管理，可以减少应激反应，提高机体的抵抗力。

二、加强生物安全

（一）生物安全的概念及含义

生物安全是指用于预防畜禽疾病和人畜共患病的病原体进入畜禽群的全部管理实践。生物安全是指包括阻断致病性的病毒、细菌、真菌、后生动物和原生动物等侵入畜禽群机体并进行增殖而采取的各项措施。由于生物安全不仅重视整个生产体系所有部分的联系及其对动物安全的影响，而且强调从实践上贯穿于生产管理始终，所以生物安全是阻断引起畜禽疾病及人畜共患病的病原体进入畜禽群体、排除疾病威胁的多种预防措施而集成的一个综合措施（生物安全措施），是减少疾病威胁的最佳手段。最重要的措施是隔离卫生、消毒和免疫接种。

（二）生物安全的措施

1. 隔离卫生

隔离即是断绝来往，养殖场的隔离就是指减少动物与病畜禽或病原接触机会的措施。良好的隔离可以阻断病原进入养殖场和畜禽机体，减少畜禽感染和发病的机会。养殖场的隔离措施包括场址的选择、规划布局、卫生防疫设施的完善（如防疫墙、消毒池及消毒室）、引种的隔离观察（种畜禽的净化）、全进全出的饲养制度及饲养单一动物、进出人员和设备用具消毒、饲料和饮水卫生、杀虫灭鼠、废弃物的无害化处理以及驱虫等。

2. 消毒

消毒是指用物理的、化学的和生物学的方法清除或杀灭外环境（各种物体、场所、饲料饮水及畜禽体表皮肤、黏膜及浅表体）中病原微生物及其他有害微生物。消毒的含义包含两点：①消毒是针对病原微生物和其他有害微生物的，并不要求清除或杀灭所有微生物；②消毒是相对的而不是绝对的，它只要求将有害微生物的数量减少到无害程度，而并不要求把所有病原微生物全部杀灭。

消毒是生物安全体系中重要的环节，也是养殖场控制疾病的一个重要措施。一方面，消毒可以减少病原进入养殖场或畜禽舍。另一方面，消毒可以杀灭已进入养殖场或畜禽舍内的病原。总的结果是减少了畜禽周边病原的数量，减少了畜禽被病原感染的机会。养殖场的消毒包括进入人员、设备、车辆消毒，养殖场环境消毒，畜禽舍消毒，水和饲料消毒以及带畜（或禽）消毒等。

3. 免疫

免疫是预防、控制疫病的重要辅助手段，也是基本的生物安全措施。免疫接种可以提高畜禽的特异性抵抗力。应根据本地疫病流行状况、动物来源和遗传特征、养殖场防疫状况和隔离水平等在动物防疫监督机构或兽医人员的监督指导下，选择疫苗的种类和免疫程序。注意疫苗必须为正规生产厂家经有关部门批准生产的合格产品。出于防治特定的疫病需要，自行研制的本场（地）毒株疫苗，必须经过动物防疫监督机构严格检验和试验，确认安全后方可应用，并且除在本场应用外，不得出售或用于其他动物养殖场；进行确切免疫接种，并定期进行疫病检测。

第二章　牛场的隔离卫生

第一节　完善牛场的隔离卫生设施

场址选择及规划布局、牛舍设计和设备配备等方面都直接关系到场区的温热环境和环卫生状况等。牛场场地选择不当，规划布局不合理，牛舍设计不科学，必然导致隔离条件差，温热环境不稳定，环境污染严重，牛群疾病频发，生产性能不能正常发挥，经济效益差。所以，应科学选择好场地，合理规划布局，并注重牛舍的科学设计和各种设备配备，使隔离卫生设施更加完善，以维护牛群的健康和促进生产潜力的发挥。

一、场址选择和规划布局

（一）肉牛场场址选择

如何选择一个好的场址，需要周密考虑，统筹安排，要有长远的规划，要留有发展的余地，以适应今后养牛业发展的需要。同时必须与农牧业发展规划、农田基本建设规划及今后修建住宅等规划结合起来，符合兽医卫生和环境的要求，周围无传染源，无人畜地方病，适应现代养牛业的发展方向。

1. 场址选择的原则

① 符合肉牛的生物学特性和生理特点。

② 有利于保持牛体健康。

③ 能充分发挥其生产潜力。

④ 最大限度地发挥当地资源和人力优势。

⑤ 有利于环境的保护和安全。

2. 场址选择

（1）地势和地形　场地应选在地势高燥、避风、阳光充足的地方，这样的地势可防潮湿，有利于排水，便于牛体生长发育，防止疾病的发生。与河岸保持一定的距离，特别是在水流湍急的溪流旁建场时更应注意，一般要高于河岸，最低应高出当地历史洪水线。其地下水位应在 2 米以下，即地下水位需在青贮窖底部 0.5 米以下，这样的地势可以避免雨季洪水的威胁，减少土壤毛细管水上升而造成的地面潮湿。要向阳背风，以保证场区小气候温热状况能够相对稳定，减少冬季雨雪的侵袭。牛场的地面要平坦稍有坡度（不超过2.5%），总坡度应与水流方向相同。山区地势变化大，面积小，坡度大，可结合当地实际情况而定，但要避开悬崖、山顶、雷区等地。地形应开阔整齐，尽量少占耕地，并留有余地来发展，理想的地形是正方形或长方形，尽量避免狭长形或多边角形。

（2）土壤　场地的土壤应该具有较好的透水透气性能，抗压性好且洁净卫生。透水透气，尿液不易聚集，场地干燥，渗入地下的废弃物在有氧情况下分解产物对牛场污染小，有利于保持牛舍及运动场的清洁与干燥，有利于防止蹄病等疾病的发生。土质均匀，抗压性强，有利于建筑牛舍。沙壤土是肉牛场场地的最好土壤，其次是沙土、壤土。土壤的生物学指标见表2-1。

表2-1　土壤的生物学指标

污染情况	寄生虫卵数/[个/千克(土)]	细菌总数/[万个/千克(土)]	大肠杆菌值/[克(土)/个]
清洁	0	1	1000
轻度污染	1～10	—	—
中等污染	10～100	10	50
严重污染	>100	100	1～2

注：清洁和轻度污染的土壤适宜作场址。

（3）水源　场地的水量应充足，能满足牛场内的人、肉牛饮用和其他生产、生活需要，并应考虑防火和未来发展的需要，每头成年牛每日耗水量为60千克。要求水质良好，能符合饮用标准的水最为理想，不含毒素及重金属。此外，在选择时要调查当地是否因水质不良而出现过某些地方性疾病等。水源要便于取用，便于保护，设备投资少，处理技术简单易行。通常以井水、泉水、地下水为好，雨水易被污染，最好不用。

（4）草料　饲草、饲料的来源，尤其是粗饲料，决定着牛场的规模。肉牛场应距秸秆、干草和青贮料资源较近，以保证草料供应，减少成本，降低费用。一般应考虑5千米半径内的饲草资源，根据有效范围内年产各种饲草、秸秆总量，减去原有草食家畜消耗量，剩余的富余量便可决定牛场的规模。

(5) 交通　便利的交通是牛场对外进行物质交流的必要条件，但距公路、铁路和飞机场过近时，噪声会影响牛的正常休息与消化，人流、物流频繁也易使牛患传染病，所以牛场应距交通干线1000米以上，距一般交通线100米以上。

(6) 社会环境　牛场应选择在居民点的下风向，径流的下方，距离居民点至少500米，其海拔不得高于居民点，以避免肉牛排泄物、饲料废弃物、患传染病的尸体等对居民区造成污染。同时也要防止居民区对肉牛场的干扰，如居民生活垃圾中的塑料膜、食品包装袋、腐烂变质食物、生活垃圾中的农药造成的牛的中毒，带菌宠物传染病，生活噪声影响牛的休息与反刍。为避免居民区与肉牛场的相互干扰，可在两地之间建立树林隔离区。牛场附近不应有超过90分贝噪声的工矿企业，不应有肉联、皮革、造纸、农药、化工等有毒有污染危险的工厂。

(7) 其他因素

① 我国幅员辽阔，南北气温相差较大，应减少气象因素的影响，如北方不要将牛场建设于西北风口处。

② 山区牧场还要考虑建在放牧出入方便的地方。

③ 牧道不要与公路、铁路、水源等交叉，以避免污染水源和防止发生事故。

④ 场址大小、间隔距离等，均应遵守卫生防疫要求，并应符合配备的建筑物和辅助设备及牛场远景发展的需要。

⑤ 场地面积根据每头牛所需要面积160～200米^{2}确定；牛舍及房舍的面积为场地总面积的10%～20%。由于牛体大小、生产目的、饲养方式等不同，每头牛占用的牛舍面积也不一样。肥育牛每头所需面积为1.6～4.6米^2，通栏肥育牛舍有垫草的每头牛占2.3～4.6米^2。

(二) 肉牛场规划布局

牛场规划布局的要求应从人和牛的保健的角度出发，建立最佳的生产联系和卫生防疫条件，合理安排不同区域的建筑物，特别是在地势和风向上进行合理的安排和布局。

1. 合理分区

牛场一般分成生产管理区、生产辅助区、生产区、病畜隔离与粪污处理区几大功能区（见图 2-1），各区之间保持一定的卫生间距。

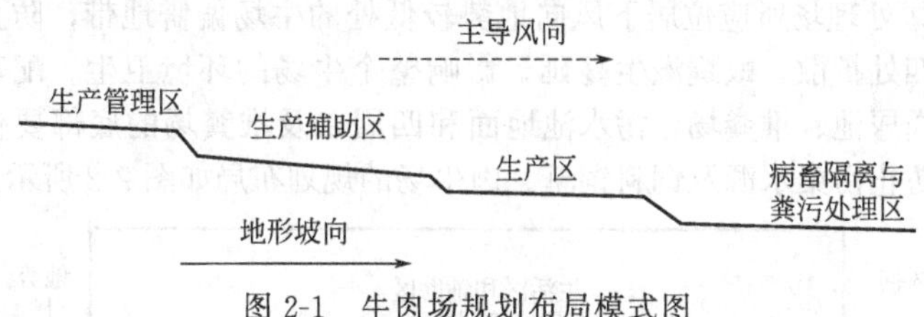

图 2-1 牛肉场规划布局模式图

（1）管理区 为全场生产指挥、对外接待等管理部门。包括办公室、财务室、接待室、档案资料室、试验室等。管理区应建在牛场入场口的上风处，严格与生产区隔离，保证 50 米以上的距离，这是建筑布局的基本原则。另外，以主风向分析，办公区和生活区要区别开来，不要在同一条线上，生活区还应在水流或排污的上游方向，以保证生活区有良好的卫生环境。为了防止疫病传播，场外运输车辆（包括牲畜）严禁进入生产区。汽车库应设置在管理区。除饲料外，其他仓库也应该设在管理区。外来人员只能在管理区活动，不得进入生产区。

（2）辅助区 为全场饲料调制、贮存、加工、设备维修等部门。辅助区可设在管理区与生产区之间，其面积可按要求来决定。但也要适当集中，节约水电线路管道，缩短饲草饲料运输距离，便于科学管理。粗饲料库设在生产区下风向地势较高处，与其他建筑物保持 60 米的防火距离。兼顾由场外运入，再运到牛舍两个环节。饲料库、干草棚、加工车间和青贮池，离牛舍要近一些，位置适中一些，便于车辆运送草料，减小劳动强度。但必须防止牛舍和运动场因污水渗入而污染草料。

（3）生产区 是牛场的核心，应设在场区管理区的下风向处，更能控制场外人员和车辆，使之不能直接进入生产区，以保证最安全，最安静。大门口设立门卫传达室、消毒室、更衣室和车辆消毒池，严禁非生产人员出入场内，出入人员和车辆必须经消毒室或消毒池严格消毒。生产区牛舍要合理布局，分阶段分群饲养，按育成、架子牛、肥育阶段等顺序排列，各牛舍之间要保持适当距离，布局整齐，以便于防疫和防火。

（4）病牛隔离和粪污处理区 此区应设在下风头，地势较低处，应与生产区距离100米以上，病牛区应便于隔离，单独通道，便于消毒，便于污物处理。病畜管理区要四周砌围墙，设小门出入，出入口建消毒池、专用粪尿池，严格控制病牛与外界接触，以免病原扩散。

粪尿处理场所应位居下风向地势较低处的牛场偏僻地带，防止粪尿恶臭味四处扩散，蚊蝇滋生蔓延，影响整个牛场的环境卫生。配套有污水池、粪尿池、堆粪场，污水池地面和四周以及堆粪场的底部要作防渗处理，防止污染水源及饲料饲草。肉牛场的规划布局如图2-2所示。

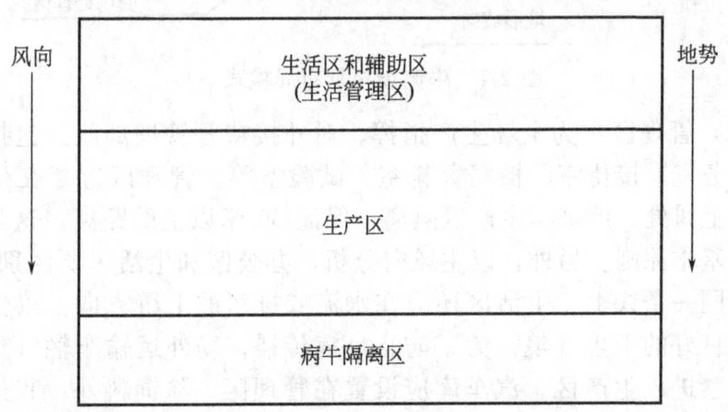

图2-2　牛场的规划布局图

2. 肉牛舍朝向和间距

肉牛舍朝向直接影响到肉牛舍的温热环境和卫生条件的维持，一般应以当地日照和主导风向为依据，使肉牛舍的长轴方向与夏季主导风向垂直。如我国夏季盛行东南风，冬季多为东北风或西北风，所以，南向的肉牛场场址和肉牛舍朝向是适宜的。肉牛舍之间应该有20米左右的距离。

3. 牛场道路

牛场设置清洁道和污染道，清洁道供饲养管理人员、清洁的设备用具、饲料和健康肉牛等使用，污染道供清粪、污浊的设备用具、病死和淘汰的肉牛使用。清洁道在上风向，与污染道不交叉。

4. 贮粪场

牛场设置粪尿处理区。粪场可设置在多列牛舍的中间，靠近道路，有利于粪便的清理和运输。贮粪场（池）设置时注意以下几点。

① 贮粪场应设在生产区和牛舍的下风处，与住宅、肉牛舍之间保持有一定的卫生间距（距肉牛舍30～50米）。并应便于运往农田或

作其他处理。

② 贮粪池的深度以不受地下水浸渍为宜，底部应较结实，贮粪场和污水池要进行防渗处理，以防粪液渗漏流失污染水源和土壤。

③ 贮粪场底部应有坡度，使粪水可流向一侧或集液井，以便取用。

④ 贮粪池的大小应根据每天牧场家畜排粪量的多少及贮藏时间长短而定。

5. 绿化设计

绿化不仅可以美化环境，而且可以净化环境，改善小气候，而且有防疫防火的作用，牛场绿化时注意以下方面。

（1）场界林带的设置　在场界周边种植乔木和灌木混合林带，乔木如杨树、柳树、松树等，灌木如刺槐、榆叶梅等。特别是场界的西侧和北侧，种植混合林带宽度应在 10 米以上，以起到防风阻砂的作用。树种选择应适应北方寒冷特点。

（2）场区隔离林带的设置　主要用以分隔场区和防火。常用杨树、槐树、柳树等，两侧种以灌木，总宽度为 3～5 米。

（3）场内外道路两旁的绿化　常用树冠整齐的乔木和亚乔木以及某些树冠呈锥形、枝条开阔、整齐的树种。需根据道路宽度选择树种的高矮。在建筑物的采光地段，不应种植枝叶过密、过于高大的树种，以免影响自然采光。

（4）运动场的遮阴林　在运动场的南侧和西侧，应设 1～2 行遮阴林。多选枝叶开阔，生长势强，冬季落叶后枝条稀疏的树种，如杨树、槐树、枫树等。运动场内种植遮阴树时，应选遮阴性强的树种。但要采取保护措施，以防家畜破坏。

二、牛舍的设计和建设

（一）牛舍的类型及特点

牛舍按墙壁的封闭程度不同可分为封闭式、半开放式、开放式和棚舍式；按屋顶的形状不同可分为钟楼式、半钟楼式、单坡式、双坡式和拱顶式；按牛床在舍内的排列不同分为单列式、双列式和多列式；按舍饲牛的对象不同分为成年母牛舍、犊牛舍、育成牛舍（架子牛舍）、育肥牛舍和隔离观察舍等。

1. 棚舍

棚舍或称凉亭式牛舍，有屋顶，但没有墙体。在棚舍的一侧或两侧设置运动场，用围栏围起来。棚舍结构简单，造价低。适合作为温暖地区和冬季不太冷的地区的成年牛舍。

炎热季节为了避免牛受到强烈的太阳辐射，缓解热应激对牛体的不良影响，可以修建凉棚。凉棚的轴向以东西向为宜，避免阴凉部分移动过快；棚顶材料和结构有秸秆、树枝、石棉瓦、钢板瓦以及草泥挂瓦等，根据使用情况和固定程度确定。如长久使用可以选择草泥挂瓦、夹层钢板瓦、双层石棉瓦等，如果临时使用或使用时间很短，可以选择秸秆、树枝等搭建。秸秆和树枝等搭建的棚舍只要达到一定厚度，其隔热作用也较好，棚下凉爽；棚的高度一般为3～4米，棚越高越凉爽。冬季可以使用彩条布、塑料布以及草帘将北侧和东西侧封闭起来，避免寒风直吹牛体。

2. 半开放牛舍

(1) 一般半开放牛舍　半开放牛舍有屋顶，三面有墙（墙上有窗户），向阳一面敞开或半敞开，墙体上安装有大的窗户，有部分顶棚，在敞开一侧设有围栏，水槽、料槽设在栏内，肉牛散放其中。每舍（群）15～20头，每头牛占有面积4～5米^2。这类牛舍造价低，节省劳动力，但冷冬防寒效果不佳。适用于青年牛和成年牛。

(2) 塑料暖棚牛舍　是近年北方寒冷地区推出的一种较保温的半开放牛舍。与一般半开放牛舍相比，保温效果较好。塑料暖棚牛舍三面全墙，向阳一面有半截墙，有(1/2)～(2/3)的顶棚。向阳的一面在温暖季节露天开放，寒季在露天一面用竹片、钢筋等材料做支架，上覆单层或双层塑料，两层膜间留有间隙，使牛舍呈封闭的状态，借助太阳能和牛体自身散发热量，使牛舍温度升高，防止热量散失。适用于各种肉牛。

修筑塑膜暖棚牛舍时要注意：①选择合适的朝向，塑膜暖棚牛舍需坐北朝南，南偏东或西角度最多不要超过15°，舍南至少10米应无高大建筑物及树木遮蔽；②选择合适的塑料薄膜，应选择对太阳光透过率高，而对地面长波辐射透过率低的聚氯乙烯等塑膜，其厚度以80～100微米为宜；③合理设置通风换气口，棚舍的进气口应设在南墙，其距地面高度以略高于牛体高为宜，排气口应设在棚舍顶部的背风面，上设防风帽，排气口的面积以20厘米×20厘米为宜，进气口的面积是排气口面积的一半，每隔3米远设置一个排气口；④有适宜的棚舍入射角，棚舍的入射角应大于或等于当地冬至时太阳高度角；⑤

注意塑膜坡度的设置，塑膜与地面的夹角以在55°～65°为宜。

3. 封闭式牛舍

封闭牛舍四面有墙和窗户，顶棚全部覆盖，分单列封闭舍和双列封闭舍。单列封闭牛舍只有一排牛床，舍宽6米，高2.6～2.8米，舍顶可修成平顶也可修成脊形顶，这种牛舍跨度小，易建造，通风好，但散热面积相对较大。单列封闭牛舍适用于小型肉牛场。双列封闭牛舍舍内设有两排牛床，两排牛床多采取头对头式饲养。中央为通道。舍宽12米，高2.7～2.9米，脊形棚顶。双列式封闭牛舍适用于规模较大的肉牛场，以每栋舍饲养100头牛为宜。

4. 装配式牛舍

装配式牛舍以钢材为原料，工厂制作，现场装备，属敞开式牛舍。屋顶为镀锌板或太阳板，屋梁为角铁焊接；“U”字形食槽和水槽为不锈钢制作，可随牛只的体高随意调节；隔栏和围栏为钢管。装配式牛舍室内设置与普通牛舍基本相同，其适用性、科学性主要体现在屋架、屋顶和墙体及可调节饲喂设备上。装配式牛舍系先进技术设计，实用、耐用、美观，且制作简单，省时，造价适中。

（二）肉牛舍的结构及要求

牛舍是由各部分组成的，包括基础、屋顶及顶棚、墙、地面及楼板、门窗、楼梯等（其中屋顶和外墙组成肉牛舍的外壳，将肉牛舍的空间与外部隔开，屋顶和外墙称为外围护结构）。肉牛舍的结构不仅影响到肉牛舍内环境的控制，而且影响到肉牛舍的牢固性和利用年限。

1. 基础

基础是牛舍地面以下承受畜舍的各种荷载并将其传给地基的构件，也是墙突入土层的部分，是墙的延续和支撑。它的作用是将畜舍本身重量及舍内固定在地面和墙上的设备、屋顶积雪等全部荷载传给地基。基础决定了墙和畜舍的坚固及稳定性，同时对畜禽舍的环境改善具有重要意义。对基础的要求：一是坚固、耐久、抗震；二是防潮（基础受潮是引起墙壁潮湿及舍内湿度大的原因之一）；三是具有一定的宽度和深度。如条形基础一般由垫层、大放脚（墙以下的加宽部分）和基础墙组成。砖基础每层放脚宽度一般宽出墙围60毫米；基础的底面宽度和埋置的深度应根据畜舍的总荷重、地基的承载力、土层的冻胀程度及地下水位高低等情况计算确定。北方地区在膨胀土层修建畜舍时，应将基础埋置在土层最大冻结深度以下。

2. 墙体

墙是基础以上露出地面的部分，其作用是将屋顶和自身的全部荷载传给基础的承重构件，也是将畜舍与外部空间隔开的外围护结构，是畜舍的主要结构。以砖墙为例，墙的重量占畜舍建筑物总重量的40％～65％，造价占总造价的30％～40％。同时墙体也在畜舍结构中占有特殊的地位，据测定，冬季通过墙散失的热量占整个畜舍总失热量的35％～40％，舍内的湿度、通风、采光也要通过墙上的窗户来调节，因此，墙对畜舍小气候状况的保持起着重要作用。对墙体的要求是：①坚固、耐久、抗震、防火、抗震；②良好的保温隔热性能，墙体的保温、隔热能力取决于所采用的建筑材料的特性与厚度，尽可能选用隔热性能好的材料，保证最好的隔热设计，在经济上是最有利的措施；③防水、防潮；受潮不仅可使墙的导热加快，造成舍内潮湿，而且会影响墙体寿命，所以必须对墙采取严格的防潮、防水措施（墙体的防潮措施有用防水耐久材料抹面，保护墙面不受雨雪侵蚀；做好散水和排水沟；设防潮层和墙围，如墙裙高1.0～1.5米，生活办公用房踢脚高0.15米，勒脚高约为0.5米等）；④结构简单，便于清扫。

3. 屋顶

屋顶是畜舍顶部的承重构件和围护构件，主要作用是承重、保温隔热、防风沙和雨雪。它是由支承结构和屋面组成的。支承结构承受着畜舍顶部包括自重在内的全部荷载，并将其传给墙或柱；屋面起围护作用，可以抵御降水和风沙的侵袭，以及隔绝太阳辐射等，以满足生产需要。对屋顶的要求是：①坚固防水，屋顶不仅承接本身重量，而且承接着风沙、雨雪的重量；②保温隔热，屋顶对于畜舍的冬季保温和夏季隔热都有重要意义，屋顶的保温与隔热的作用比墙重要，因为屋顶的面积大于墙体，舍内上部空气温度高，屋顶内外实际温差总是大于外墙内外温差，热量容易散失或进入舍内；③不透气、光滑、耐久、耐火、结构轻便、简单、造价便宜，任何一种材料都不可能兼有防水、保温、承重三种功能，所以正确选择屋顶，处理好三方面的关系，对于保证畜舍环境的控制极为重要；④保持适宜的屋顶高度，肉牛舍的高度依牛舍类型、地区气温而异，按屋檐高度计，一般为2.8～4.0米，双坡式为3.0～3.5米，单坡式为2.5～2.8米，钟楼式稍高点，棚舍式略低些。北方牛舍应低，南方牛舍应高。如果为半钟楼式屋顶，后檐比前檐高 0.5 米。在寒冷地区，适当降低净高有利于保温。而在炎热地区，加大净高则是加强通风、缓和高温影响的有力措施。

4. 地面

地面的结构和质量不仅影响肉牛舍内的小气候、卫生状况，还会影响肉牛体的清洁，甚至影响肉牛的健康及生产力。地面的要求是坚实、致密、平坦、稍有坡度、不透水和有足够的抗机械能力和适应各种消毒液和消毒方式的能力。水泥地面要压上防滑纹（间距小于 10 厘米，纵纹深 0.4～0.5 厘米），以免牛滑倒，引起不必要的经济损失。

5. 门窗

牛舍门洞大小依牛舍而定。繁殖母牛舍、育肥牛舍门宽 1.8～2.0 米，高 2.0～2.2 米；犊牛舍、架子牛舍门宽 1.4～1.6 米，高 2.0～2.2 米。繁殖母牛舍、犊牛舍、架子牛舍的门洞数要求有 2～5 个（每一个横行通道一般门洞有一个），育肥牛舍 1～2 个。高 2.1～2.2 米，宽 2～2.5 米。门一般设成双开门，也可设上下翻卷门。封闭式的窗应大一些，高 1.5 米，宽 1.5 米，窗台高距地面以 1.2 米为宜。

（三）肉牛舍的设计

1. 牛舍的内部设计

牛舍内需要设置牛床、饲槽、饲喂通道、清粪通道以及粪尿沟等。

（1）牛床　必须保证肉牛能舒适、安静地休息，保持牛体清洁，并容易打扫。牛床应有适宜的坡度，通常为 1%～1.5%。常用的短牛床，牛的前身靠近饲料槽后壁，后肢接近牛床的边缘，使粪便能直接落在粪沟内。短牛床的长度一般为 160～180 厘米。牛床的宽度取决于牛的体型，一般为 60～120 厘米。牛床可以为砖牛床、水泥牛床或土质牛床。土质牛床常以三合土或灰渣掺黄土夯实。牛床应该造价低、保暖性好、便于清除粪尿。

目前牛床都采用水泥面层，并在后半部划线防滑。冬季，为降低寒冷对肉牛生产的影响，需要在牛床上加铺垫物。最好采用橡胶等材料铺作牛床面层。

牛床的规格直接影响到牛舍的规格，不同类型的牛需要的牛床规格不同。见表 2-2。

表 2-2　牛舍内不同牛床的规格

类别	长度/米	宽度/米	坡度/%
繁殖母牛	1.6～1.8	1.0～1.2	1.0～1.5
犊牛	1.2～1.3	0.6～0.8	1.0～1.5
架子牛	1.4～1.6	0.9～1.0	1.0～1.5
育肥牛	1.6～1.8	1.0～1.2	1.0～1.0
分娩母牛	1.8～2.2	1.2～1.5	1.0～1.5

(2) 饲槽　采用单一类型的全日粮配合饲料，即用青贮料和配合饲料调制成混合饲料，在采用舍饲散栏饲养时，大部分精料在舍内饲喂，青贮料在运动场或舍内食槽内采食，青、干草一般在运动场上饲喂。饲槽位于牛床前，通常为统槽。饲槽长度与牛床总宽相等，饲槽底平面高于牛床。饲槽需坚固，表面光滑不透水，多为砖砌水泥砂浆抹面，饲槽底部平整，两侧带圈弧形，以适应牛用舌采食的习性。饲槽前壁（靠牛床的一侧）为了不妨碍牛的卧息，应做成一定弧度的凹形窝。也有的采用无帮浅槽，把饲喂通道加高 30～40 厘米，前槽帮高 20～25 厘米（靠牛床），槽底部高出牛床 10～15 厘米。这种饲槽有利于饲料车运送饲料，饲喂省力。采食不“窝气”，通风好。肉牛饲槽尺寸见表 2-3。

表 2-3　肉牛饲槽的尺寸

类别	槽内(口)宽/厘米	槽有效深/厘米	前槽沿高/厘米	后槽沿高/厘米
成年牛	60	35	45	65
育成牛	50～60	30	30	65
犊牛	40～50	10～12	15	35

(3) 饲喂通道　用于饲喂的专用通道，宽度为 1.6～2.0 米，一般贯穿牛舍中轴线。

(4) 清粪通道与粪尿沟　清粪道的宽度要满足运输工具往返的需要，宽度一般为 150～170 厘米，清粪道也是牛进出的通道，要防牛滑倒。在牛床与清粪通道之间一般设有排粪明沟，明沟宽度为 32～

35 厘米、深度为 5～15 厘米（一般铁锹放进沟内清理），并要有一定的坡度，向下水道倾斜。粪沟过深会使牛蹄子损伤。当深度超过 20 厘米时，应设漏缝沟盖，以免胆小牛不越或失足时下肢受伤。

（5）牛栏和颈枷　牛栏位于牛床与饲槽之间，和颈枷一起用于固定牛只，牛栏由横杆、主立柱和分立柱组成，每 2 个主立柱间的距离与牛床宽度相等，主立柱之间有若干分立柱，分立柱之间的距离为 0.10～0.12 米，颈枷两边分立柱之间的距离为 0.15～0.20 米。最简便的颈枷为下颈链式，用铁链或结实绳索制成，在内槽沿有固定环，绳索系在牛颈部、鼻环、角之间和固定环之间。此外，直链式、横锛式颈枷也常用。

2. 不同类型牛舍的设计

专业化肉牛场一般只饲养育肥牛，牛舍种类简单，只需要肉牛舍即可；自繁自养的肉牛场和奶牛场牛舍种类复杂，需要有犊牛舍、肉牛舍、繁殖牛舍和分娩牛舍。

（1）犊牛舍　犊牛舍必须考虑屋顶的隔热性能和舍内的温度及昼夜温差，所以墙壁、屋顶、地面均应重视，并注意门窗安排，避免穿堂风。初生牛犊（0～7 日龄）对温度的抗逆力较差，所以南方气温高的地方应注意防暑。在北方重点放在防寒，冬天初生犊牛舍可用厚垫草。犊牛舍不宜用煤炉取暖，可用火墙、暖气等，初生犊牛冬季室温在 10℃左右，2 日龄以上则因需放室外运动，所以注意室内外温差不超过 8℃。

犊牛舍可分为两个部分，即初生犊牛栏和犊牛栏。初生犊牛栏，长 1.8～2.8 米，宽 1.3～1.5 米，过道侧设长 0.6 米、宽 0.4 米的饲槽，门 0.7 米。犊牛栏之间用高 1 米的挡板相隔，饲槽端为栅栏（高 1 米）带颈枷，地面高出 10 厘米，向门方向做 1.5%坡度，以便清扫。犊牛栏长 1.5～2.5 米（靠墙为粪尿沟，也可不设），过道端设统槽，统槽与牛床间以带颈枷的木栅栏相隔，高 1 米，每头犊牛占面积 3～4 米^2。

（2）肉牛舍　肉牛舍可以采用封闭式、开放式或棚舍。具有一定保温隔热性能，特别是夏季防热。肉牛舍的跨度由清粪通道、饲槽宽度、牛床长度、牛床列数、粪尿沟宽度和饲喂通道等条件决定。一般每栋牛舍容纳牛 50～120 头，以双列对头为好。牛床加粪尿沟的长度为 2.0～2.2 米，牛床宽 0.9～1.2 米，中央饲料通道宽 1.6～1.8 米，饲槽宽 0.6 米。肉牛舍平面图和剖面图见图 2-3 和图 2-4。

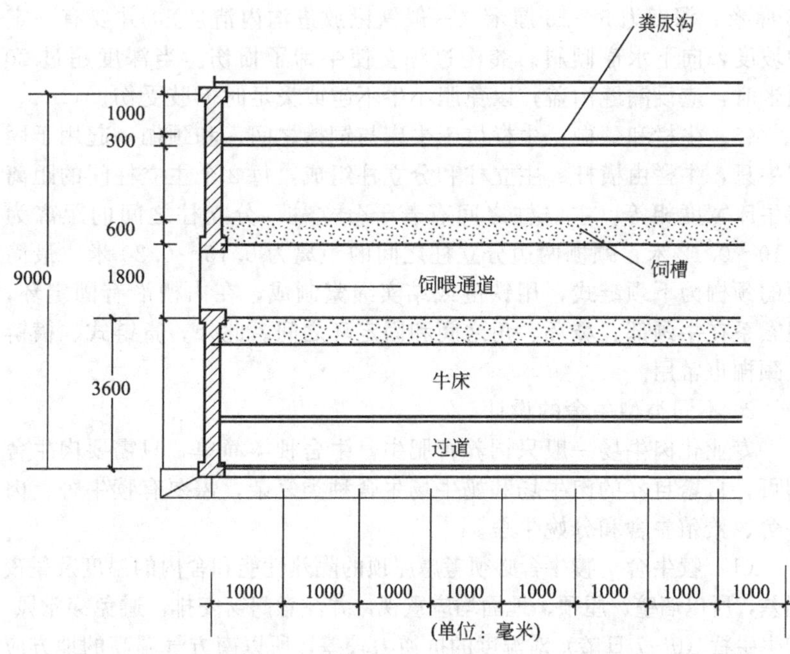

图 2-3　肉牛舍平面图

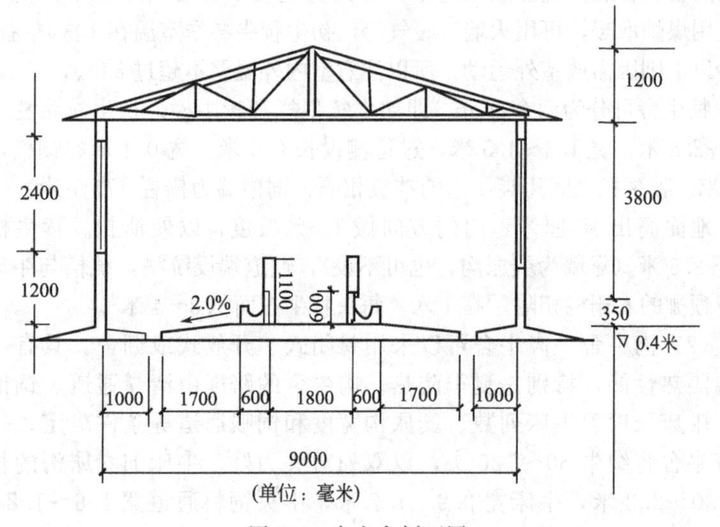

图 2-4　肉牛舍剖面图

（3）繁殖牛舍　繁殖牛舍的规格和尺寸同育肥牛舍。

（4）分娩牛舍　分娩牛舍多采用密闭舍或有窗舍，有利于保持适宜的温度。饲喂通道宽 1.6～2 米，牛走道（或清粪通道）宽 1.1～1.6 米，牛床长度 1.8～2.2 米，牛床宽度 1.2～1.5 米。可以是单列式，也可以是多列式。平面图和剖面图见图 2-5 和图 2-6。

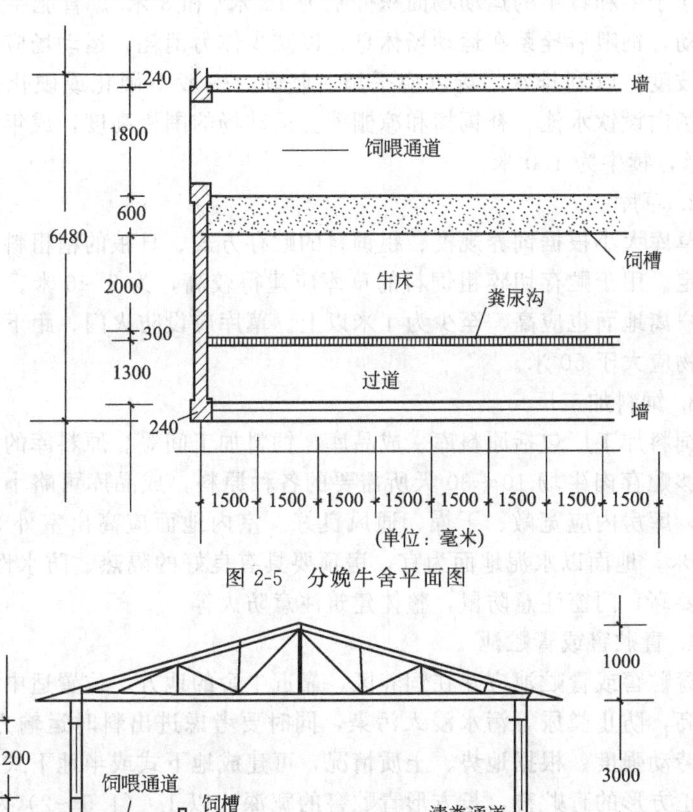

图 2-5　分娩牛舍平面图

图 2-6　分娩牛舍剖面图

三、辅助性建筑和设施设备

（一）辅助性建筑

1. 运动场

牛舍外的运动场大小应根据牛舍设计的载牛规模和体型大小来确定，架子牛和犊牛的运动场面积分别为 15 米^2 和 8 米^2。育肥牛应减少运动，饲喂后拴系在运动场休息，以减少体力消耗，运动场应有一定的坡度，以利排水，场内应平坦、坚硬，一般不硬化或硬化一部分。场内设饮水池、补饲槽和凉棚等。运动场的围栏高度，成年牛为 1.2 米，犊牛为 1.0 米。

2. 草库

草库大小根据饲养规模、粗饲料的贮存方式、日粮的精粗料比例等确定。用于贮存切碎粗饲料的草库应建得较高，为 5～6 米。草库的窗户离地面也应高，至少为 4 米以上。草库应设防火门，距下风向建筑物应大于 50 米。

3. 饲料加工厂

饲料加工厂包括原料库、成品库、饲料加工间等。原料库的大小应能够贮存肉牛场 10～30 天所需要的各种原料，成品库可略小于原料库，库房内应宽敞、干燥、通风良好。室内地面应高出室外 30～50 厘米，地面以水泥地面为宜，房顶要具有良好的隔热、防水性能，窗户要高，门窗注意防鼠，整体建筑注意防火等。

4. 青贮窖或青贮池

青贮窖或青贮池应建在饲养区，靠近牛舍的地方，位置适中，地势较高，防止粪尿等污水浸入污染，同时要考虑进出料时运输方便，减小劳动强度。根据地势、土质情况，可建成地下式或半地下式长方形或正方形的青贮窖，长方形青贮窖的宽深比以 1∶(1.5～2) 为宜，长度以需要量确定。

5. 挤奶间

（二）设施设备

1. 消毒室和消毒池

在饲养区大门口和人员进入饲养区的通道口，分别修建供车辆和人员进行消毒的消毒池和消毒室。车辆用消毒池的宽度以略大于车轮间距即可，参考尺寸为长3.8米、宽3米、深0.1米，池底低于路面，坚固耐用，不渗水。供人用消毒池，采用踏脚垫浸湿药液放入池内进行消毒，参考尺寸为长2.8米、宽1.4米、深0.1米。消毒室大小可根据外来人员的数量设置，一般为串联的2个小间，其中一个为消毒室，内设小型消毒池和紫外线灯，紫外线灯每平方米功率2～3瓦，另一个为更衣室。

2. 沼气池

建造沼气池，把牛粪、牛尿、剩草、废草等投入沼气池封闭发酵，产生的沼气作为生活或生产用燃料，经过发酵的残渣和废水，是良好的肥料。目前，普遍推广水压式沼气池，这种沼气池具有受力合理、结构简单、施工方便、适应性强、就地取材、成本较低等优点。

3. 地磅

对于规模较大的肉牛场，应设地磅，以便对各种车辆和牛等进行称重。

4. 装卸台

可减轻装车与卸车的劳动强度，同时减少牛的损失。装卸台可建成宽为3米、长约8米的驱赶牛的坡道，坡的最高处与车厢平齐。

5. 排水设施与粪尿池

牛场应设有废弃物贮存、处理设施，防止泄漏、溢流、恶臭等对周围环境造成污染。粪尿池设在牛舍外、地势低洼处，且应在运动场相反的一侧，池的容积以能贮存20～30天的粪尿为宜，粪尿池必须离饮水井100米以外。由牛舍粪尿沟至粪尿池之间设地下排水管，向粪尿池方向应有2%～3%的坡度。

6. 补饲槽和饮水槽

在运动场的适当位置或凉棚下要设置补饲槽和饮水槽，以供牛群在运动场活动时采食粗饲料和随时饮水。根据牛数的多少决定建饲槽和饮水槽的多少和长短。每个饲槽长3～4米，高0.4～0.7米，槽上宽0.7米，底宽0.4米。每30头牛左右要有一个饮水槽，用水时加满，至少在早晚各加水1次，水槽要抗寒防冻。也可以用自动饮水器。

7. 清粪形式及设备

牛舍的清粪形式有机械清粪、水冲清粪、人工清粪。我国肉牛场多采用人工清粪。机械清粪中采用的主要设备有连杆刮板式，适于单列牛床；环行链刮板式，适于双列牛床；双翼形推粪板式，适于舍饲散栏饲养牛舍。

8. 保定设备

包括保定架、鼻环、缰绳与笼头。

（1）保定架　保定架是牛场不可缺少的设备，打针、灌药、编耳号及治疗时使用。通常用圆钢材制成，架的主体高度160厘米，前颈枷支柱高200厘米，立柱部分埋入地下约40米，架长150厘米，宽65～70厘米。

（2）鼻环　鼻环有两种类型：一种用不锈钢材料制成，质量好又耐用，但价格较高；另一种用铁或铜材料制成，质地较粗糙，材料直径4毫米左右，价格较低。农村用铁丝自制的圈，易生锈，不结实，易将牛鼻拉破引起感染。

（3）缰绳与笼头　缰绳与笼头为拴系饲养方式所必需，采用围栏散养方式可不用缰绳与笼头。缰绳通常系在鼻环上以便牵牛；笼头套在牛的头上，抓牛方便，而且牢靠。缰绳材料有麻绳、尼龙绳，每根长1.6米左右，直径0.9～1.5厘米。

（4）吸铁器　由于牛采食行为是不经咀嚼直接将饲料吞入口中，若饲料中混有铁钉、铁丝等容易误食，一旦吞入，无法排出，容易造成牛的创伤性网胃炎或心包炎。吸铁器有两种：一种用于体外，即在草料传送带上安装磁力吸铁装置；另一种用于体内，称为磁棒吸铁器。使用时将磁棒吸铁器放入病牛口腔近咽喉部，灌水促使牛吞入瘤胃，随瘤胃的蠕动，经过一定的时间，慢慢取出，瘤胃中混有的细小铁器吸附在磁力棒上一并带出。

9. 饲料生产与饲养器具

大规模生产饲料时，需要各种作业机械，如拖拉机和耕作机械，制作青贮时，应有青贮料切碎机；一般肉牛育肥场可用手推车给料，大型育肥场可用拖拉机等自动或半自动给料装置给料；切草用的铡刀、大规模饲养用的铡草机；还有称料用的计量器，有时需要压扁机或粉碎机等。

第二节 加强牛场的卫生管理

一、牛场水的卫生管理

水是保证牛生存的重要环境因素，水量不仅要充足，而且水质也要良好。生产中，水源防护不好被污染，会严重危害牛群的健康。

（一）牛场的水源类型及特点

1. 地下水

是由降水和地下水经土层渗透到地面以下而形成的。地下水经过地层的渗滤作用，水中的悬浮物和细菌大部分被滤除。同时，地下水被弱透水土层和不透水土层覆盖或分开，水的交换很慢或停顿，受污染的机会少。但地下水在流经地层和渗透过程中，可溶解土壤中各种矿物质盐类而使水质硬度增加，化学成分也较为复杂。地下水悬浮杂质少、水澄清透明、有机物和细菌含量少，溶解盐含量大，硬度和矿物质度较大，不易受到污染、水量充足稳定，便于卫生防护。

2. 地面水

包括江、河、湖、塘及水库等。这些水主要由降水或地下水在地表径流汇集而成，容易受到生活及工业废水的污染，常常因此引起疾病流行或慢性中毒。地面水来源广、水量足，又因其本身有较强的自净能力，所以也是被广泛使用的水源。

（二）牛场水源污染的原因

1. 废水和污水污染

被含有有机物质、无机悬浮物质和放射性物质等工业废水污染，被有大量的有机物、病原微生物、寄生虫或虫卵等的生活污水以及畜牧业生产污水污染。

2. 农药和化肥污染

水源靠近农药厂、化肥厂，农药厂、化肥厂排放的大量废水污染水源，或长期滥用农药、不合理施用化肥引起水源污染。

3. 水生植物分解物污染

水体中水生植物如水草、藻类等大量死亡，残体分解，造成对水体的污染。

（三）水的卫生标准

1. 水质卫生检查指标

选择场地时不仅要考虑水量满足要求，还要对水源进行卫生检查，使用过程中也要定期进行检查，防止水质不能达标或水体污染。

（1）感官性状　水受到污染后，水的感官性状会受到不同程度的影响。指标主要有以下几个。

① 水温　随气温的季节性变化，水温也发生相应的变化。水温直接影响水中细菌的繁殖和水的自净作用，水质检查时，要记录水温。过低的水温会影响家畜的健康。

② 色泽　饮用水应为无色。水呈任何颜色都表明水中存在有污染物质。含腐殖质的水呈棕色或棕黄色；富含藻类的水呈绿色或黄绿色；含低铁盐的水到达地面后呈黄褐色。

③ 混浊度　清洁水应是透明的。若水中含有泥沙、有机物、矿物盐、生活污水、工业污水及藻类，可使水的浑浊度增加。浑浊的水也往往含有大量微生物，使介水传染病发生率增高。

④ 臭和味　清洁水无异臭、异味。人、畜粪便污染、工业废水污染、水中大量藻类死亡、含硫地层的地下水都可产生异臭。水中溶解的各种盐类和杂质都可产生异味。如含铁盐的水涩味，镁盐的苦味等。

（2）化学指标

① pH 值　天然水 pH 值多为 7.2～8.6；饮用水标准为 6.5～8.5。工业废水和生活污水等污染水体时，pH 值可发生明显的改变。酸性和碱性土壤地区，池塘或水库中的水也往往相应地呈酸性和碱性。

② 总硬度（1升水中含有的碳酸钙的毫克数）　猪可以饮用不同硬度的水，但饮用软水突然改饮硬水，或从饮硬水突然改饮软水时，会引起畜禽胃肠功能紊乱，消化不良、腹泻。一段时间后则会逐渐适应。饮用水硬度≤450 毫克/升。

③ 氮化物　包括氨氮、亚硝酸盐氮、硝酸盐氮。氮化物是动植物中含氮有机物分解所产生的。有机物分解形成 NH_3，当水中氧气充足时，有机物分解产生的 NH_3 易被氧化生成亚硝酸盐氮，然后进一步氧化成为硝酸盐氮。当氧气不足时，该氧化过程不易进行，产物

以 NH_3、亚硝酸盐氮为主，这些物质不易变成硝酸盐氮，它们对动物都有不同程度的毒害作用。

④ 溶解氧（DO） 溶解于水中的氧气称为溶解氧。它是水中有机物氧化分解的重要条件。若水中溶解氧较低，在不同程度上说明水体受有机物污染的可能性较大。饮用水 DO≥4 毫克/升。

⑤ 耗氧量（COD，化学耗氧量） 是指用强氧化剂（高锰酸钾或重铬酸钾）氧化 1 升水中的有机物质所消耗掉的氧的含量，是一个间接指标。COD 越高，说明水受有机物污染的可能性越大。

⑥ 生化需氧量（BOD） 水中有机物在微生物的作用下，1 升水进行生物氧化分解所消耗的溶解氧的量。在实际工作中常用 BOD_5 来表示。BOD_5 是指 20℃时，1 升水培养 5 日后所消耗氧气的量，称五日生化需氧量。饮用水 BOD_5≤3～4 毫克/升。

⑦ 有毒物质 有毒物质，如 F、Cd、Cr、Hg、酚类、农药、工业废水等的排放，使水中这些有毒物质的含量升高。

(3) 细菌学指标 水体受到工业废水、生活污水、人畜粪便的污染，可使水中的细菌大量增加。细菌学指标反映了水受到微生物污染的状况。饮用水应不含病原微生物、寄生虫、虫卵及水生植物，有毒物质不超过最大允许浓度，微量元素不能低于正常值。水中可能含有多种细菌，其中以大肠杆菌属、沙门菌属及钩端螺旋体属最为常见。评价水质卫生的细菌学指标通常有细菌总数、大肠菌群数和游离余氯。虽然水中的非致病性细菌含量较高时可能对动物机体无害，但在饮水卫生要求上总的原则是水中的细菌越少越好。

① 细菌总数 于 37℃下培养 24 小时后所生长的细菌菌落数。但在人工培养基上生长繁殖的仅仅是适合于实验条件的细菌菌株，不是水中所有的细菌都能在这种条件下生长，所以细菌总数并不能表示水中全部细菌，也无法说明究竟是有无病原菌存在的细菌总数，只能用于相对地评价水质是否被污染和污染程度。当水源被人畜粪便及其他物质污染时，水中细菌总数急剧增加。因此，细菌总数可作为水被污染的指标。

② 大肠菌群数 水中大肠菌群的数量一般用大肠菌群指数或大肠菌群值来表示。大肠菌群指数是指 1 升水中所含大肠菌群的数目。大肠菌群值是指含有 1 个大肠菌群的水的最小容积（毫升数），这两

种指标互为倒数关系，表示方式如下：

大肠菌群指数＝1000/大肠菌群数

在正常情况下，肠道中主要有大肠菌落、粪链球菌（肠球菌）和厌气芽孢菌三类。它们都可随人畜粪便进入水体。由于大肠菌群在肠道中数量最多，生存时间比粪链球菌长而比厌气芽孢菌短，生活条件又与肠道病原菌相似，因而能反映水体被粪便污染的时间和状况。该指标检查技术简便，故被作为水质卫生指标，它可直接反映水体受人畜粪便污染的状况。

③ 游离余氯　水的消毒一般用氯进行，为了保证饮用水的安全，氯的用量必须超过水的需氯量，使氯化消毒后尚能剩余一些氯，称为游离余氯。若水中测不出游离余氯，说明水消毒得不彻底；水中有游离余氯，说明水已经彻底消毒了。

2. 养殖场水源的卫生标准

畜禽饮用水水质标准见表 2-4。

表 2-4　水的质量标准

（无公害食品畜禽饮用水水质标准 NY 5027—2008）

指　　标	项　　目	标　　准
感官性状及一般化学指标	色度	≤30°
	混浊度	≤20°
	臭和味	不得有异臭异味
	肉眼可见物	不得含有
	总硬度(以 $CaCO_3$ 计)/(毫克/升)	≤1500
	pH 值	5.5～9.0
	溶解性总固体/(毫克/升)	≤4000
	硫酸盐(以 SO_4^{2-} 计)/(毫克/升)	≤500
细菌学指标	总大肠菌群数/(个/100 毫升)	成畜≤100;幼畜和禽≤10
毒理学指标	氟化物(以 F^- 计)/(毫克/升)	≤2.0
	氰化物/(毫克/升)	≤0.2
	总砷/(毫克/升)	≤0.2
	总汞/(毫克/升)	≤0.01
	铅/(毫克/升)	≤0.1
	铬/(六价)/(毫克/升)	≤0.1
	镉/(毫克/升)	≤0.05
	硝酸盐(以 N 计)/(毫克/升)	≤10

当畜禽饮用水中含有农药时，农药含量不能超过表2-5的规定。

表2-5　无公害饲养场牛饮用水农药含量

项目	限量标准/(毫升/升)	项目	限量标准/(毫升/升)	项目	限量标准/(毫升/升)
马拉硫磷	0.25	对硫磷	0.003	百菌清	0.01
内吸磷	0.03	乐果	0.08	甲萘威	0.05
甲基对硫磷	0.02	林丹	0.004	2,4-D	0.1

(四) 水源的卫生防护

1. 选择合适的水源

饮用水源的位置要选择远离生产区的管理区内，远离其他污染源。

(1) 地面水　主要有河水、湖水和池塘水等。作为水源使用时应注意：一是取水点附近及上游不能有任何污染源；二是在取水处可设置汲水踏板或建汲水码头伸入河、湖、池塘中，以便能汲取远离岸边的清洁水；三是可以在岸边建自然渗滤井或沙滤井，以改善地面水的水质。

(2) 地下水　猪场可以自建深水井和水塔，深层地下水经过地层的过滤作用，又是封闭性水源，水质水量稳定，受污染的机会很少。注意：一是选择合适的水井位置。水井设在管理区内，地势高燥处，防止雨水、污水倒流引起污染；远离厕所、粪坑、垃圾堆、废渣堆等污染源；二是水井结构良好。井台要高出地面，使地面水不能从四周流入井内。井壁使用水泥、石块等材料，以防地面水漏入。井底用沙、石、多孔水泥板作材料，以防搅动底部泥沙。

2. 加强水源保护

水源周围没有工业和化学污染以及生活污染（不得建厕所、粪池垃圾场和污水池）等，并在水源周围划定保护区，保护区内禁止一切破坏水环境生态平衡的活动以及破坏水源林、护岸林、与水源保护相关植被的活动；严禁向保护区内倾倒工业废渣、城市垃圾、粪便及其他废弃物；运输有毒有害物质、油类、粪便的船舶和车辆一般不准进入保护区；保护区内禁止使用剧毒和高残留农药，不得滥用化肥，不得使用炸药、毒品捕杀鱼类；避免污水流入水源。

3. 搞好饮水卫生

定期清洗和消毒饮水用具和饮水系统，保持饮水用具的清洁卫生。保证饮水的新鲜。

4. 注意饮水的检测和处理

定期检测水源的水质，污染时要查找原因，及时解决。当水源水质较差时要进行净化和消毒处理。净化的方法有沉淀（自然沉淀和混凝沉淀）和过滤；消毒就是在水中加入消毒剂（氯或含有效氯的化合物，如漂白粉、漂白粉精、液态氯、二氧化氯等比较常用）杀死水中的病原微生物。

（五）水的人工净化和消毒

养殖场用水量较大，天然水质很难达到 NY 5027 无公害食品《畜禽饮用水水质》要求以及畜牧场人员《生活饮用水卫生标准》要求，因此针对不同的水源条件，经常要进行水的净化与消毒。水的净化处理方法有沉淀（自然沉淀及混凝沉淀）、过滤、消毒和其他特殊的净化处理措施。沉淀和过滤不仅可以改善水质的物理性状，除去悬浮物质，而且能够消除部分病原体；消毒的目的主要是杀灭水中的各种病原微生物，保证畜禽饮用安全。一般来讲，可根据牧场水源的具体情况，适当选择相应的净化消毒措施。

地面水常含有泥沙等悬浮物和胶体物质，比较浑浊，细菌的含量较多，需要采用混凝沉淀、沙滤和消毒法来改善水质，才能达到 NY 5027—2008 无公害食品《畜禽饮用水水质要求》。地下水相对较为清洁，只需消毒处理即可。

1. 混凝沉淀

从天然水源取水时，当水流速度减慢或静止时，水中原有悬浮物可借本身重力逐渐向水底下沉，使水澄清，称为“自然沉淀”。但水中软细的悬浮物及胶质微粒，因带有负电荷，因此相斥不易凝集沉降。所以，必须加入明矾、硫酸铝和铁盐（如硫酸亚铁、氯化铁等）混凝剂，与水中的重碳酸盐生成带正电荷的胶状物，带正电荷的胶状物与水中原有的带负电荷的极小的悬浮物及胶质微粒凝聚成絮状物而加快沉降，此称“混凝沉淀”。这种絮状物表面积和吸附力均较大，可吸附一些不带电荷的悬浮微粒及病原体而加快沉降，因而使水的物理性状大大改善，可减少病原微生物 90%左右。该过程主要形成氢氧化铝和氢氧化铁胶状物：

$$Al_2(SO_4)_3+3Ca(HCO_3)_2 = 2Al(OH)_3\downarrow+3CaSO_4+6CO_2\uparrow$$

$$2FeCl_3+3Ca(HCO_3)_2 \longrightarrow 2Fe(OH)_3\downarrow+3CaCl_2+6CO_2\uparrow$$

这种胶状物带正电荷，能与水中具有负电荷的微粒相互吸引凝集，形成逐渐加大的絮状物而沉降，混凝沉淀。一般可消除悬浮物70%～95%，其除菌效果约为90%。混凝沉淀的效果与一系列因素有关，如浑浊度大小、温度高低、混凝沉淀的时间长短和不同的混凝剂用量。可通过混凝沉淀试验来确定，普通河水用明矾时，需40～60毫克/升，浑浊度低的水，以及在冬季水温低时，往往不易混凝沉淀。此时可投加助凝剂，如硅酸钠等，以促进混凝。

2. 沙滤

沙滤是把浑浊的水通过沙层，使水中悬浮物、微生物等阻留在沙层上部，水即得到净化。沙滤的基本原理是阻隔、沉淀和吸附作用。滤水的效果取决于滤池的构造、滤料粒径的适当组合、滤层的厚度、滤过的速度、水的浑浊和滤池的管理情况等因素。

集中式给水的过滤，一般可分为慢沙滤池和快沙滤池两种。目前大部分自来水厂采用快沙滤池，而简易自来水厂多采用慢沙滤池。

分散式给水的过滤，可在河或湖边挖渗水井，使水经过地层自然滤过，从而改善水质。如能在水源和渗水井之间挖一沙滤沟，或修建水边沙滤井（见图2-7），则能更好地改善水质。此外，也可采用沙滤缸或沙滤桶来滤过。

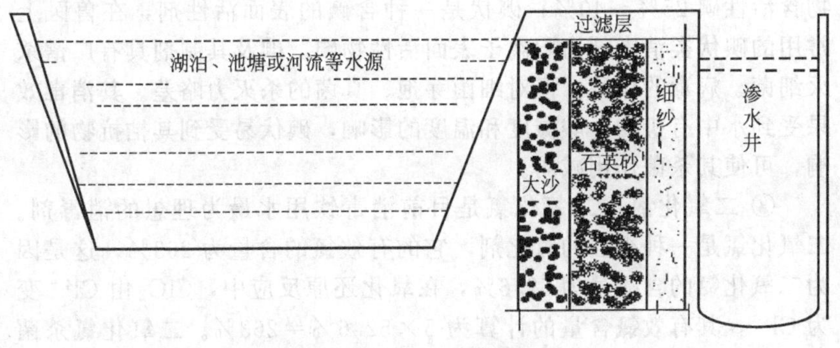

图2-7 沙滤井结构图

3. 水的消毒

(1) 饮水的消毒方法　饮水的消毒方法有煮沸消毒、紫外线消毒、超声波消毒、磁场消毒、电子消毒等物理方法和化学消毒法。化学消毒法是养殖场饮用水消毒的常用方法。

(2) 饮水消毒常用的化学消毒剂　理想的饮用水消毒剂应无毒、无刺激性，可迅速溶于水中并释放出杀菌成分，对水中的病原性微生物杀灭力强，杀菌谱广，不会与水中的有机物或无机物发生化学反应和产生有毒有害物质，不残留，价廉易得，便于保存和运输，使用方便等。目前常用的饮用水消毒剂主要有氯制剂、碘制剂和二氧化氯。

① 氯制剂　在养殖场常用于饮用水消毒的氯制剂有漂白粉、二氯异氰尿酸钠、漂白粉精、氯胺T等，其中前两者使用得较多。漂白粉含有效氯25%～32%，价格较低，应用较广，但其稳定性差，遇日光、热、潮湿等分解加快，在保存中有效氯含量每日损失量在0.5%～3.0%，从而影响其在水中的有效消毒浓度；二氯异氰尿酸钠含有效氯60%～64.5%，性质稳定，易溶于水，杀菌能力强于大多数氯胺类消毒剂。氯制剂溶解于水中后产生次氯酸而具有杀菌作用，杀菌谱广，对细菌、病毒、真菌孢子、细菌芽孢均有杀灭作用。氯制剂的使用浓度和作用时间、水的酸碱度和水质、环境和水的温度、水中有机物等都可影响氯制剂的消毒效果。

② 碘制剂　可用于消毒水的碘制剂有碘元素（碘片）和有机碘、碘伏等。碘片在水中溶解度极低，常用2%碘酒来代替；有机碘化合物含活性碘25%～40%；碘伏是一种含碘的表面活性剂，在兽医上常用的碘伏类消毒剂为阳离子表面活性物碘。碘及其制剂具有广谱杀灭细菌、病毒的作用，但对细菌芽孢、真菌的杀灭力略差。其消毒效果受到水中有机物、酸碱度和温度的影响，碘伏易受到其拮抗物的影响，可使其杀菌作用减弱。

③ 二氧化氯　二氧化氯是目前消毒饮用水最为理想的消毒剂。二氧化氯是一种很强的氧化剂，它的有效氯的含量为263%，这是因为二氧化氯的含氯量为52.6%，在氧化还原反应中，ClO_2由Cl^{4+}变为Cl^-，其有效氯含量的计算为5×52.6%＝263%。二氧化氯杀菌谱广，对水中细菌、病毒、细菌芽孢、真菌孢子都具有杀灭作用。二氧化氯的消毒效果不受水质、酸碱度、温度的影响，不与水中的氨化

物起反应，能脱掉水中的色和味，改善水的味道。但是二氧化氯制剂价格较高，大量用于饮用水消毒会增加消毒成本。目前常用的二氧化氯制剂有二元制剂和一元制剂两种。其他种类的消毒剂则较少用于饮用水的消毒。

如养牛场中饮用水的消毒剂主要有漂白粉、二氯异氰尿酸钠和二氧化氯三种，从比较效益出发，漂白粉虽然价廉，但药效极易下降，不能保证对水的有效消毒，二氧化氯价高，用于猪场中大量水的消毒成本稍高，二氯异氰尿酸钠价格适中，易于保存，最适合用于规模化牛场对饮用水的消毒。

(3) 饮水消毒的操作方法　为了做好饮用水的消毒，首先必须选择合适的水源。在有条件的地方尽可能地使用地下水。在采用地表水时，取水口应在牛场自身的和工业区或居民区的污水排放口上游，并与之保持较远的距离；取水口应建立在靠近湖泊或河流中心的地方，如果只能在近岸处取水，则应修建能对水进行过滤的过滤井；在修建供水系统时应考虑到对饮用水的消毒方式，最好建筑水塔或蓄水池。

① 一次投入法　在蓄水池或水塔内放满水，根据其容积和消毒剂稀释要求，计算出需要的化学消毒剂量，在进行饮用前，投入到蓄水池或水塔内拌匀，再让家畜饮用。一次投入法需要在每次饮完蓄水池或水塔中的水后再加水，加水后再添加消毒剂，需要频繁地在蓄水池或水塔中加水加药，十分麻烦。这方法适用于需水量不大的小规模养殖场和有较大的蓄水池或水塔的养殖场。

② 持续消毒法　养殖场多采用持续供水，一次性向池中加入消毒剂，仅可维持较短的时间，频繁加药比较麻烦，为此可在贮水池中应用持续氯消毒法，可一次投药后保持7～15天对水的有效消毒期。方法是将消毒剂用塑料袋或塑料桶等容器装好，装入的量为用于消毒1天饮用水的消毒剂的20倍或30倍量，将其拌成糊状，视用水量的大小在塑料袋（桶）上打0.2～0.4毫米的小孔若干个，将塑料袋（桶）悬挂在供水系统的入水口内，在水流的作用下消毒剂缓慢地从袋中释出。由于此种方法控制水中消毒剂浓度完全靠塑料袋上孔的直径大小和数目多少，因此一般应在第1次使用时进行试验，为了确保在7～15天内袋中的消毒剂应完全被释放，可能时需测定水中的余氯量，必要时也可测定消毒后水中细菌总数来确定消毒效果。

(4) 饮水消毒注意事项

① 选用安全有效的消毒剂。饮水消毒的目的虽然不是为了给畜禽饮消毒液，但归根结底消毒液会被畜禽摄入体内，而且是持续饮用。因此，对所使用的消毒剂，要认真地进行选择，以避免给鸡群带来危害。

② 正确掌握浓度。进行饮水消毒时，要正确掌握用药浓度，并不是浓度越高越好。既要注意浓度，又要考虑副作用的危害。

③ 检查饮水量。饮水中的药量过多，会给饮水带来异味，引起畜禽的饮水量减少。应经常检查饮水的流量和畜禽的饮用量，如果饮水不足，特别是夏季，将会引起生产性能的下降。

④ 避免破坏免疫作用。在饮水中投放疫苗或气雾免疫前后各 2 天，计 5 日内，必须停止饮水消毒。同时，要把饮水用具洗净，避免消毒剂破坏疫苗的免疫作用。

(5) 供水系统的清洗消毒 供水系统应定期冲洗（通常每周 1～2 次），可防止水管中沉积物的积聚。在集约化养殖场实行“全进全出制”时，于新牛群入舍之前，在进行牛舍清洁的同时，也应对供水系统进行冲洗。通常可先采用高压水冲洗供水管道内腔，而后加入清洁剂，经约 1 小时后，排出药液，再以清水冲洗。清洁剂通常分为酸性清洁剂（如柠檬酸、醋等）和碱性清洁剂（如氨水）两类，使用清洁剂可除去供水管道中沉积的水垢、锈迹、水藻等，并与水中的钙或镁相结合。此外，在采用经水投药以防治疾病时，于经水投药之前 2 天和用药之后 2 天，也应使用清洁剂来清洗供水系统。

洪水期或不安全的情况下，井水用漂白粉消毒。使用饮水槽的养殖场最好每隔 4 小时换 1 次饮水，保持饮水清洁，饮水槽和饮水器要定期清理消毒。

二、牛场饲料的卫生管理

饲料卫生不仅关系到食品安全，而且影响畜禽的健康。

(一) 饲料的污染及控制

饲料的污染源有生物污染（指由微生物，包括细菌与细菌毒素及霉菌和霉菌毒素、寄生虫及虫卵、昆虫等引起的饲料污染。饲料在微生物的作用下，将蛋白质分解为氨、硫化氢、硫醇、粪臭素等，脂肪分解产生酸、醛，霉菌污染饲料后，可产生多种毒素，这些物质对动物机体都是有害的）、化学污染（包括农药、金属毒物、工业化学品和其他有毒化学物质）。

1. 霉菌毒素的污染及控制

（1）霉菌的种类及危害　霉菌在自然界中分布很广，种类繁多，能够产生霉菌毒素的霉菌有150余种，霉菌毒素有200余种。但是在生产中，造成严重危害的主要有黄曲霉毒素、玉米赤霉菌素、烟曲霉毒素、呕吐毒素、T-2毒素等几种。霉菌毒素是某些霉菌在生长繁殖、新陈代谢过程中的代谢产物，能污染饲料，影响饲料卫生的霉菌毒素有20多种，如黄曲霉毒素、杂色曲霉毒素、赭曲霉毒素、玉米赤霉烯酮、单端孢霉烯族化合物、丁烯酸内酯、展青霉素、岛青霉素、橘青霉素、红色青霉毒素、黄绿青霉毒素、甘薯黑斑病毒素等。霉菌毒素具有很强的毒副作用，即使饲料中含量很低，也会导致畜禽生长受阻，繁殖性能降低，免疫机能下降。在诸多霉菌毒素中，以黄曲霉毒素最为常见，毒性最强，危害最大。

霉菌毒素随饲料被牛机体摄入后，经消化吸收分布到机体各组织器官，对牛造成严重危害。不同的霉菌毒素危害各异，其中黄曲霉毒素可使肝脏受损，肝脏合成纤维蛋白原、凝血酶原、凝血因子的功能下降，血凝固性降低，巨噬细胞的吞噬功能下降，还能使血管渗透性增加，血管变脆并破裂，出现出血和出血性瘀斑，还具有高度致癌、致畸、致突变和免疫抑制等危害；T-2毒素能刺激皮肤和黏膜，引起口腔与肠道黏膜溃疡与坏死，导致呕吐和腹泻，进入血液中能产生细胞毒作用，损伤血管内皮细胞，破坏血管壁的完整性，使血管扩张、充血、通透性增强，引起全身各器官出血，还能够降低血清中IgM、IgG和IgA，影响嗜中性白细胞功能、淋巴细胞母细胞化、淋巴细胞对植物凝集素的反应而引起牛的免疫抑制；玉米赤霉烯酮毒素的主要特征是表现出雌激素中毒症状，严重影响繁殖系统。玉米赤霉烯酮通过减小卵泡刺激激素（FSH）浓度来阻止卵泡成熟和排卵。这是因为该霉菌毒素（虽然结构不同）可以采用与17-B-雌二醇和其他与雌激素受体结合的天然雌激素相类似的配置，从而引起雌激素过多症，进而导致外阴、子宫、乳腺肿胀和肥大，以及卵巢萎缩，可能会发生阴道及直肠脱垂；赭曲霉毒素在瘤胃中能被迅速降解成毒性较低的代谢物，因而对牛的生产性能影响不大。饲料中的不同霉菌毒素之间的组合作用可增强对动物的毒害，如：黄曲霉毒素与烟曲霉毒素、T-2毒素之间存在着协同作用。

霉菌毒素是由霉菌产生的毒素，包括粗饲料及浓缩饲料在内的各种饲料都可能被霉菌污染，并能在一定的条件下产生毒素。霉菌毒素中毒的症状可能是非特异性的，范围广泛，包括减少采食量、拒绝采食饲料、被毛粗糙和生产性能降低。此外，霉菌毒素还与生殖问题有关，如流产或胚胎死亡率增加，静默发情或不规则发情周期以及妊娠母牛表现发情，给畜牧业带来严重的经济损失。同时，黄曲霉毒素还可以转移到动物产品中，在动物内脏、肉、蛋、奶中都有残留，通过食物链，对人体健康也同样造成极大的危害和严重威胁。

在高温高湿的环境中，当无有效的防霉措施时，玉米、饼粕类、糠麸类等饲料原料和加工好的成品料，都十分易于滋生黄曲霉菌；在寒冷地区，玉米、小麦、燕麦、高粱、稻谷等易产生玉米赤霉烯酮，引起动物的不孕（肉鸡和蛋鸡不敏感）；以及高温高湿季节粗饲料的霉变等，如草块发生霉变（霉味较重），也易引起黄曲霉毒素中毒。

（2）控制措施

① 控制饲料原料的含水量。谷物饲料收获后立即干燥，使其含水量在短时间内降低到安全水分范围内（稻谷在13%以下，大豆、玉米、花生的含水量分别降到12%、12.5%和8%以下）。在采购粗饲料时尽量选择信誉度高的大公司，尽可能做好质量检测工作；干草的水分不应超过12%。

② 控制饲料加工过程中的水分和温度。饲料加工后如果散热不充分即装袋、贮存，会因温差导致水分凝结，易引起饲料霉变。特别是在生产颗粒饲料时，要注意保证蒸汽的质量，调整好冷却时间与所需空气量，使出机颗粒的含水量和温度达到规定的要求。一般地，含水量在12.5%以下，温度一般可比室温高3～5℃。

③ 注意饲料产品的包装、贮存与运输。饲料产品包装袋要求密封性能好，如有破损应停止使用。应保证有良好的贮存条件，仓库要通风、阴凉、干燥，相对湿度不超过70%。还可采用二氧化碳或氮气等惰性气体进行密闭保存。贮存过程中还应防止虫害、鼠咬。运输饲料产品应防止途中受到雨淋和日晒；在高温、高湿的环境条件下，粗饲料最佳的贮存方式是青贮，并严格控制好青贮原料不被霉菌毒素

污染；干草等粗饲料要保存在通风良好的草库内，定期查看质量，发现霉变，及时挑除。

④ 应用饲料防霉剂。经过加工的饲料原料与配合饲料极易发霉，故在加工时可应用防霉剂。常用防霉剂主要是有机酸类或其盐类，例如丙酸、山梨酸、苯甲酸、乙酸及它们的盐类。其中又以丙酸及其盐类丙酸钠和丙酸钙应用最广。目前多采用复合酸抑制霉菌的方法。

(3) 去毒方法 霉变严重的饲料必须废弃，绝不可迁就加以利用。对轻度霉变饲料的去毒处理与合理利用，也为生产所必需。

① 剔除霉粒法。由于霉菌毒素在谷实籽粒中分布得很不均匀，主要集中在霉坏、破损及虫蛀籽粒中，如果用手工、机械或电子挑选技术将这些籽粒挑选除去，可使饲料中的毒素含量大大降低。某些在田间生长期感染霉菌的谷实如赤霉病麦粒，其密度比正常麦粒小，可利用风选法将小而轻的病麦粒吹掉；也可用一定密度的黄泥水或20%食盐水使病麦粒漂浮去除。

② 混合稀释法。将受霉菌毒素污染的饲料与未被污染的饲料混合稀释，使整个配合饲料中的霉菌毒素含量不超过饲料卫生标准规定的允许量。但使用前应有多批次抽样测定值为依据，以防慢性中毒。

③ 脱毒处理。霉菌毒素可以通过物理、化学、微生物学的方法得到不同程度的失活或去除。凡经去毒处理的饲料，不宜再久贮，应尽快在短时期内投喂。脱毒方法见表2-6。

表2-6 霉菌毒素的脱毒方法

挑选法	对局部或少量霉烂变质的饲料进行人工挑选，挑选出来的变质饲料要作废弃处理
水洗去毒法	将轻度发霉的饲料粉（如果是饼状饲料，应先粉碎）放在缸里，加入清水（最好是开水），水要能淹没发霉饲料，泡开饲料后用木棒搅拌，每搅拌一次需换水一次，如此反复清洗5～6次，便可用来喂养动物。或将发霉饲料放在锅里，加水煮30分钟或蒸1天后，去掉水分，再作饲料用
碳酸钠溶液浸泡	用5%的碳酸钠溶液浸泡2～4小时后再进行干燥
化学去毒法	采用次氯酸、次氯酸钠、过氧化氢、氨、氢氧化钠等化学制剂，对已发生霉变的饲料进行处理，可将大部分黄曲霉毒素去除掉

续表

药物去毒法	将发霉饲料粉用0.1%的高锰酸钾溶液浸泡10分钟，然后用清水冲洗两次，或在发霉饲料粉中加入1%的硫酸亚铁粉末，充分拌匀，在95～100℃条件下蒸煮30分钟即可
维生素C去毒法	维生素C可阻断黄曲霉毒素的氧化作用，从而阻止其氧化为活性形式的毒性物质。在饲料中添加一定量的维生素C，再加上适量的氨基酸，是克服动物黄曲霉毒素中毒的有效方法
吸附去毒法	使用霉菌毒素吸附剂可有效去除霉变饲料中的毒素。它是通过霉菌毒素吸附剂在畜禽和水生动物体内发挥吸附毒素的功效，以达到脱毒的目的，是常用、简便、安全、有效的脱毒方法。应用中要选用既具有广谱吸附能力又不吸附营养成分，且对动物无负面影响的吸附剂，较好的吸附剂有百安明、霉可脱、霉消安-1、抗敌霉、霉可吸等

④ 使用添加剂缓解。可以缓解霉菌毒素的添加剂主要有以下几类。

a. 蛋氨酸和硒。添加蛋氨酸可以减轻霉菌毒素特别是黄曲霉毒素对动物的有害作用。被血液吸收的霉菌毒素由肝脏负责解毒。在动物肝脏的生物转化过程中，肝脏可以利用谷胱甘肽的生物氧化还原反应，对黄曲霉毒素进行解毒。谷胱甘肽的组成成分之一是半胱氨酸，而蛋氨酸在动物体内能转变为胱氨酸与半胱氨酸。此外，在饲料中添加硒也同样具有保护肝脏不受损害和保护肝脏的生物转化功能的作用，从而减轻黄曲霉毒素的有害影响。

b. 单加氧酶诱导剂。在动物体内肝脏的生物转化过程中，单加氧酶体系在生物转化的氧化反应中起着很重要的作用。研究证明，单加氧酶体系的生物合成是可以诱导的。苯巴比妥、类固醇激素等能诱导此酶系的合成。据报道，在含有黄曲霉毒素 B_1 的肉仔鸡饲料中应用苯巴比妥，使单加氧酶活性增强，促进了黄曲霉毒素 B_1 在机体内的代谢转化，加速其从组织中清除，从而减轻了毒素对机体的危害。

c. 酵母培养物。近年研究报道：在含有黄曲霉毒素的肉鸡日粮中添加啤酒酵母可提高饲料利用率和增重。体外试验结果也表明酵母培养物可使88%的黄曲霉毒素被降解。据推测，其作用机理可能是酵母细胞壁上的甘露聚糖蛋白质复合物可与黄曲霉毒素结合，从而减少毒素在肠道中被吸收。同时酵母能提供多种酶，这些酶在一定程度上能使黄曲霉毒素分解。

2. 沙门菌的污染与控制

感染沙门菌后动物可以经过交叉从而感染人。故沙门菌对畜禽和人类危害很大，应重视对其的控制。

(1) 沙门菌的污染途径　沙门菌主要来自患病的人和动物以及带菌者（人类带菌期一般不长，而动物则可长时间带菌），其中最主要的传播途径是水、土壤和饲料。病原菌随人和动物的粪尿等排泄物及病尸污染土壤和水源。而饲料和饮水的污染，是导致畜禽沙门菌病传染的主要原因。各种饲料原料均可发现沙门菌，尤以动物性饲料原料为多见，如肉骨粉、肉粉、鱼粉、皮革蛋白粉、羽毛粉和血粉等。

沙门菌是致病菌，通过饲料摄入后，病菌在肠道繁殖并产生内毒素。内毒素对肠道产生刺激作用，引起肠道黏膜肿胀、渗出和坏死脱落，导致严重的胃肠炎。

(2) 污染控制措施　对饲料中沙门菌的防治应从饲料原料的生产、贮运和饲料加工、运输、贮藏及饲喂动物各个环节，采取相应的措施。防治的重点是检出率较高的动物性饲料、发酵饲料等高蛋白饲料。污染控制措施如下。

① 选择优质原料。无论用屠宰废弃物生产血粉、肉骨粉，还是利用低值鱼生产鱼粉及液体鱼蛋白饲料，都应以无传染病的动物为原料，不用传染病死畜或腐烂变质的畜禽、鱼类及其下脚料作原料。

② 科学的加工方法。一是发酵法生产畜禽屠宰废弃物饲料或利用畜禽粪便加工饲料，必须掌握科学的生产方法，以保证产品的质量和消灭病原菌。发酵血粉、酵母蛋白、菜籽饼、单细胞蛋白等发酵饲料应严格筛选菌株，在适当的发酵工艺条件下生产。良好的发酵条件可抑制杂菌的生长，使发酵饲料中有害细菌很少或没有。因此，发酵中减少杂菌，快速干燥是保证发酵饲料安全的有效措施。动物性饲料要严格控制含水量，如发酵血粉的含水量应控制在8%以下，而且要严格密封包装。二是通过热处理可有效地从饲料中除去沙门菌。制粒和膨化时的瞬间温度均较高，对热抵抗力弱的沙门菌或大肠杆菌有较强的抑制、灭杀作用，应合理选用。

③ 科学使用。动物性饲料的包装必须严密，产品在运输过程中要防止包装袋破损和日晒雨淋；产品的贮存仓库必须通风、阴凉、干

燥、地势高；防止蝇、蟑螂等卫生害虫和鼠、犬、猫、鸟类等动物的侵入；销售过程中需创造良好的贮藏条件；饲料在使用时，不宜在畜禽舍内堆放过多。

④ 添加有机酸。沙门菌在温度高于10℃、pH＝6～7.5范围内繁殖得最快。饲料中添加各种有机酸如甲酸、乙酸、丙酸、乳酸等，降低饲料pH值，就可以消灭或抑制饲料中沙门菌的生长。

使用动物屠宰废弃物作饲料，虽然能带来一定的经济效益，但也具有一定的危险性。不仅要注意防止沙门菌污染，还要警惕疯牛病、口蹄疫等的传播，最近我国农业部宣布禁止从国外进口肉骨粉等动物性饲料，也就是为了避免疯牛病等疾病传入我国。

3. 农药污染与控制

(1) 农药污染饲料的途径　由于农药在农牧业生产上的广泛应用，近年来通过对大气、土壤和水体而污染饲料，造成动物中毒、死亡，并污染畜产品，最终造成人中毒的事件，在全世界不断发生，如日本的“米糠油事件”。

农药在农作物、土壤、水体中残留的种类和数量与农药的化学性质有关。一些性质稳定的农药，如有机氯杀虫剂以及含砷、汞的农药，在环境与农作物中难以降解，降解产物也比较稳定，称为高残留性农药。如含砷、汞、铅、铜等的农药在土壤中的半衰期为10～30年，有机氯农药为2～4年，而有机磷农药只有数周至数月。农药污染饲料的途径主要有：饲用作物从受污染的土壤、水体、空气中吸收农药；对饲用作物直接喷洒农药；饲料仓库用农药防虫；运输饲料的工具已被农药污染；农药使用与保管不当造成的事故性污染等。

饲料中如果存在农药残留物，可长期随食品、饲料进入人、畜机体，危害健康和降低家畜生产性能。许多农药引起人和动物急性中毒、慢性中毒、致癌、致畸、诱变等。

(2) 控制饲料农药残留的措施

① 制定农药安全生产和使用的规章制度。凡用于防治农、林、牧业的病、虫、杂草和其他有害生物以及调节植物生长的农药品种，均属农药登记规定的管理范围。凡国内生产的农药新产品和进口农药，投产和进口前必须进行登记，未经批准登记的农药不得生产、销售、使用和进口。农业部、卫生部还于1982年6月颁发了“农药安

全使用规定”。该“规定”将目前农业生产上的常用药分为高毒、中等毒、低毒三类。

② 制定饲料中农药残留量标准。农药施用于作物后，通过自然因素和作物代谢的作用，随着日期的延长，会逐渐分解消失。最理想的情况是在农药施用于作物之后，到人、畜食用之前，农药能逐渐全部消失。但事实上并不可能做到，总有或多或少的农药残留。因此，为了保证人、畜健康和畜产品的质量，应该制定食品、饲料中农药的允许残留限量，即食品、饲料中农药残留量标准。

③ 发展高效、低毒、低残留农药。从农药引起的毒害来看，一是由于农药的无选择性毒性，对人、畜表现出高毒；二是由于农药的稳定性，不易在环境及农作物中消失，并能蓄积、富集造成高残留。因此，作为一种理想农药，应当只对害虫、微生物、杂草等防治对象有杀灭作用而不危害人、畜，它们也应易于被日光和微生物分解。

此外，开展对农作物病虫害的综合防治，将化学防治、生物防治、物理防治和农业防治（如培育抗病虫的作物品系、加强田间管理等）等综合交替使用，能减少化学农药的使用量，从而减少它们对饲料的污染。

4. 金属污染与控制

(1) 金属污染的主要物质及危害　金属污染包括重金属元素污染和微量元素中的铜、锌高剂量使用等。

① 重金属污染。重金属在常量甚至微量的接触条件下即可对动物产生明显的毒害作用，故常被称为有毒金属元素。污染饲料的重金属元素通常主要是镉、铅、汞以及类金属砷等。重金属元素被吸收后，在动物体内多以原来的形式存在，也可能转变为毒性更大的化合物。多数重金属元素可在机体内蓄积，其生物半衰期较长。大剂量重金属离子进入机体可引起急性中毒，常出现呕吐、腹痛、腹泻等消化道症状，并造成肝、肾及中枢神经系统的损害。但随饲料摄入的重金属元素呈慢性中毒，并需经过一段时间逐渐积累才呈现毒性反应。慢性中毒是对该重金属元素敏感的器官首先受害，而后再波及全身。几乎每种重金属元素都有不同的毒性反应与表现。如铅主要损害神经系统、造血器官和肾脏；镉主要损害肾小管、睾丸及附睾，并可引起贫血和锌、铁、铜缺乏症；汞对神经系统的损害最为显著。砷则引起广

泛的神经系统、肝脏、肾脏和消化道的损害。重金属污染物进入环境与饲料后，不像有机污染物那样较易分解，而是长期残留于环境与饲料中，当其随饲料进入动物机体后也不会在体内发生分解，它们可蓄积在机体的某些器官内，其危害初期不易被人们察觉，但可通过食物链而危害人体健康。同时，饲料中过量的重金属元素通过所饲养动物排泄到土壤或水中，亦可威胁人类的生存环境。

饲料中重金属的来源主要有以下几方面。

a. 自然环境因素。某些地区（如矿区）自然地质化学条件特殊，其地层中的重金属元素显著高于一般地区，从而使饲用植物中含有较高水平的重金属元素。据报道，我国台湾地区以及其他一些省份的地下水含砷量很高，其饲用作物中砷含量也相应较高。

b. 工业“三废”的排放。含各种金属毒物的工业废气、废水和废渣，因不合理排放，造成对环境的污染，从而污染饲料。采矿和冶炼是向环境释放重金属元素的最主要的污染源。例如在锌矿、铅矿、铜矿中含有大量的镉，尤其是在锌矿中镉与锌伴生，含镉量通常为0.1%～0.5%，有时可高达2%～5%。含砷矿石（如雌黄、雄黄）、砷硫铁矿等的砷含量高达20%～60%以上。

c. 农业生产活动的污染。农药化肥的施用和污水灌溉等管理不当，可使重金属元素进入土壤并随之积累，从而被作物吸收。例如，有机砷（甲基砷酸铁胺、甲基砷酸钙等）、有机汞（氯化乙基汞、乙酸苯汞等）杀菌剂及砷酸铅杀虫剂等，都可造成砷、汞、铅的污染。磷肥中含砷量一般约为24毫克/千克，含镉量为10～20毫克/千克，含铅量约10毫克/千克。因此长期施用磷肥可引起土壤中砷、镉、铅的积累。污水灌溉农田时，如果用未经过处理或处理不达标的污水灌入农田，会造成镉、砷、铅、汞等对土壤的污染，均能进而污染饲料。

d. 饲料加工中的污染。饲料加工中所用的金属机械、管道、容器等可能含有某些重金属元素，在一定条件下可进入饲料。如采用表面镀镉处理的饲料加工机械、器皿及上釉的陶、瓷容器，当饲料的酸度较大时可将镉、铅溶出而污染饲料；机械摩擦可使金属尘粒混入饲料。此外，矿物质饲料（如饲用磷酸盐类、饲用碳酸钙类）和饲料添加剂（特别是微量元素添加剂）的质地不纯，其中重金属元素杂质含量过高也可使饲料受到污染。

适当提高日粮的蛋白质水平和添加蛋氨酸和胱氨酸，可阻止铅、砷、镉、汞等慢性中毒动物的体重下降，提高机体对这些重金属元素的抵抗力。而日粮中过量的脂肪则可增加铅等毒物经肠道的吸收。维生素C可以降低镉、砷、汞、铅等的慢性中毒。

② 高铜、高锌的过量使用。铜、锌是动物生长必需的微量元素。高铜、高锌促生长作用已被众多的试验证明。但微量元素在消化道中的吸收率较低，高剂量时更低。而饲料中高剂量铜、锌大部分通过粪便排出体外，长期过量，会加剧对环境的污染，造成土壤板结。高剂量铜、锌的粪便一旦污染水源，将产生巨大危害，可降低水体自净能力，使水质恶化，水生生物死亡。高铜还可造成动物肝脏铜蓄积，从而使其食用价值下降，甚至对人体产生毒害作用。饲料中铜、锌等矿物质过多，还将对维生素的稳定性产生负面影响，导致维生素的生物学效价下降。为了有效防止水土污染，最好不使用高铜高锌饲料。

③ 有机砷制剂的使用。饲料中添加的砷制剂主要是对氨基苯砷酸（阿散酸）和3-硝基-4-羟基苯砷酸（洛克沙胂）。有机砷在动物体内不易吸收，排出体外变成毒性更大的无机砷。张子仪预测，一个万头猪场按美国FAD允许使用的砷制剂推荐量计算，若连续使用含砷的饲料，5～8年之后，将可能向猪场周边排放近一吨砷。这一吨“毒土”将长期影响周围的土壤和地下水。对于生产砷制剂的工人和接触含有砷制剂饲料的饲养员及饲养场周围的居民来说，由于长期小剂量的砷不断进入体内，最终会在不知不觉中对他们及其后代带来安全隐患。

（2）控制措施

① 加强农用化学物质的管理。禁止使用含有有毒重金属元素的农药、化肥如含砷、含汞制剂。施用污泥或用污水灌溉时，要严格控制污泥和污水中的重金属元素的含量和施用量。

② 控制工业“三废”的排放。加强工业环保治理，严格执行工业“三废”的排放标准。

③ 减少重金属向植物体内的迁移。在可能受到污染的土壤中施加石灰、碳酸钙、磷酸盐等改良剂和具有促进还原作用的绿肥、厩肥、堆肥、腐殖酸等有机肥，以降低重金属的活性，减少重金属向农

作物体内迁移和累积。

④ 禁止使用含铅、镉等有毒重金属元素的饲料加工机具、管道、容器和包装材料。

⑤ 严格控制饲料中（配合饲料、添加剂预混料和饲料原料）有毒重金属元素的含量，加强饲料的卫生监督检测工作。严格控制铜、锌的添加剂量和有机砷制剂的使用。

5. 药物添加剂的污染与控制

饲料添加剂是为满足动物的营养需要而向饲料中添加的少量或微量物质，是配合饲料的核心成分。集约化养殖中为预防疫病、应激、营养不全等问题，可以通过饲料添加剂的应用得到一定解决。所以，饲料添加剂是畜禽集约化生产重要的组成部分。但大量药物饲料添加剂的应用，带来的安全问题则日益突出。目前非法使用违禁药物、滥用抗生素和药物添加剂、不遵守停药期的规定等是造成我国动物性食品兽药残留超标的主要原因。

(1) 污染途径和危害

① 添加使用违禁药物。国家目前发布的禁止在饲料和动物饮水中使用的药品、兽药和化合物共六大类 55 种（类）：一是肾上腺素受体激动剂，如：盐酸克仑特罗（俗称瘦肉精）、沙丁胺醇、莱克多巴胺、西马特罗等；二是性激素，如：己烯雌酚、雌二醇、孕酮、甲孕酮等；三是蛋白同化激素，如：碘化酪蛋白；四是精神药品，如：盐酸氯丙嗪、地西泮（安定）、苯巴比妥、利血平、安眠酮等；五是抗生素类，如：氯霉素、氨苯砜、呋喃唑酮、甲硝唑等；六是各种抗生素滤渣。但生产中有的饲料生产者或禽畜饲养者会违禁使用。

在激素类药物中，盐酸克伦特罗是当前各级饲料管理部门严厉打击的一种。它属于β-肾上腺素激动剂。20 世纪 80 年代初，意外发现盐酸克伦特罗进入动物体内后能够改变养分的代谢途径，促进动物肌肉，特别是骨骼肌中蛋白质的合成，抑制脂肪的合成和积累，从而改善胴体品质，使生长速度加快，瘦肉相对增加，所以称它为“瘦肉精”，主要添加在育肥牛、猪饲料中。1990 年，欧洲曾发生食用残留β-兴奋剂的牛肝引起的中毒事件。目前，我国的一些养殖单位或养殖户为了谋取利益，在饲料中添加盐酸克伦特罗，已造成多起中毒事件的发生。人食用了含有“瘦肉精”等药物残留的动物产品后，会出现心慌、心悸、颤抖、心动过速等症状，特别是有心脏病史的人食用后，后果将十分严重。己烯雌酚、甲孕酮和碘化酪蛋白虽然都有促进畜禽生长的作用，但是其残留对人体的危害往往更严重。

在镇静和催眠药物中使用较多的主要是“睡梦美”（其主要成分是安定）、氯丙嗪、安眠酮等，它们的作用可使动物保持安静，减轻机体对不良应激的刺激，限制动物的运动，从而减少维持需要的营养物质的消耗，有益于增重。催眠镇静药是国家明令禁止使用的药物，这类药物滥用的后果将影响畜牧业的安全生产，并会造成畜产品中药物残留，严重影响人身健康。

抗生素滤渣是抗生素类产品生产过程中产生的工业三废，近年来以其高蛋白质含量和微量的抗生素成分，在饲料和饲养过程中使用，对动物有一定的促生长作用。但是由于其饲用的安全性没有得到证实，以及容易引起畜禽和人的耐药性，因此尚存在各种安全隐患，对养殖业的危害很大，也是国家明令禁止在饲料中添加使用的。

② 超范围、超剂量、超时间、重复使用抗生素。农业部 2001 年 168 号公告规定了允许在饲料中长期添加使用的药物添加剂共 32 个品种，但实际生产中严格遵守此规定的不多：一些养殖场（户），直接添加 168 号公告规定品种以外的兽药，或不按允许使用的范围使用兽药；有的擅自增大使用剂量、延长使用时间，不按规定的停药期和配伍禁忌使用药物添加剂；目前市场上经营的部分兽药是拌混在饲料中给药，且规定有预防量和治疗量，养殖生产中则按预防量长期添加使用；有一些加入药物添加剂的饲料产品不在标签上标识，或标识的药物添加剂品种和实际添加的不一样，有时造成养殖户重复用药，以致发生中毒。

抗生素在饲料中长期大量的使用，不仅加大了饲料成本而且使致病菌的耐药性增强，特别是人畜共用的抗生素，由于致病菌耐药性传递等问题，使人们的耐药性增强，从而大大降低人类抵抗传染病的能力。畜产品中的抗生素残留对人类健康的危害很大。

（2）控制措施

① 加大执法监管力度。一要深入贯彻《饲料和饲料添加剂管理条例》。生产、经营环节的监管突出一个“严”字，对于生产、经营环节的不法分子，坚决依法追究其刑事责任，不得以罚代刑。使用环

节的监管突出一个“教”字，对于不按规定使用饲料和饲料添加剂的违法违规行为，责令立即改正，对于情节严重的，可以并处行政处罚。二要严格生产准入。要严格按照开办饲料生产企业和申办添加剂生产许可证的条件和资质标准，规范审批程序，严格市场准入。三要加强饲料标签管理。加入药物饲料添加剂的饲料标签，应当标明“加入药物饲料添加剂”字样，并标明其化学名称、含量、使用方法、配伍禁忌及注意事项。四要强化饲料生产、经营、使用的过程监控。通过监督抽查、定期抽查或质量跟踪的方式，对饲料生产、流通和养殖企业进行过程监控，发现问题，及时警戒和依法处理。

② 严格执行相关法律和条例。一是饲料和饲料添加剂的安全卫生指标要符合 GB 13078（饲料卫生标准）的要求。二是凡生产、经营和使用的饲料添加剂，应属于农业部 105 号公告《允许使用的饲料添加剂品种目录》中规定的品种及经审定公布的新饲料添加剂。不得生产、经营和使用未经批准生产的饲料添加剂。三是凡生产含有药物饲料添加剂的饲料产品，必须严格执行农业部 168 号公告《饲料药物添加剂使用规范》的规定，不得超范围、超剂量使用药物饲料添加剂。使用药物饲料添加剂，必须遵守休药期、配伍禁忌等有关规定。四是禁止在饲料和动物饮水中使用违禁物品。禁止使用国家已经停用、淘汰的饲料、饲料添加剂；禁止使用未经农业部审定公布的饲料、饲料添加剂；禁止使用未经农业部登记的进口饲料、进口饲料添加剂。加强无证无号产品的查处，加大对化工级、医药级、食品级、试剂级产品充斥饲料添加剂市场的检查力度。食品动物禁用的兽药及其他化合物清单和禁止在饲料及动物饮用水中使用的药物品种目录分别见表 2-7 和表 2-8。

表 2-7 食品动物禁用的兽药及其他化合物清单

（农业部农牧发【2001】1 号文件）

序号	禁用兽药及其他化合物名称	禁止用途	禁用动物
1	兴奋剂类：克仑特罗、沙丁胺醇、西马特罗及其盐、酯及制剂	所有用途	所有食品动物
2	性激素类：己烯雌酚及其盐、酯及制剂	所有用途	所有食品动物

续表

序号	禁用兽药及其他化合物名称	禁止用途	禁用动物
3	具有雌激素样作用的物质：玉米赤霉醇、去甲雄三烯醇酮、醋酸甲孕酮及制剂	所有用途	所有食品动物
4	氯霉素及其盐、酯（包括：琥珀氯霉素）及制剂	所有用途	所有食品动物
5	氨苯砜及制剂	所有用途	所有食品动物
6	硝基呋喃类：呋喃唑酮、呋喃它酮、呋喃苯烯酸钠及制剂	所有用途	所有食品动物
7	硝基化合物：硝基酚钠、硝呋烯腙及制剂	所有用途	所有食品动物
8	催眠、镇静类：安眠酮及制剂	所有用途	所有食品动物
9	林丹（丙体六六六）	杀虫剂	水生食品动物
10	毒杀芬（氯化烯）	杀虫剂、清塘剂	水生食品动物
11	呋喃丹（克百威）	杀虫剂	水生食品动物
12	杀虫脒（克死螨）	杀虫剂	水生食品动物
13	双甲脒	杀虫剂	水生食品动物
14	酒石酸锑钾	杀虫剂	水生食品动物
15	锥虫胂胺	杀虫剂	水生食品动物
16	孔雀石绿	抗菌剂、杀虫剂	水生食品动物
17	五氯酚钠	杀螺剂	水生食品动物
18	各种汞制剂包括：氯化亚汞（甘汞）、硝酸亚汞、醋酸汞、吡啶基醋酸汞	杀虫剂	所有食品动物
19	性激素类：睾丸酮、丙酸睾酮、苯丙酸诺龙、苯甲酸雌二醇及其盐、酯及制剂	促生长	所有食品动物
20	催眠镇静类：氯丙嗪、地西泮（安定）及其盐、酯及制剂	促生长	所有食品动物
21	硝基咪唑类：甲硝唑、地美硝唑及其盐、酯及制剂	促生长	所有食品动物

注：食品动物是指各种供人食用或其产品供人食用的动物；《禁用清单》序号 1～18 所列品种的原料药及其单方、复方制剂产品一律禁止经营和使用。

表 2-8 禁止在饲料和动物饮用水中使用的药物品种目录

（农业部公告【2002】第 173 号）

一、肾上腺素受体激动剂	盐酸克仑特罗:β2 肾上腺素受体激动药
	沙丁胺醇:β2 肾上腺素受体激动药
	硫酸沙丁胺醇:β2 肾上腺素受体激动药
	莱克多巴胺:一种 β 兴奋剂
	盐酸多巴胺:多巴胺受体激动药
	西马特罗:一种 β 兴奋剂
	硫酸特布他林:β2 肾上腺受体激动药
二、性激素	己烯雌酚:雌激素类药
	雌二醇:雌激素类药
	戊酸雌二醇:雌激素类药
	苯甲酸雌二醇:雌激素类药。用于发情不明显动物的催情及胎衣滞留、死胎的排除
	氯烯雌醚
	炔诺醇
	炔诺醚
	醋酸氯地孕酮
	左炔诺孕酮
	炔诺酮
	绒毛膜促性腺激素(绒促性素):激素类药(促性腺激素药)。用于性功能障碍、习惯性流产及卵巢囊肿等
	促卵泡生长激素(尿促性素主要含卵泡刺激 FSHT 和黄体生成素 LH):促性腺激素类药
三、蛋白同化激素	碘化酪蛋白:蛋白同化激素类,为甲状腺素的前驱物质,具有类似甲状腺素的生理作用
	苯丙酸诺龙及苯丙酸诺龙注射液
四、精神药品	(盐酸)氯丙嗪:抗精神病药、镇静药。用于强化麻醉以及使动物安静等
	盐酸异丙嗪:抗组胺药、抗组胺药。用于变态反应性疾病,如荨麻疹、血清病等
	安定(地西泮):抗焦虑药、抗惊厥药、镇静药、抗惊厥药

续表

四、精神药品	苯巴比妥:镇静催眠药、抗惊厥药、巴比妥类药。缓解脑炎、破伤风、士的宁中毒所致的惊厥
	苯巴比妥钠。巴比妥类药。缓解脑炎、破伤风、士的宁中毒所致的惊厥
	巴比妥:中枢抑制和增强解热镇痛
	异戊巴比妥:催眠药、抗惊厥药
	异戊巴比妥钠:巴比妥类药。用于小动物的镇静、抗惊厥和麻醉
	利血平:抗高血压药
	艾司唑仑
	甲丙氨酯
	咪达唑仑
	硝西泮
	奥沙西泮
	匹莫林
	三唑仑
	唑吡旦
	其他国家管制的精神药品
五、各种抗生素滤渣	抗生素滤渣:该类物质是抗生素类产品生产过程中产生的工业三废,因含有微量抗生素成分,在饲料和饲养过程中使用后对动物有一定的促生长作用,但对养殖业的危害很大,一是容易引起耐药性,二是由于未做安全性试验,存在各种安全隐患

③ 使用绿色添加剂。

a. 酶制剂。是微生物体内合成的高效生物活性物质，主要营养作用是通过外源性酶制剂的使用，帮助畜禽提高饲料利用率，促进生长，并减少动物体内矿物质排泄，减轻环境污染。对幼龄畜禽，还可弥补消化酶的不足，使其较早获得消化功能。

b. 微生态制剂。以活菌形式在动物消化道中与病原菌进行竞争抑制，或增强动物机体的免疫功能，并直接参与胃肠道微生物的平衡，目前已确认的适宜菌种有乳酸杆菌、链球菌、芽孢杆菌、双歧杆菌以及酵母菌等。但某些活菌制剂在加工、运输中容易失活。或进入消化道后，难以经受盐酸、胆汁酸低 pH 值的作用，有待改进与提高。

c. 酸化剂。利用几种特定的有机酸和无机酸制成复合酸化剂，能迅速降低 pH 值，保持良好的缓冲值和生物性能。首先，酸化剂能提高幼龄畜禽消化道中的酸度，激活一些重要的消化酶，有利于养分的消化吸收；其次，防止活细菌从外界环境中进入小肠末端，促进有益菌群的繁殖，抑制有害菌的生长，提高饲料的适口性等。酸化剂可提高动物日增重，降低料肉比，减少疾病，特别是仔猪腹泻，效果明显。

d. 中草药饲料添加剂。对中草药主要药理作用的研究认为：中草药具有协助发汗、解热、抗菌抗病毒、助消化、增食欲、泻下、抗炎、镇痛、调节平滑肌收缩、疏通微循环、增加器官血流量、改善胃肠血循环、增加消化液分泌、强心、抗休克、镇静、抗惊厥、增强免疫、抑制腺体分泌、吸附、收敛等作用。国内外已有使用中草药组方的饲料添加剂，取得一定成效。但其应用前景，可能受原料品质、炮制方法等因素的影响，其效果有很大的不稳定性。

e. 糖萜素。是一种从植物中提取出来的天然物质，主要成分为三萜类和糖类。作为饲料添加剂，在畜禽养殖过程中，能明显提高机体的免疫功能，增强抗病能力，从而提高畜禽的成活率，同时降低了防病的用药成本，也改善了肉的品质。

f. 寡糖。黏结诸如沙门菌和大肠杆菌在内的数种致病微生物，调节动物的免疫系统，增加体循环中的抗体浓度。

6. 其他污染及其危害

(1) 转基因工程产物　美国自 1996 年第一批转基因西红柿上市以来，全球约有 2 亿多人食用过数千种转基因食品，尚未报道过一例食品安全事件。但据英国媒体报道，1998 年英国一位研究人员公布了他的实验成果：用转基因马铃薯饲养大鼠，引起了大鼠器官的生长异常，体重减轻，免疫系统遭到破坏，从而引起了人们对转基因食品的怀疑。目前，在没有确证它没有危害之前，大部分国家对转基因产品均采取了谨慎的态度，如对转基因食品加贴“转基因”标识，由消费者谨慎选择。

(2)“二噁英”和“疯牛病”　“二噁英”是一组包括210种组合的氯苯化合物，其中对人类有害的有十几种。“二噁英”是由各种燃烧物燃烧以后生成的。这些燃烧包括森林大火、火山爆发、垃圾焚烧、汽车尾气、机油燃烧和化工产品的燃烧。自然界很难分解“二噁英”，而它却很容易溶解于脂肪中。因此饲用油脂产品易受“二噁英”污染。1986年“疯牛病”首先在英国被发现，它是由一种具有生物活性的蛋白质即朊病毒引起的，是牛的一种非炎性中枢神经变性型疾病。潜伏期长（几个月至几年），病程较长，最终死亡。现有医学证明英国最早的“疯牛病”的病因是动物食用带有“羊痒病”的羊源性饲料而引起的。由于饲用动物性饲料是“疯牛病”传播的主要途径，因此许多国家纷纷作出规定禁止在反刍动物饲料中添加使用动物源性饲料，特别是牛、羊肉骨粉。

(二) 我国饲料卫生标准

饲料卫生标准是从保证饲料的安全性、维护家畜健康与生产性能出发，对饲料中的各种有毒有害物质以法律形式规定的限量和要求。我国于1991年发布了饲料卫生标准（GB 13078—91)，属国家强制执行标准，为规范我国的饲料市场，保障人民群众的健康和保护环境，发挥了很大的作用。但随着饲料、饲料添加剂品种的增加和人们对食物安全的日益关注，旧版本显然不能满足新形势下饲料工业的发展需要。经补充、修订，新版GB 13078—2001《饲料卫生标准》已经发布，见表2-9。

表2-9　饲料卫生标准（2001年）

<table>
<tr><th>序号</th><th>卫生指标项目</th><th>产品名称</th><th>指标</th><th>试验方法</th><th>备注</th></tr>
<tr><td rowspan="7">1</td><td rowspan="7">砷（以总砷计）的允许量/（毫克/千克）</td><td>石粉</td><td rowspan="2">≤2.0</td><td rowspan="7">GB/T 13079</td><td rowspan="7">不包括国家主管部门批准使用的有机砷制剂中的砷含量</td></tr>
<tr><td>硫酸亚铁、硫酸镁</td></tr>
<tr><td>磷酸盐</td><td>≤20</td></tr>
<tr><td>沸石粉、膨润土、麦饭石</td><td>≤10</td></tr>
<tr><td>硫酸铜、硫酸锰、硫酸锌、碘化钾、碘酸钙、氯化钴</td><td>≤5.0</td></tr>
<tr><td>氧化锌</td><td>≤10.0</td></tr>
</table>

续表

序号	卫生指标项目	产品名称	指标	试验方法	备注
1	砷(以总砷计)的允许量/(毫克/千克)	鱼粉、肉粉、肉骨粉	≤10.0	GB/T 13079	不包括国家主管部门批准使用的有机砷制剂中的砷含量
		家禽、猪配合饲料	≤2.0		
		牛、羊精料补充料	≤10.0		
		猪、家禽浓缩料			以在配合饲料中20%的添加量计
		猪、家禽添加剂预混料			以在配合饲料中1%的添加量计
2	铅(以Pb计)的允许量/(毫克/千克)	生长鸭、产蛋鸭、肉鸭配合饲料、鸡配合饲料、猪配合饲料	≤5.0	GB/T 13080	
		奶牛、肉牛精料补充料	≤8.0		以在配合饲料中20%的添加量计
		产蛋鸡、肉用仔鸡、仔猪、生长肥育猪复合浓缩料	≤13		
		骨粉、肉骨粉、鱼粉、石粉	≤10		
		磷酸盐	≤30		
		产蛋鸡、肉用仔鸡、仔猪、生长肥育猪复合预混料	≤40		以在配合饲料中1%的添加量计
3	氟(以DAF计)的允许量/(毫克/千克)	鱼粉	≤50	GB/T 13080	高氟饲料用HG 2636—1994中4.4条
		石粉	≤2000		
		磷酸盐	≤1800	HG 2636	
		骨粉、肉骨粉	≤1800	GB/T 13080	
		生长鸭、肉鸭配合饲料	≤200		
		产蛋鸭配合饲料	≤250		
		肉仔鸡、生长鸡配合饲料	≤250		
		产蛋鸡配合饲料	≤350		
		猪配合饲料	≤100		
		牛精料补充料	≤50		
		猪禽添加剂预混料	≤1000		以在配合饲料中1%的添加量计

续表

序号	卫生指标项目	产品名称	指标	试验方法	备注
4	霉菌的允许量/(每千克产品中霉菌数×10^3个)	玉米	＜40	GB/T 13092	限量饲用：40～100，禁用：＞100
		小麦麸、米糠			限量饲用：40～100，禁用：＞80
		豆饼(粕)、棉籽饼(粕)、菜籽饼(粕)	＜50		限量饲用：50～100，禁用：＞100
		鱼粉、肉骨粉	＜20		限量饲用：20～50，禁用：＞50
		鸭配合饲料	＜35		
		猪、鸡配合饲料；浓缩饲料奶、肉牛精料补充料	＜45		
5	黄曲霉毒素 B_1 允许量/(微克/千克)	玉米	≤50	GB/T 17480 或 GB/T 8381	
		花生饼(粕)、棉籽饼(粕)、菜籽饼(粕)			
		豆粕	≤30		
		仔猪配合饲料及浓缩料	≤10		
		生长肥育猪、种猪配合饲料及浓缩料	≤20		
6	铬(以 Cr 计)的允许量/(毫克/千克)	皮革蛋白粉	≤200	GB/T 13088	
		鸡配合饲料、猪配合饲料	≤10		
7	汞(以 Hg 计)的允许量/(毫克/千克)	鱼粉石粉	≤0.5	GB/T 13081	
		鸡配合饲料、猪配合饲料	≤0.1		
8	镉(以 Cd 计)的允许量/(毫克/千克)	米糠	≤1.0	GB/T 13082	
		鱼粉	≤2.0		
		石粉	≤0.5		
		鸡、猪配合饲料	≤0.75		

续表

序号	卫生指标项目	产品名称	指标	试验方法	备注
9	氰化物(以HCN计)的允许量/(毫克/千克)	木薯干	≤100	GB/T 13084	
		胡麻饼(粕)	≤350		
		鸡配合饲料、猪配合饲料	≤50		
10	亚硝酸盐(以 $NaNO_2$ 计)的允许量/(毫克/千克)	鱼粉	≤60	GB/T 13085	
		鸡配合饲料、猪配合饲料	≤15		
11	游离棉酚的允许量/(毫克/千克)	棉籽饼、粕	≤1200	GB/T 13086	
		肉用仔鸡、生长鸡配合饲料	≤100		
		产蛋鸡配合饲料	≤20		
12	异硫氰酸酯(以丙烯基异硫氰酸酯计)的允许量/(毫克/千克)	菜籽饼(粕)	≤4000	GB/T 13087	
		鸡配合饲料 生长肥育猪配合饲料	≤500		
13	恶唑烷硫酮的允许量/(毫克/千克)	肉用仔鸡、生长鸡配合饲料	≤10000	GB/T 13089	
		产蛋鸡配合饲料	≤500		
14	六六六的允许量	米糠、小麦麸、大豆饼粕、鱼粉	≤0.05	GB/T 13090	
		肉用仔鸡、生长鸡配合饲料、产蛋鸡配合饲料	≤0.3		
		生长肥育猪配合饲料	≤0.4		
15	滴滴涕的允许量粕、鱼粉/(毫克/千克)	米糠、小麦麸、大豆饼、鱼粉	≤0.02	GB/T 13090	
		鸡配合饲料、猪配合饲料	≤0.2		
16	沙门杆菌	饲料	不得检出	GB/T 13091	

续表

序号	卫生指标项目	产品名称	指标	试验方法	备注
17	细菌总数的允许量/(每千克产品中细菌总数×10^{6}个)	鱼粉	<2	GB/T 13093	限量饲用:2～5 禁用:>5

注:1. 所列允许量是以干物质含量为88%的饲料为基础计算的。

2. 浓缩饲料、添加剂预混合饲料添加比例与本标准备注不同时,其卫生指标允许量可进行折算

三、牛场空气的卫生管理

(一) 空气污染的来源和危害

养殖场的空气污染主要来源于周围工业生产的废气物及自身排放的有害气体及微粒等。

大气中的污染物质主要有自然来源和人为来源两大类。自然界的火山爆发、森林火灾、地震和各种矿藏可以产生大量的污染物质，如各种微粒、硫化氢、硫氧化物、各种盐类和异常气体等，有的能造成局部或短期的大气污染；人为的来源为工农业生产过程和人类生活排放的有毒、有害气体及烟尘，如氧化物、二氧化硫、氮氧化物、一氧化碳、氧化铁微粒、氧化钙微粒、砷、汞、氯化物、各种农药的气体等，尤其是石化燃料的燃烧，特别是化工生产和生活垃圾的焚烧以及汽车尾气的排放，是造成大气污染的主要来源。大气中对动物危害最大的物质有氟化物、二氧化硫等。

养殖场的污染物（有害气体和微粒）主要来源于动物的生产过程和废弃物的排放。如家畜粪尿、饲料残渣和垫草等有机物分解可以产生大量的氨气，当畜禽采食富含蛋白质的饲料而又消化不良时排出大量的硫化氢，以及粪便厌氧分解或破损蛋腐败发酵都可以产生硫化氢，畜禽的气体交换可以排出大量的二氧化碳，畜舍燃烧燃料采暖可以产生一氧化碳。畜禽的活动、咳嗽、鸣叫以及饲养管理过程（如清扫地面、分发饲料、饲喂及通风除臭等机械设备运行）等都可产生大量微粒。

有害气体可以引起急慢性中毒。畜舍中氨和硫化氢含量过高时，

畜禽表现出精神萎靡，抗病力下降，对某些病敏感（如对结核病、大肠杆菌、肺炎球菌感染过程显著加快），采食量、生产性能下降；二氧化碳和一氧化碳含量过高时，易造成动物缺氧，生长缓慢，抵抗力减弱，家禽容易发生腹水症。有害气体还可引起中枢神经麻痹，中毒性肝病、心肌损伤等。高浓度的硫化氢可直接抑制呼吸中枢，引起窒息和死亡；有害气体和微粒可以刺激和破坏黏膜系统，降低呼吸系统抗病力，诱发呼吸道疾病和其他疾病，危害畜禽健康和影响生产性能的发挥。

（二）空气的污染控制

1. 合理选择场址和规划布局

合理选择场址是防止工业有害物质污染和解决养殖场有害物质对人类环境和动物健康造成危害的关键。场址应选择在城市郊区、郊县，远离工业区和人口密集区，尤其是医院、动物产品加工厂、垃圾场等污染源。合理设计养殖场和畜禽舍的排水系统、粪尿和污水处理设施。

2. 加强环境绿化

绿化不仅美化环境，而且可以净化环境，改善畜舍和牧场周围地面状况，应实行全面地绿化，种树、种草和农作物等。绿色植物进行光合作用可以吸收二氧化碳，生产出氧气。如每公顷阔叶林在生长季节每天可吸收1000千克二氧化碳，产出730千克氧气；绿色植物可大量地吸附氨，如玉米、大豆、棉花、向日葵以及一些花草都可从大气中吸收氨而生长；绿色林带可以过滤阻隔有害气体。有害气体通过绿色地带至少有25%被阻留，煤烟中的二氧化硫被阻留60%。植物表面粗糙不平，多绒毛，有些植物还能分泌油脂或黏液，能阻留和吸附空气中的大量微粒。含微粒的大气流通过林带，风速降低、大径微粒下沉，小的被吸附。夏季可吸附35.2%～66.5%的微粒。

3. 改进生产工艺，及时清除舍内粪尿和污水

粪尿分解是有害气体的主要来源，畜粪潮湿时更易产生臭气。干燥粪便因其缺少微生物活动必要的水分而不能进行分解，故产生的有害气体较少。因此，使粪尿迅速分离和干燥可以减少臭气的产生。养殖场应该采用干清粪工艺，并及时清理舍内粪尿，减少在舍内分解的机会。清理的粪尿要进行无害化处理，如封闭堆积发酵处理等，减少

臭气的产生。

4. 加强牛舍管理

加强防潮管理，保持舍内干燥。有害气体易溶于水，湿度大时易吸附于材料中，舍内温度升高时又挥发出来。地面平养时在畜禽舍地面铺上垫料，并保持垫料清洁卫生。更换和翻动垫草动作要轻；保证适量的通风，特别是注意冬季的通风换气，处理好保温和使空气新鲜的关系。必要时安装过滤设备；做好卫生工作。及时清理污物和杂物，排出舍内的污水，加强环境的消毒等。饲料加工厂远离畜禽舍，分发饲料和饲喂动作要轻。保持牛舍地面干净，禁止干扫。

5. 科学饲养

选择易于消化吸收的饲料原料，保持饲料营养水平适宜和各种营养素平衡；科学饲喂，减少饲料浪费；利用添加剂提高饲料利用率，减少有害气体的排出量。

6. 采用化学物质消除

牛舍内撒布过磷酸钙、饲料中添加丝兰属植物提取物、沸石，垫料中混入硫黄或利用木炭、活性炭、煤渣、生石灰等具有吸附作用的物质吸附空气中的臭气；使用有益微生物制剂（EM）喷洒牛舍；利用过氧化氢、高锰酸钾、硫酸亚铁、硫酸铜、乙酸等化学物质也可降低牛舍空气中的臭味。如用4%硫酸铜和适量熟石灰混在垫料之中，或者用2%的苯甲酸或2%乙酸喷洒垫料，均可起到除臭作用。

四、牛场的灭鼠和杀虫

(一) 灭鼠

鼠不仅可以传播疫病，而且可以污染和消耗大量的饲料，危害极大，必须注意灭鼠。牛场每季度进行一次彻底灭鼠。

使用化学灭鼠效率高、实施方便、成本低、见效快，但能引起人、畜中毒，有些老鼠对药剂有选择性、拒食性和耐药性。所以，使用时须选好药剂和注意使用方法，以保安全有效。灭鼠时应注意以下几点。①灭鼠时机和方法选择。要摸清鼠情，选择适宜的灭鼠时机和方法，做到高效、省力。一般情况下，4～5月份是各种鼠类觅食、交配期，也是灭鼠的最佳时期。②药物选择。灭鼠药物较多，但符合理想要求的较少，要根据不同方法选择安全的、高效的、允许使用的灭鼠药物。如禁止使用的灭鼠剂（氟乙酰胺、氟乙酸钠、毒鼠强、毒鼠硅、伏鼠醇等）、已停产或停用的灭鼠剂（安妥、砒霜或白霜、灭鼠优、灭鼠安）、不再登记作为农药使用的灭鼠剂（士的宁、鼠立死、硫酸砣等）等，严禁使用。③注意人畜安全。

1. 常用的灭鼠药物

见表 2-10。

表 2-10　常用的灭鼠药物

类型	名称	特性	作用特点	用法	注意事项
慢性灭鼠药物	敌鼠钠盐	为黄色粉末，无臭，无味，溶于沸水、乙醇、丙酮，性质稳定	作用较慢，能阻碍凝血酶原在鼠体内的合成，使凝血时间延长，而且其能损坏毛细血管，增加血管的通透性，引起内脏和皮下出血，最后死于内脏大量出血。一般在投药1～2天出现死鼠，第5～8天死鼠量达到高峰，死鼠可延续10多天	①敌鼠钠盐毒饵：取敌鼠钠盐5克，加沸水2升搅匀，再加10千克杂粮，浸泡至毒水全部被吸收后，加入适量植物油拌匀，晾干备用。 ②混合毒饵：将敌鼠钠盐加入面粉或滑石粉中制成1%毒粉，再取毒粉1份，倒入19份切碎的鲜菜中拌匀即成。 ③毒水：用1%敌鼠钠盐1份，加水20份即可	对人、畜、禽毒性较低，但对猫、犬、兔、猪毒性较强，可引起二次中毒。在使用过程中要加强管理，以防家畜误食中毒或发生二次中毒。如发现中毒，可使用维生素K解救
	氯敌鼠又名氯鼠酮	黄色结晶性粉末，无臭，无味，溶于油脂等有机溶剂，不溶于水，性质稳定	是敌鼠钠盐的同类化合物，但对鼠的毒性作用比敌鼠钠盐强，为广谱灭鼠剂，而且适口性好，不易产生拒食性。主要用于毒杀家鼠和野栖鼠，尤其是可制成蜡块剂，用于毒杀下水道鼠类。灭鼠时将毒饵投在鼠洞或鼠活动的地区即可	有90%原药粉、0.25%母粉、0.5%油剂3种剂型。使用时可配制成如下毒饵。 ①0.005%水质毒饵：取90%原药粉3克，溶于适量热水中，待凉后，拌于50千克饵料中，晒干后使用。 ②0.005%油质毒饵：取90%原药粉3克，溶于1千克热食油中，冷却至常温，洒于50千克饵料中拌匀即可。 ③0.005%粉剂毒饵：取0.25%母粉1千克，加入50千克饵料中，加少许植物油，充分混合拌匀即成	

续表

类型	名称	特性	作用特点	用法	注意事项
慢性灭鼠药物	杀鼠灵	又名华法令。白色粉末，无味，难溶于水，其钠盐溶于水，性质稳定	属香豆素类抗凝血灭鼠剂，一次投药的灭鼠效果较差，少量多次投放灭鼠效果好。鼠类对其毒饵接受性好，甚至出现中毒症状时仍采食	毒饵配制方法如下： ① 0.025％毒米：取2.5％母粉1份、植物油2份、米渣97份，混合均匀即成。 ② 0.025％面丸：取2.5％母粉1份，与99份面粉拌匀，再加适量水和少许植物油，制成每粒1克重的面丸。 以上毒饵使用时，将毒饵投放在鼠类活动的地方，每堆约39克，连投3～4天	对人、畜和家禽毒性很小，中毒时维生素 K_1 为有效解毒剂
	杀鼠迷	黄色结晶粉末，无臭，无味，不溶于水，溶于有机溶剂	属香豆素类抗凝血杀鼠剂，适口性好，毒杀力强，二次中毒极少，是当前较为理想的杀鼠药物之一，主要用于杀灭家鼠和野栖鼠类	市售有0.75％母粉和3.75％水剂。使用时，将10千克饵料煮至半熟，加适量植物油，取0.75％杀鼠迷母粉0.5千克，撒于饵料中拌匀即可。毒饵一般分2次投放，每堆10～20克。水剂可配制成0.0375％饵剂使用	
	杀它仗	白灰色结晶粉末，微溶于乙醇，几乎不溶于水	对各种鼠类都有很好的毒杀作用。适口性好，急性毒力大，1个致死剂量被吸收后3～10天就发生死亡，一次投药即可。适用于杀灭室内和农田的各种鼠类	用0.005％杀它仗稻谷毒饵，杀黄毛鼠有效率可达98％，杀室内褐家鼠有效率可达93.4％，一般一次投饵即可	对其他动物毒性较低，但犬对本品很敏感

续表

类型	名称	特性	作用特点	用法	注意事项
急性灭鼠药物	毒鼠磷	白色结晶状粉末,无臭。难溶于水,极易溶于热米糠油。在干燥和室温条件下较稳定	属有机磷毒剂,能抑制胆碱酯酶活性,鼠类吞食后4～6小时出现症状,1天内死于呼吸道充血和心血管麻痹。主要用于杀灭野鼠,也可杀灭家鼠,但适口性较差。对鸡安全[耐受量1700毫克/千克(体重)]	①醇溶法:将含量90%以上的毒鼠磷,溶于14倍量的95%乙醇中,溶解后加入适量谷物或面粉,再加少许食用油、白糖搅匀即成。 ②混合法:将毒鼠磷精品先加少许面粉拌匀,再加入需要的全量面粉,加水拌匀制成小颗粒或条、块,晾干即可。 ③黏附法:将毒鼠磷精品加适量面粉拌匀,再与粘有植物油的谷物拌匀制得。以上毒饵根据鼠体大小和数量,用药量为0.2%～1%,一次性撒布在鼠洞口附近,鼠食毒饵后多数在24小时内死亡	配制毒饵时工作人员要戴橡皮手套、口罩及防护眼镜,防止经皮肤吸收中毒。对家畜、家禽要严防误食中毒。若中毒,注射阿托品和解磷定解救
	灭鼠宁	灰白色粉末,无臭,无味,难溶于水,易溶于稀盐酸	速效选择性灭鼠药。对大家鼠、褐家鼠的效果强于屋顶鼠,对小家鼠无毒力。低温下作用更强。鼠类对本品可产生拒食性	配成0.5%～1%的毒饵投用	牛、马对本品较敏感
	灭鼠丹	黄色结晶或粉末,难溶于水,微溶于乙醇	又名普罗来特。对鼠类毒力强大,但易产生耐药性	配成0.1%～0.2%的毒饵投用	对人、畜、禽毒力亦强,且能引起二次中毒,使用时须注意

2. 灭鼠的具体操作

(1) 毒饵的选择　毒饵是由灭鼠药和食饵配制而成的。选择对家禽毒力弱，对鼠类适口性好的敌鼠钠盐作灭鼠剂，选择来源广、价钱便宜，老鼠喜吃而又不易变质的谷物作饵料。水稻区，选择稻谷作饵料，稻谷不仅老鼠喜吃，而且有外壳保护。做成毒饵，布放几天后也不会发霉，遇到倾盆大雨也不会影响药效。非水稻区可选麦粒、大米等代替。

(2) 毒饵的配制　配制0.2%敌鼠钠盐稻谷毒饵。敌鼠钠盐、稻谷和沸水的质量比为0.2∶100∶25。先将敌鼠钠盐溶于沸水中（如有酒精，将敌鼠钠盐溶于少量的酒精中，然后将药液注入沸水中，进一步溶解稀释)，趁热将药液倾入稻中，拌匀，并经常搅拌，待吸干药液，即可布放。如暂时不用，要晒干保存。如制麦粒或大米饵，敌鼠钠盐与沸水量减半。

(3) 布放方法　观察牛场鼠类的活动行为，大多数的鼠类栖息在牛舍外围隐蔽的地方，部分栖息在屋顶，少数在舍内地板上打洞筑巢。当它们进入牛舍时，必须通过下列途径：一是门、窗下椽裂缝，气孔、刮粪板出口和出水口；二是沿电线、水管导入；三是从屋顶经墙角进入；四是从外墙基打洞入舍；五是从舍内（地板或墙）鼠洞直接入舍。鼠类在进入牛舍的途径中留下了明显的鼠迹：在草丛中将草拨开，可见鼠类将草踏成一条无草的光滑小径，没有长草的泥土上也可以见到纵横交错、大小不一、光滑的小径；在牛舍外围，有明显的大、小洞口，洞口外常有鼠类扒出的泥块，在牛舍积满灰尘的地板或糠面上可以见到大大小小、密密麻麻的脚印，在鼠类经过的地方，如鼠路上、鼠洞旁都留有鼠粪，门、窗、家具、饲料包装袋等被鼠类咬破，留下千疮百孔。

从上述鼠迹可以断定鼠类的密度，是严重、中等或一般，老鼠集中在哪里，哪里分布多些，哪里分布少些。然后在牛场中全面布毒，内外夹攻。在牛舍外，可放在运动场、护泥石墙、土坡、草丛、杂物堆、鼠洞旁，鼠路上以及鼠只进出牛舍的孔道上。在牛舍内，则放在食槽下、走道旁、水渠边、墙脚、墙角以及天花板上老鼠经常行走的地方。另外，在生活区、办公室和附属设施区，如饲料仓库、孵化间、贮蛋间等，邻近牛场500米范围内的农田、竹林、荒地和居民点等都要同时进行灭鼠，防止老鼠漏网。

布放毒饵最好是一次投足3天的食量。一个牛场放毒饵的量，视鼠的密度而定，密度大则放得密些、多些，一般每隔2～3米放一堆，每堆50克左右。鼠害中等水平的牛场，每100米^{2}牛舍建筑（不包括露天部分）放毒饵2.5～3千克即可。毒饵宁可稍微供过于求，切忌供不应求，否则残存的鼠过多，效果不佳。为此，毒饵布放后2～3天，要检查每堆毒饵的被食程度，吃多少补多少，没吃的要移往吃去的地方。因为牛场鼠只众多，晚上出洞的批次有先有后，为了防止先出的吃光了毒饵，后出的没有吃到毒饵，所以要全面补充放足毒饵。在江南地区，由于黄鼠狼比较多，鼠类为了生存，避免天敌的危害，活动极为隐蔽。要特别仔细观察，找到鼠迹之后，才好布毒。有些地方布毒后1～2天，鼠类很少采食毒饵，直至第3天才大量采食毒饵，这时要特别冷静，用1～2天的时间观察鼠类的动静，在第4、第5天补充毒饵。这是一种全面、同时投放足量敌鼠钠盐毒饵的方法。

（4）灭鼠效果　灭鼠后，检验有没有达到预定的灭鼠目的，我们采用食饵消耗法来衡量灭鼠效果，其法是在投毒前后（相隔7天）称取同量的食物。如大米、麦粒和稻谷（但要与制毒饵的饵料有区别）等，选择有代表性的牛舍，沿牛舍鼠的跑道定点、定量布放，任鼠取食一晚，次日回收食饵称量，用前、后饵的总量减去前、后饵剩余量，算出前、后饵消耗量。用下面公式计算灭鼠率：

灭鼠率=(前饵消耗量－后饵消耗量)/前饵消耗量×100%

如某牛场测定灭鼠效果。灭鼠前选有代表性的牛舍2幢，放米5千克，每堆重50克，共100堆，编号布放。放置一晚，次晨回收饵料，除去杂物，剩下250克。以5千克减去250克，算出4.75千克为前饵消耗量（即老鼠吃去量）。毒鼠7天后，同前法在放前饵的两个牛舍放米5千克，隔一晚，老鼠吃去100克，此为后饵消耗量；代入公式：

灭鼠率＝(4.75－0.1)/4.75×100%＝97.89%

根据灭鼠效果和结合观察灭鼠后的现象进行分析，如灭鼠过程中死鼠很多，晚上牛舍中无鼠活动，灭鼠前有很多鼠迹的地方，灭鼠后鼠迹很少，甚至没有，也没有发现咬饲料包装等情况。综合灭鼠效果和实地观察分析判断为残存的鼠很少，就达到了预定的灭鼠目的。

（5）注意事项

①投毒1～2天后，就会出现极少量死鼠，3～4天后，才见大量

死亡，以后死鼠逐渐减少，可延续约 15 天，仍有个别死鼠出现。在灭鼠过程中，每天要检收鼠尸，并集中深埋。灭鼠后要搞环境卫生，堵塞鼠洞，使幸存者无藏身之地。

② 敌鼠钠盐对牛毒性较强，在使用时要注意安全，防止牛、食等食毒饵中毒。

③ 掌握牛场鼠害数量集中、繁殖力强的特点，打“歼灭战”，全面投放足够的毒饵，彻底消灭老鼠。

④ 掌握老鼠的行为规律，布毒位置准确，在老鼠吃到食物之前在半路上吃足毒饵而致死，就可以解决食物丰富的地方毒不着老鼠的问题。

⑤ 死鼠可用 0.5%过氧乙酸或含有效氯 1000 毫克/升的溶液喷淋消毒，用量应保证鼠尸表面完全湿润，之后用塑料袋密封好，进行无害化处理。处理完死鼠后要用消毒液消毒可能被鼠污染的场所并洗手消毒。

（二）杀虫

牛场易滋生蚊、蝇等有害昆虫，骚扰人、畜和传播疾病，给人、畜健康带来危害，应采取综合措施杀灭。

1. 环境卫生

搞好牛场环境卫生，保持环境清洁、干燥，是杀灭蚊蝇的基本措施。蚊虫需在水中产卵、孵化和发育，蝇蛆也需在潮湿的环境及粪便等废弃物中生长。因此，应填平无用的污水池、土坑、水沟和洼地，保持排水系统畅通，对阴沟、沟渠等定期疏通，勿使污水贮积。对贮水池等容器加盖儿，以防蚊蝇飞入产卵。对不能清除或加盖儿的防火贮水器，在蚊蝇滋生的季节，应定期换水。永久性水体（如鱼塘、池塘等），蚊虫多滋生在水浅而有植被的边缘区域，修整边岸，加大坡度和填充浅湾，能有效地防止蚊虫滋生。牛舍内的粪便应定时清除，并及时处理，贮粪池应加盖儿并保持四周环境的清洁。

2. 物理杀灭

利用机械方法以及光、声、电等物理方法，捕杀、诱杀或驱逐蚊蝇。

3. 生物杀灭

利用天敌杀灭害虫，如池塘养鱼即可达到鱼类治蚊的目的。此外，应用细菌制剂——内菌素杀灭吸血蚊的幼虫，效果良好。

4. 化学杀灭

化学杀灭是使用天然或合成的毒物，以不同的剂型（粉剂、乳剂、油剂、水悬剂、颗粒剂、缓释剂等），通过不同途径（胃毒、触杀、熏杀、内吸等），毒杀或驱逐蚊蝇。化学杀虫法具有使用方便、见效快等优点，是当前杀灭蚊蝇的较好方法。常用的杀虫剂及使用方法见表 2-11。

表 2-11 常用的杀虫剂及使用方法

名称	性状	作用	制剂、用法和用量	注意事项
二氧苯醚菊酯(氯菊酯、扑灭司林、苄氯菊酯)	商品名为除虫精。浅黄色油状液体，不溶于水。在空气和阳光下稳定，残效期长	为广谱杀虫剂，对多种家禽体表与环境中的害虫，如蚊、螨、蝇、蜱、虻和蟑螂等均有杀灭作用	乳剂（10%或40%），可控制畜体外寄生虫，以本品计配成 0.05% 浓度溶液喷洒；灭蝇（以二氯苯醚菊酯汁），可按 125 毫克/米^{2}喷雾	本品对禽类的毒性很低，但对鱼类及其他冷血动物如蜜蜂、家蚕有剧毒
氯氰菊酯(灭百可)	黄色至棕色黏稠固体，60℃时为黏稠液体	广谱杀虫剂，对虫体有胃毒和触毒作用	10% 氯氰菊酯乳油，灭虱时（以本品计），60 毫/升；灭蝇时（以本品计），10 毫克/升，喷洒	中毒后无特效解毒药，应对症治疗。对鱼及其他水生生物高毒，应避免污染河流、湖泊、水源和鱼塘等水体
溴氰菊酯(敌杀死)	白色结晶性粉末，难溶于水，对光稳定，遇碱易分解。其溶液在 0℃以下易析出结晶	杀虫谱广，杀虫力强，对虫体有胃毒和触毒作用，无内吸作用，对有机磷和有机氯农药耐药的虫体仍有高效	5% 溴氰菊酯溶液，药浴、喷淋（以溴氰菊酯计），预防用量为每 1000 升水中加 5～15 克，治疗用量为每 1000 升水中加 30～50 克。必要时间隔 7～10 天重复使用	对人、畜低毒，但对皮肤、黏膜、眼睛、呼吸道等有较强的刺激性，特别对大面积皮肤病或组织损伤者影响更为严重，应注意防护。误服中毒时可用 4% 碳酸氢钠溶液洗胃

续表

名称	性状	作用	制剂、用法和用量	注意事项
氰戊菊酯（戊酯氰醚酯）	淡黄色结晶性粉末，在水中几乎不溶，溶于乙醇等有机溶剂。在酸性条件下稳定，在碱性条件下逐渐降解	对畜禽的多种体外寄生虫与吸血昆虫如螨、虱、蚤、蚊和蝇等均有良好的杀灭效果。以触杀为主，兼有胃毒和驱避作用。还有杀灭虫卵的作用。因此，一般情况下不需重复用药。用药1次即可	20%氰戊菊酯溶液剂，药浴、喷淋（以氰戊菊酯计），防治疥螨时40～50毫克/升；杀灭蚤、蚊、蝇时，40～80毫克/升。喷雾，稀释成0.2%浓度，牛舍用3～5毫升/米^2，喷雾后密闭4小时	配制溶液时，水温以12℃为宜，如水温超过25℃将会降低药效，水温超过50℃时则失效。本品在碱性条件下不稳定，所以避免使用碱性水配制溶液，并忌与碱性药物混合使用。休药期28天
敌敌畏	白色结晶性粉末，工业品为淡黄色至淡黄棕色油状液体，稍带芳香味，易挥发。强碱溶液和沸水中易水解，酸性溶液中较稳定，微溶于水	是一种速效、广谱的杀虫剂，对多种体外寄生虫具有熏蒸、触杀和胃毒3种作用。可以杀灭蚊、蝇、螨、蚤等。其杀虫效力比敌百虫强8～10倍，毒性亦高于敌百虫	80%敌敌畏溶液，喷洒或涂搽时，配成0.1%～0.5%溶液喷洒空间、地面和墙壁，每100米^{2}约用1升；粪便消毒可喷洒0.5%浓度药液	加水稀释后易分解，宜现配现用。喷洒药液时应避免污染饮水、饲料、料槽和用具等。对机体毒性较大，易从消化道、呼吸道和皮肤等途径吸收而中毒，中毒时可用阿托品和碘解磷定解救
蝇毒磷	硫代有机磷酸酯类化合物，纯品为白色结晶性粉末，商品制剂微带棕色，无臭，无味	以0.05%浓度沙浴、药浴或喷洒，可杀灭蜱、螨、蚤、蝇等体外寄生虫；用0.025%浓度可灭虱	16%蝇毒磷溶液，配成含蝇毒磷0.02%～0.05%的乳剂外用	禁止与其他有机磷化合物和胆碱酯酶抑制剂合用，以免毒性增强。休药期为28天

续表

名称	性状	作用	制剂、用法和用量	注意事项
甲基吡啶磷	白色或类白色结晶性粉末,有特臭,微溶于水	高效、低毒的新型有机磷杀虫药,主要以胃毒为主,兼有触杀作用,能杀灭苍蝇、蟑螂、蚂蚁、跳蚤、臭虫及部分昆虫的成虫。一次喷雾,苍蝇可减少84%~97%。还具有残效期长的特点,将其涂于纸板上,悬挂于禽舍内或贴于墙壁上,有效期可达10~12周,喷撒于墙壁、天花板,有效期可达6~8周。用于杀灭牛舍等处的成蝇,也用居室、餐厅、食品工厂等灭蝇、灭蟑螂	① 甲基吡啶磷可湿性粉(每100克中含甲基吡啶磷可湿性粉20克、9-二十三碳烯0.05克),喷雾,每200米^{2}取本品与糖各500克,充分混合于4升温水中。涂布,每200米^{2}取本品50克、糖200克,加温水适量调成糊状,涂30个点。 ② 1%甲基吡啶磷颗粒剂,每平方米取本品2克,用水湿润后分撒	本品对眼有轻微刺激性,喷撒时须注意。加水稀释后应当日用完。混悬液停放30分钟后,宜重新搅拌均匀再用。对人、畜的毒性较大,易被皮肤吸收发生中毒,使用时应慎重
环丙氨嗪	纯品为无色晶体	为昆虫生长调节剂,可抑制双翅目幼虫的蜕皮,特别是幼虫的第一期蜕皮,使蝇蛆繁殖受阻,也可使蝇蛹不能蜕皮而死亡。可通过混饲来控制苍蝇幼虫在粪便内的生长。一般在用药后6~24小时发挥药效,可持续1~3周。主要用于控制舍内蝇幼虫的繁殖,杀灭粪池内的蝇蛆	① 1%环丙氨嗪预混剂,混饲(以环丙氨嗪计),鸡5克/1000千克(饲料),连用4~6周。 ② 50%环丙氨嗪可溶性粉,喷洒,每20米^{2}取本品10克,加水15升。喷雾,每20米^{2}取本品10克,加水5升。 ③ 2%环丙氨嗪可溶性颗粒,干撒,每10米^{2}取本品5克。洒水,每10m^{2}取本品2.5克,加水10升。喷雾,每10米^{2}取本品5克,加水1~4升	对人、畜和蝇的天敌无害。休药期为3天

续表

名称	性状	作用	制剂、用法和用量	注意事项
精制马拉硫磷	无色或浅黄色油状液体，微溶于水，对光稳定，在酸性、碱性介质中易水解	为低毒、高效、速效的有机磷杀虫剂，主要以触杀、胃毒和熏蒸方式杀灭害虫，无内吸杀虫作用。可用于杀灭蚊、蝇、虱、臭虫和蟑螂等卫生害虫。也用于治疗家畜外寄生虫病	精制马拉硫磷溶液(45%或70%)，药浴或喷雾(以马拉硫磷计)，配成0.2%～0.3%水溶液	对人的眼睛、皮肤有刺激性，使用时应注意防护。1月龄以内的动物禁用。休药期为28天
马拉硫磷	棕色、油状液体，强烈臭味	为低毒、高效、速效的有机磷杀虫剂，主要以触杀、胃毒和熏蒸方式杀灭害虫，无内吸杀虫作用。可用于杀灭蚊、蝇、虱、臭虫和蟑螂等卫生害虫	45%或70%乳剂、5%粉剂。药浴或喷雾(以马拉硫磷计)，配成0.2%～0.3%溶液；0.2%～0.5%溶液喷洒外环境杀虫；3%粉剂喷撒灭螨、蜱	对人、畜毒害小，适于畜舍内使用。世界卫生组织推荐的室内滞留喷洒杀虫剂
敌百虫	白色块状或粉末。有芳香味	低毒、易分解、污染小；杀灭蚊(幼)、蝇、蚤、蟑螂及鸡体表寄生虫	25%粉剂撒布；1%喷雾；0.1%～0.15%稀溶液浸洗患部	鸡禁止服用

五、牛场废弃物的处理

牛场的废弃物，如粪便、污水等直接影响到牛场的卫生和疫病控制，危害牛群安全和公共卫生安全，必须进行无害化处理。

(一) 粪便处理

1. 用作肥料

牛粪尿中的尿素、氨以及钾磷等，均可被植物吸收。但粪中的蛋白质等未消化的有机物，要经过腐熟分解成 NH_3，或 NH_4^+，才能被植物吸收。所以，肉牛粪尿可作底肥。为提高肥效，减少肉牛粪中的有害微生物和寄生虫卵的传播与危害，肉牛粪在利用之前最好先经过发酵处理。

（1）处理方法　将牛粪尿连同其垫草等污物，堆放在一起，最好在上面覆盖一层泥土，让其增温、腐熟。或将肉牛粪、杂物倒在固定的粪坑内（坑内不能积水），待粪坑堆满后，用泥土覆盖严密，使其发酵、腐熟，经15～20天便可开封使用。经过生物热处理过的肉牛粪肥，既能减少有害微生物、寄生虫的危害，又能提高肥效，减少氨的挥发。肉牛粪中残存的粗纤维虽肥分低，但对土壤具有疏松的作用，可改良土壤结构。

（2）利用方法　直接将处理后的牛粪用作各类旱作物、瓜果等经济作物的底肥。其肥效高，肥力持续时间长；或将处理后的肉牛粪尿加水制成粪尿液，用作追肥喷施植物，不仅用量省、肥效快，增产效果也较显著。粪液的制作方法是将肉牛粪存于缸内（或池内），加水密封10～15天，经自然发酵后，滤出残余固形物，即可喷施农作物。尚未用完或缓用的粪液，应继续存放于缸中封闭保存，以减少氨的挥发。

2. 生产沼气

固态或液态粪污均可用于生产沼气。沼气是厌气微生物（主要是甲烷细菌）分解粪污中含碳有机物而产生的一种混合气体，其中甲烷占60%～75%，二氧化碳占25%～40%，还有少量氧、氢、一氧化碳、硫化氢等气体。将牛粪、牛尿、垫料、污染的草料等投入沼气池内封闭发酵生产沼气，可用于照明、作燃料或发电等。沼气池在厌氧发酵过程中可杀死病原微生物和寄生虫，发酵粪便产气后的沼渣还可再用作肥料。

（二）污水处理

牛场必须专设排水设施，以便及时排除雨水、雪水及生产污水。全场排水网分主干和支干，主干主要是配合道路网设置的路旁排水沟，将全场地面径流或污水汇集到几条主干道内排出；支干主要是各运动场的排水沟，设于运动场边缘，利用场地倾斜度，使水流入沟中排走。排水沟的宽度和深度可根据地势和排水量而定，沟底、沟壁应夯实，暗沟可用填水管或用砖砌，如暗沟过长（超过200米），应增设沉淀井，以免污物淤塞，影响排水。但应注意，沉淀井距供水水源应在200米以上，以免造成污染。污水经过消毒后排放，被病原体污染的污水，可用沉淀法、过滤法、化学药品处理法等进行消毒。比较实用的是化学药品消毒法。方法是先将污水处理池的出水管用一木闸门关闭，将污水引入污水池后，加入化学药品（如漂白粉或生石灰）进行消毒。消毒药的用量视污水量而定（一般1升污水用2～5克漂白粉）。消毒后，将闸门打开，使污水流出。

（三）垫料处理

垫料具有保暖、吸潮和吸收有害气体等作用，可以降低舍内湿度和有害气体浓度，保证一个舒适、温暖的小气候环境。选择的垫料应具有导热性低、吸水性强、柔软、无毒、对皮肤无刺激性等特性，并要求来源广、成本低、适于作肥料和便于无害化处理。常用的垫料有稻草、麦秸、稻壳、树叶、野干草、植物藤蔓、刨花、锯末、泥炭和干土等。近年来，还采用橡胶、塑料等制成的厩垫以取代天然垫料。没有发生过传染病的垫料经过阳光暴晒或熏蒸消毒后可以重复利用，发生过传染病的垫料要焚烧。

第三节　牛场的驱虫

寄生虫病虽然没有造成大量的死亡，但往往易被忽视，严重影响生产性能的发挥，降低饲料转化效率。不仅严重危害中、小养殖场户，而且也危害管理较好、设备先进的大型规模场。现今兽医科学对寄生虫病的病原体、生活史、发生和感染规律等已经十分清楚，但许多养殖场对寄生虫病仍未能够做到有效控制，其原因第一是对寄生虫病的危害认识不足：第二是对药物选择不当和防治方案不完善。只有把寄生虫病造成的损失降到最低限度，才能使牛的生产性能达到理想水平，所以必须做好牛寄生虫病的防治工作。

一、驱虫药的种类和选择

（一）驱虫药的种类

1. 咪唑丙噻唑类

目前在兽医临床上应用的主要是左旋咪唑，它属广谱、高效、低毒的驱线虫药，对蛔虫、食道口线虫有良好的驱除效果，内服或注射的剂量按体重计均为7.5毫克/千克。该药注射时对局部有一定的刺激性，同时常引起牛精神不振、流涎、咳嗽等症状。此药的停药期为

7天。

2. 苯丙咪唑类

它属于广谱、高效、低毒的驱虫药，临床上使用得最多的是阿苯达唑（又名丙硫苯咪唑、抗蠕敏），还有芬苯达唑、甲苯达唑等。此类药物对许多线虫、吸虫和绦虫均有驱除效果，阿苯达唑适口性较差，混饲投药时应每次少添，分多次投服。该药有致畸的可能性，应避免大量连续应用。牛内服量每千克体重为5～10毫克。此药的停药期为14天。

3. 大环内酯类

属于较新的广谱、低毒、高效的药物，其突出优点在于它对牛体内外寄生虫同时具有很高的驱杀作用，它不仅对成虫，还对一些线虫发育期的幼虫也有杀灭作用。主要有阿维菌素、伊维菌素及多拉菌素等，阿维菌素、伊维菌素是目前畜禽场首选的驱虫药。

(1) 阿维菌素类　具有驱除体内外寄生虫的优点，它对胃肠道线虫的成虫和大部分的第四期幼虫以及肺线虫病（肺丝虫）、猪冠尾线虫（猪肾虫）的成虫都具有驱杀作用；对体表疥螨和血虱也有很好的杀灭作用，但对它们的卵没有杀灭作用。阿维菌素类对绦虫和吸虫、结肠小袋纤毛虫、球虫等没有作用。

(2) 伊维菌素　伊维菌素是在阿维菌素的基础上改进的，它的优点是降低了毒性，所以牛驱虫时应尽量选用伊维菌素。牛的皮下注射用量为0.2毫克/千克（体重）(仅供皮下注射)，不要注入肌肉或血管内。

（二）驱虫药的选择

在驱虫过程中，由于不同种类寄生虫可交叉感染和混合感染，而且不同药物对不同寄生虫的驱杀效果也不尽相同，同时有些药物在牛体上使用时会产生副作用，因此，给牛场的驱虫工作带来了一定的难度。有时虽然采取了一些驱虫措施，但由于投药方法、时间、药物选择不当等，驱虫效果不理想。因此，选择合适的驱虫药物来控制寄生虫就显得非常重要。

1. 原则

在控制寄生虫病的过程中，选用合适的驱虫药物是非常重要的环节。选择药物要坚持操作方便、高效、低毒、广谱、安全的原则。

2. 功效特点

不同驱虫药功效不同。单独的伊维菌素、阿维菌素对驱除疥螨等寄生虫效果较好，而对肉牛体内移行期的蛔虫幼虫、毛首线虫则效果差，而阿苯达唑、芬苯达唑则对线虫、吸虫、鞭虫及其移行期的幼虫、绦虫等均有较强的驱杀作用。多数肉牛场为多种寄生虫混合感染，因此，在选择药物时应选用广谱的复方药物，这样才能达到同时驱除体内、外各种寄生虫的目的。

3. 类型的选择

在选择药物的剂型方面应根据每个肉牛场的特点，效果优先的情况下兼顾操作方便。目前国内驱虫药开发的剂型主要有粉剂、片剂、注射液，新开发出来的还有口服液、糊剂、透皮剂、膏剂和胶囊。注射液有剂量准确的优点，但劳动强度很高，如果肉牛的体重很大，抓肉牛时会很费力，如母肉牛、种公肉牛，体型非常大，注射时要保定，伤口处理不当还容易引起感染，存栏数量多，工作量大，较难做到全群驱虫。同时，注射给药容易造成肉牛应激。而预混剂则可以克服这些缺点，使用方便，适宜大规模肉牛场全群拌料驱虫。而小规模养殖户则可选用片剂或注射液，操作相对方便。为了防止交叉感染和重复感染，达到彻底驱虫的目的，肉牛场必须采用全群覆盖驱虫，即对肉牛场里所有的肉牛进行全场同步驱虫。所以，药物必须满足同时适用于公肉牛、怀孕母肉牛、育肥肉牛及断奶犊肉牛等各个生长阶段肉牛的安全需要，才不会引起流产及中毒现象的发生。

4. 毒性

有些药物如左旋咪唑、敌百虫等，在使用过程中经常发生中毒现象，因此，母肉牛及犊肉牛应避免使用。另外，阿维菌素在生产过程中也易产生多种复杂成分，这些成分有些对肉牛有毒性，如果在生产过程中未将有毒的成分除去而直接使用，则容易产生不良的副作用。因此，在选购驱虫药物时，应选择信誉度好，有质量保证的厂家，以保证产品的质量。

5. 适口性

药物的适口性对驱虫效果也有影响。只有在不降低采食量的条件下才能保证牛体摄入足够量的药物，从而起到驱虫的目的。同时，也不会影响牛群的正常生长。

二、牛驱虫用药原则和方法

（一）牛驱虫用药原则

1. 做好驱虫前的准备工作

根据牛的品种、类型不同，选用与之相对应的药物、器械，选择好场地，备足所需驱虫药、稀释液、应急抢救药及解毒药品（阿托品及特效解毒药等），并计算好药品剂量、使用浓度。先进行小群试验。给大群牛驱虫之前，先选用 2～3 头牛进行小群药效试验。这样做，一方面是看选用的药物是否对症，另一方面还可防止大群牛药物中毒。驱虫药物一般毒性都较大，小群试验后证实安全、有效，再进行大群用药。

2. 科学用药

投药要科学，剂量要准确。如牛羊蜱可用 1%敌百虫喷洒体表和圈舍；牛绦虫可投服硫咪唑、吡喹酮等。驱牛肝片吸虫，肉牛可用丙硫咪唑按每千克体重 20 毫克内服或硝氯酚（按每千克体重 6 毫克）内服，每天 1 次，连用 3 天；奶牛用三氯苯唑（肝蛭净），剂量为 10～12 毫克/千克（体重），1 次口服。本药对成虫和幼虫均有杀灭作用。也可用硝氯酚粉，剂量为 3～4 毫克/千克（体重），1 次口服。针剂剂量为 0.5～1.0 毫克/千克（体重），深部肌内注射。

圆形线虫（蛔虫、结节虫、钩虫、鞭虫等）寄生于牛的消化道内，肉牛可用 1%精制敌百虫溶液（按每千克体重 100 毫克）空腹灌服，每天 1 次，连用 3 天，或用左旋咪唑（按每千克体重 8 毫克）空腹内服，每天 1 次，连用 3 天。奶牛用左旋咪唑，剂量为 4～5 毫克/千克（体重），1 次皮下或肌内注射 [或 6 毫克/千克（体重），1 次口服]，或噻苯咪唑，剂量为 70～110 毫克/千克（体重），配成 10%水悬液，1 次灌服，或丙硫苯咪唑，剂量为 5～10 毫克/千克（体重），拌入饲料中 1 次喂服（或配成 10%水悬液，1 次灌服）。

驱虫所需药物要现配现用。当一种药使用无效或长期使用后要考虑更换新的驱虫药，以免引起耐药性。

3. 选择最佳驱虫时间

根据牛体内外寄生虫活动具有一定规律性的特点，要选择不同的驱虫时间，以达到理想的驱虫效果。如牛羊的驱虫应在早春的 2～3 月间和秋末的 9～10 月间进行，怀孕母畜在分娩后 2～3 周用药驱虫效果较好。

驱虫应根据当地寄生虫的流行特点选择适当的时间。对牛蠕虫，驱虫时间主要在秋冬季。秋冬季不适于虫卵和幼虫的发育，大多数寄生虫的卵和幼虫在冬天是不能发育的，所以，秋冬季驱虫可以大大减少寄生虫对环境的污染。另外，秋冬季也可减少寄生虫借助蚊蝇昆虫进行传播。对肝片吸虫来说，肝片吸虫从食入囊蚴到虫体成熟开始排卵，约需 3 个月，其感染的高峰季节是在 7～9 月，因此，不能在7～9 月进行驱虫。我们可以选在 10～11 月进行首次驱虫，翌年 1～2 月再驱虫 1 次。

4. 加强用药驱虫后的管理

牛用药驱虫后要备足清洁、适量的饮水，并勤于护理和观察：供给营养全面的饲料、优质青草，发现牛异常或出现中毒症状时要及时进行隔离抢救。为了避免牛食排出的虫体造成场地污染，应于牛用药后及时清除粪便、垫料，并堆积进行生物热发酵处理，栏舍要彻底消毒。

（二）驱虫药物使用方法

1. 群体给药法

（1）混饲法　即把药物按一定浓度均匀地拌入饲料中，让牛自由食入。如牛群数量大，驱除牛体内寄生虫可采用混饲给药。

（2）混饮法　即把驱虫药均匀地混入饮水中让牛自由饮入。常用的有抗球虫的呋喃唑酮及驱线虫的左旋咪唑等。

（3）喷洒法　由于牛的外寄生虫如虱、蠕形螨、疥螨等，除寄生于牛体表或皮内外，在圈舍及活动场内，还有各发育阶段的虫体或虫卵。因此，在生产实践中，常将杀虫药物配成一定浓度的溶液，均匀地喷洒于牛的圈舍、体表及其活动场所，以达到同步彻底杀灭体表及外界环境中各发育阶段虫体的目的。

（4）撒粉法　在寒冷季节，无法使用液体剂型喷洒法时，常用此法。将杀虫粉剂均匀撒布于牛体及其活动场所即可。

2. 个体给药法

（1）药浴法或洗浴法　该法主要在温暖季节及饲养量小的情况下使用。将杀虫药物配成所需浓度的溶液置于药浴池内，把患外寄生虫病的牛除头部以外的各部位浸于药液中 0.5～1 分钟，以达到杀灭牛体外寄生虫的目的。应用该法，牛体表各部位与药液可充分接触，杀虫效果确实可靠。

(2) 涂擦法　对于牛的某些外寄生虫病如疥螨、痒螨病等可用此法，将药液直接涂布于牛患处，以便药物更好地与虫体接触而发挥杀虫效果。

(3) 内服法　对于个体饲养量小或不能自食自饮的个别危重病牛，可将片剂、胶囊剂或液体剂型的驱虫药物经口投服，或用细胶管插入牛食道灌服，以达到驱除牛体寄生虫的目的。

(4) 注射法　生产中可根据不同药物的性质、制剂，牛对药物的反应情况以及不同驱虫目的选用不同注射法。有些驱虫药如左旋咪唑等，可通过皮下或肌内注射给药；有些药物如伊维菌素，对牛的各种蠕虫及体外寄生虫均有良好的驱杀效果，但只能通过皮下注射给药。

三、牛场的驱虫方法和注意事项

(一) 常见的驱虫方法及特点

1. 不定期驱虫法

即将发现肉牛群发生寄生虫感染病征的时间确定为驱虫时期。针对所发现的感染寄生虫的种类选择驱虫药物进行驱虫。采用这种驱虫方法的肉牛场比例较高，尤其在中、小型肉牛场（户）中较为常见。该方法便于操作，但驱虫效果不甚明显。

2. 定期驱虫法

在每年春季（3～4 月）进行第 1 次驱虫，秋、冬季（10～12 月）进行第 2 次驱虫，每次都对全场所有存栏肉牛进行全面用药驱虫。该模式在较大规模的肉牛场使用得较多，操作简便，易于实施。但由于两次驱虫的时间间隔有半年之久，生活周期长达 2.5～3.0 个月的蛔虫，在理论上也能完成两个世代的繁殖，难以避免重复感染。

3. 阶段性驱虫法

指在肉牛的某个特定阶段进行定期用药驱虫。种母肉牛产前 15 天左右驱虫 1 次，犊牛阶段驱虫 1 次，后备种肉牛转入种肉牛舍前 15 天左右驱虫 1 次，种公肉牛 1 年驱虫 2～3 次。

4. "4 加 1"驱虫法

此方法是当前比较流行的驱虫方法。即种公肉牛、种母肉牛每季度驱虫 1 次（即 1 年 4 次），每次拌料用药，连喂 7 天。后备公、母肉牛转入种肉牛舍前驱虫1次，拌料用药，连喂7天。初生仔肉牛在保育阶段约50～60日龄驱虫1次，拌料用药连喂7天。引进肉牛并群前驱虫1次，每次拌料用药，连喂7天。这种模式直接针对寄生虫的生活史，肉牛场中寄生虫的感染分布情况及主要散播方式等。加强了对肉牛场种肉牛的驱虫强度，从源头上杜绝了寄生虫的散播，起到了全场逐渐净化的效果。考虑了犊牛对寄生虫易感染这个情况，在保育阶段后期或在进入生长舍时驱虫1次，能帮助犊牛安全度过易感期。依据肉牛场各种常见寄生虫的生活史与发育期所需的时间，种肉牛每隔3个月驱虫1次，比1年驱虫1次、2次甚至3次效果都好。如果选用药物得当，可对蛔虫、毛首线虫在成熟前即有驱杀的作用，从而避免虫卵排出而污染肉牛舍，减少重复感染的机会。

(二) 驱虫时的注意事项

1. 定期检查

坚持做好牛场（户）寄生虫病监测工作。寄生虫的检查法如下。

(1) 虫体检查法　在消化道内寄生的绦虫常以含卵节片整节排出体外，一些蠕虫的完整虫体也可因寿命等原因而排出体外。粪便中的节片和虫体，其中较大者很易被发现。对于较小的虫体，应先将粪便收集于盆内，加入5～10倍的清水，搅拌均匀，静置待自然沉淀，然后将上层液除去。重新加入清水，搅拌沉淀，反复操作，直到上层液体清亮为止。最后将上层液倾去，取沉渣置于较大玻璃器皿内。先后在白色背景和黑色背景上，用肉眼或借助放大镜寻找虫体，发现虫体后用毛笔挑出进行进一步检查。

(2) 虫卵检查法

① 沉淀法　取粪便5克，加清水100毫升以上，搅匀，通过40～60目铜筛过滤。滤液收集于三角瓶或烧杯中，静置沉淀20～40分钟，倾去上层液，保留沉渣。再加水混匀，再沉淀。如此反复操作，直到上层液体清亮为止，吸取沉渣在显微镜下进行检查。此法适合于线虫卵的检查。

② 漂浮法　取粪便10克，加饱和食盐水10毫升，混合，通过60目铜筛。滤液收集于烧杯中，静置0.5小时，则虫卵上浮。用1个直径5～10毫米的铁丝圈，与液面平行接触以蘸取表面液膜，抖落于载玻片上，在显微镜下检查。

2. 隔离卫生

采取"全进全出"的饲养方式，有利于统一实施驱虫方案，避免交叉感染；要做好舍内外的环境卫生和消毒工作，保障畜禽生活在清洁干燥的环境中；严禁养猫、狗等宠物，消灭中间宿主。

3. 合理选药

在选择驱虫药时，要根据牛种类、年龄、感染寄生虫的种属、寄生的部位等情况选择驱虫范围广、疗效高、低毒的广谱驱虫药物。种用牛和幼牛用药需谨慎，种母牛宜在开产前和空怀期进行驱虫，犊牛避免使用毒性较大的驱虫药。由于寄生虫病多为混合感染，在驱虫时可适当配合使用各种驱虫药物。

4. 卫生管理

定期做好灭鼠、灭蝇、灭蟑螂等工作，新引进的牛要进行驱虫，严防外源寄生虫传入。

5. 正确用药

（1）掌握剂量，间隔用药　各种驱虫药对牛体都有一定的毒害作用，驱虫时剂量一定要准确，应防止用量过大而造成中毒。为了确保驱虫效果，防止寄生虫产生抗药性，可在第一次用药后间隔一段时间再进行第二次驱虫。

（2）方法正确，途径对路　不同的药物或不同的驱虫目的，其用药途径不尽相同。一般体外寄生虫适宜喷洒和药浴（必须与栏舍除虫同时进行）；血液寄生虫用静脉注射效果好；呼吸道、泌尿道、消化道寄生虫适合口服和肌内注射，口服投药可在清晨饲喂前投药或投药前停饲一顿；肉牛屠宰前三周内不得使用药物进行驱虫。

第三章　牛场的消毒

第一节　消毒的种类

按照消毒目的可分为预防消毒、紧急消毒和终末消毒。

一、预防消毒（定期消毒）

预防消毒是指为了预防传染病的发生，对牛的圈舍、牛场环境、用具、饮水等所进行的常规的定期消毒工作，或是对健康的动物群体或隐性感染的群体，在没有被发现有某种传染病或其他疫病的病原体感染或存在的情况下，对可能受到某些病原微生物或其他有害微生物污染的畜禽饲养的场所和环境物品进行的消毒。另外，牛场的附属部门，如兽医站、门卫、提供饮水、饲料、运输车等的消毒均为预防性消毒。预防消毒是牛场的常规工作之一，是预防牛传染病的重要措施之一。

二、紧急消毒

在疫情发生期间，对牛场、圈舍、排泄物、分泌物及污染的场所和用具等及时进行的消毒称为紧急消毒。其目的是为了消灭由传染源排泄在外界环境中的病原体，切断传染途径，防止传染病的扩散蔓延，把传染病控制在最小范围。或当疫源地内有传染源存在时，对正流行某一传染病的牛群、牛舍、设备用具以及牛体所进行的消毒也称紧急消毒。目的是及时杀灭或消除感染或发病动物排出的病原体。

三、终末消毒

发生传染病以后，待全部病牛处理完毕，即当牛群痊愈或最后一只病牛死亡后，经过两周再没有新的病例发生，在疫区解除封锁之前，为了消灭疫区内可能残留的病原体所进行的全面彻底的消毒称为终末消毒。或发病的牛群体因死亡、扑杀等方法清理牛群后，对被这些发病动物所污染的环境（圈舍、物品、工具、餐具及周围空气等整个被传染源所污染的外环境及其分泌物或排泄物）所进行的全面彻底的消毒也称为终末消毒。

第二节 消毒的方法

微生物多种多样，微生物种类以及所处的环境条件不同其适应力和抵抗力存在差异，需要不同的消毒方法。消毒方法一般有物理消毒法、化学消毒法及生物消毒法。

一、物理消毒法

物理消毒法是指应用物理因素（如清除、辐射、煮沸、干热、湿热、火焰焚烧及滤过除菌、超声波、激光、X射线消毒等）杀灭或清除病原微生物及其他有害微生物的方法。常用于养殖场的场地、施舍设备、卫生防疫器具和用具的消毒，该法简便经济。

（一）清除消毒

通过清扫、冲洗、洗擦和通风换气等手段达到清除病原体的目的，是最常用的一种消毒方法，也是日常的卫生工作之一。

1. 清扫、冲洗、洗擦

牛场的场地、牛舍、设备用具上存在大量污物，尘埃中含有大量病原微生物，用清扫、铲刮、冲洗等机械方法清除降尘、污物及沾染的墙壁、地面以及设备上的粪尿、残余的饲料、废物、垃圾等，这样可除掉70%的病原，并为药物消毒创造条件。对清扫不彻底的牛舍进行化学消毒，即使用高于规定的消毒剂量，效果也不显著，因为消毒剂即使接触少量的有机物也会迅速丧失杀菌力。必要时舍内外的表层土也一起清除，减少场地和牛舍病原微生物的数量。但机械清除并不能杀灭病原体，所以此法只能作为消毒工作中的一个辅助环节，不能作为一种可靠的方法来利用，必须结合其他消毒方法同时使用。如发生传染病，特别是烈性传染病时，需与其他消毒方法共同配合，先用药物消毒，然后再用机械清除。

高压清洗机（见图3-1）是养殖场常用的冲洗设备，可以冲洗养殖场场地、畜舍建筑、养殖场设施、设备、车辆等。高压清洗机设计

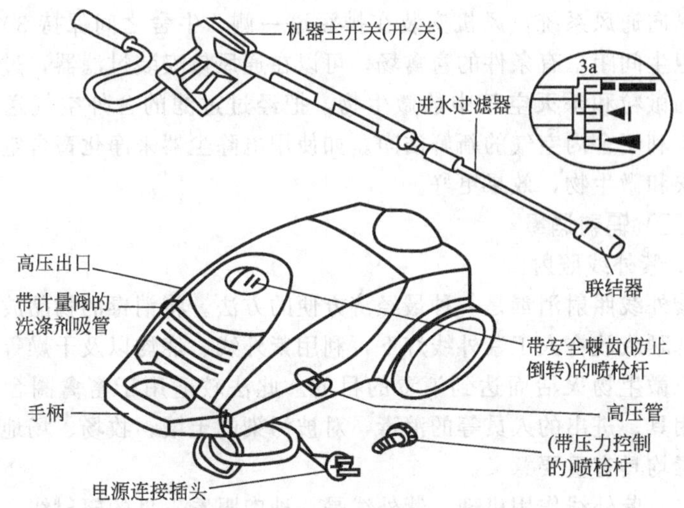

图 3-1 高压清洗机结构示意图

上应非常紧凑，电机与泵体可采用一体化设计；现以最大喷洒量为450升/小时的产品为例对主要技术指标和使用方法进行介绍。它主要由高压管及喷枪柄、喷枪杆、三孔喷头、洗涤剂液箱以及系列控制调节件等组成。内藏式压力表置于枪柄上；三孔喷头药液喷洒可在强力、扇形、低压三种喷嘴状态下进行。操作时实现连续可调的压力和流量控制，同时设备带有溢流装置及带有流量调节阀的清洁剂入口，使整个设备坚固耐用，操作方便。

2. 通风换气

通风换气也是清除消毒的一种。由于畜禽的活动、咳嗽、鸣叫及饲养管理过程，如清扫地面、分发饲料及通风除臭等机械设备运行和舍内畜禽的饮水、排泄及饲养管理过程用水等导致舍内空气含有大量的尘埃、水汽，微生物容易附着，特别是疫情发生时，尤其是经呼吸道传染的疾病发生时，空气中病原微生物的含量会更高。所以，适当通风，借助通风经常地排出污秽气体和水汽，特别是在冬、春季，可在短时间内迅速降低舍内病原微生物的数量，加快舍内水分蒸发，保持干燥，可使除芽孢、虫卵以外的病原失活，起到消毒作用。但排出的污浊空气容易污染场区和其他畜舍，为减少或避免这种污染，最好采用纵向通风系统，风机安装在排污道一侧，牛舍之间保持30～40米的卫生间距。有条件的畜禽场，可以在通风口安装过滤器，过滤空气中的微粒和杀灭空气中的微生物，把经过过滤的舍外空气送入舍内，有利于舍内空气的新鲜洁净。如使用电除尘器来净化畜舍空气中的尘埃和微生物，效果更好。

（二）辐射消毒

1. 紫外线照射

紫外线照射消毒是一种最经济方便的方法。将消毒的物品放在日光下暴晒或放在人工紫外线灯下，利用紫外线、烧灼以及干燥等作用使疫原微生物灭活而达到消毒的目的。此法较适用于畜禽圈舍的垫草、用具、进出的人员等的消毒，对被污染的土壤、牧场、场地表层的消毒均具有重要意义。

（1）紫外线作用机理　紫外线是一种肉眼看不见的辐射线，可划分为三个波段：UV-A（长波段），波长320～400纳米；UV-B（中波段），波长280～320纳米；UV-C（短波段），波长100～280纳米。强大的杀菌作用由短波段UV-C提供。由于100～280纳米具有较高的光子能量，当它照射微生物时，就能穿透微生物的细胞膜和细胞核，破坏其DNA的分子键，使其失去复制能力或失去活性而死亡。空气中的氧在紫外线的作用下可产生部分臭氧O_3，当O_3的浓度达到10～15毫升/米^{3}时也有一定的杀菌作用。

紫外线可以杀灭各种微生物，包括细菌、真菌、病毒和立克次体等。一般来说，革兰阴性菌对紫外线最敏感，其次为革兰阳性球菌，细菌芽孢和真菌孢子抵抗力最强。病毒也可被紫外线灭活，其抵抗力介于细菌繁殖体与芽孢之间。微生物可分为对紫外线高度抗性、中度抗性和低度抗性3类。高度抗性者有枯草杆菌、枯草杆菌芽孢、冬青属、耐辐射微球菌和橙黄八叠球菌；中度抗性者有微球菌、鼠伤寒沙门菌、乳链球菌、酵母菌属和原虫；低度抗性者有牛痘病毒、大肠杆菌、金黄色葡萄球菌、普通变形杆菌、军团菌、布鲁尔酵母菌和大肠杆菌噬菌体。

一般常用的灭菌消毒紫外灯是低压汞气灯，在C波段的253.7

纳米处有一强线谱，用石英制成灯管，两端各有一对钨丝自燃氧化电极。电极上镀有钡和锶的碳酸盐，管内有少量的汞和氩气。紫外线灯开启时，电极放出电子，冲击汞气分子，从而放出大量波长为 253.7 纳米的紫外线。

(2) 紫外线照射消毒的应用

① 对空气的消毒　紫外线灯的安装有 3 种方式：固定式，用于房间（禽、畜的笼、舍和超净工作台）消毒。将紫外线灯吊装在天花板或墙壁上，离地面 2.5 米左右，灯管安装金属反光板，使紫外线照射在与水平面成 30°～80°角。这样使全部空气受到紫外线照射，而当上下层空气产生对流时，整个空间都会被消毒。通常以每 6～15 米^{3}空间用 1 支 15 瓦紫外线灯。在直接照射时，普通地面照射以 3.3 瓦/米^{2}电能，例如，9 米^{2}地面需 1 支 30 瓦紫外线灯。如果是超净工作台，照射以 5～8 瓦/米^{2}电能；移动式照射，主要应用于传染病病房的空气消毒，畜禽养殖场较少应用。在建筑物的出入口安装带有反光罩的紫外线灯，可在出入口形成一道紫外线的屏障。一个出入口安装 5 支 20 瓦紫外线灯管，这种装置可用于烈性菌实验室的防护，空气经过这一屏幕，细菌数量减少 90%以上。

② 对水的消毒　紫外线在水中的穿透力，随深度的增加而降低，但受水中杂质的影响，杂质越多紫外线的穿透力越差。常用的装置有：直流式紫外线水液消毒器，使用 30 瓦灯管每小时可处理 2000 升水（直流式紫外线水液消毒器见图 3-2）；一套管式紫外线水液消毒器，每小时可生产 10000 升灭菌水（见图 3-3）。

③ 对污染表面的消毒　紫外线对固体物质的穿透力和可见光一样，不能穿透固体物体，只能对固体物质的表面进行消毒。照射时，

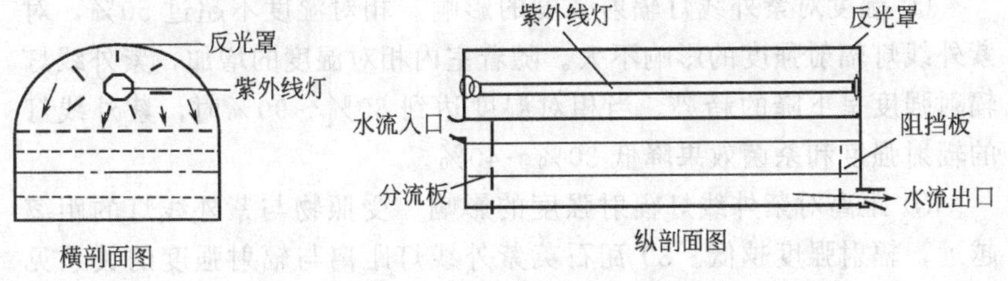

图 3-2　直流式紫外线水液消毒器

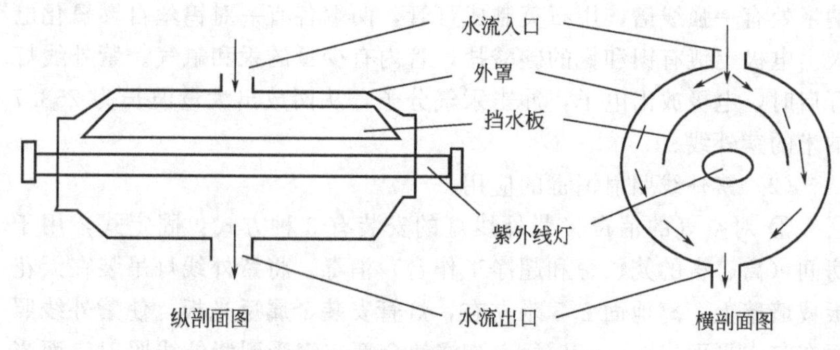

图 3-3 套管式紫外线水液消毒器

灯管距离污染表面不宜超过 1 米，所需时间为 30 分钟左右，消毒有效区为灯管周围 1.5～2 米。

（3）影响紫外线灯辐射强度和灭菌效果的因素 紫外线灯辐射强度和灭菌效果受多种因素的影响。常见的影响因素主要有电压、温度、湿度、距离、角度、空气含尘率、紫外线灯的质量、照射时间和微生物数量等。

① 电压对紫外线灯辐射强度的影响 国产紫外线灯的标准电压为 220 伏。若电压不足，紫外线灯的辐射强度则大大降低。陈宋义等研究了电压对紫外线灯辐射强度的影响，结果显示，当电压为 180 伏时，其辐射强度只有标准电压的一半。

② 温度对紫外线灯辐射强度的影响 室温在 10～30℃时，紫外线灯辐射强度变化不大。室温低于 10℃时，则辐射强度显著下降。陈宋义等人的研究结果表明，其他条件不变，0℃时辐射强度只有 10℃时的 70%，只有 30℃时的 60%。

③ 湿度对紫外线灯辐射强度的影响 相对湿度不超过 50%，对紫外线灯辐射强度的影响不大。随着室内相对湿度的增加，紫外线灯辐射强度呈下降的趋势。当相对湿度达到 80%～90%时，紫外线灯的辐射强度和杀菌效果降低 30%～40%。

④ 距离对紫外线灯辐射强度的影响 受照物与紫外线灯的距离越远，辐射强度越低。30 瓦石英紫外线灯距离与辐射强度的关系见表 3-1。

表 3-1 距离与紫外线灯辐射强度的关系

距离/厘米	辐射强度/(微瓦/厘米^2)	距离/厘米	辐射强度/(微瓦/厘米^2)
10	1290±3.62	80	125±4.37
20	930±3.65	90	105±4.07
40	300±4.05	100	92±1.49
60	175±4.08		

⑤ 角度对紫外线灯辐射强度的影响　紫外线灯辐射强度与投射角也有很大的关系。直射光线的辐射强度远大于散射光线。

⑥ 紫外线灯质量及型号对辐射强度的影响　我国紫外线灯管的辐射强度为70微瓦/厘米^2（1米距离处）者几乎占50%～80%，卫生部消毒技术规范要求的紫外线灯管的辐射强度为100微瓦/厘米^2，合格率不足50%。一些使用单位紫外线杀菌灯辐照强度小于70微瓦/厘米^2（1米距离处），有的甚至小于40微瓦/厘米^2，仍在使用。每种微生物都有其特定的紫外线杀灭剂量阈值，杀菌剂量（K）是照射强度（I）和照射时间（t）的乘积（$K=It$）。高强度短时间或低强度长时间照射均能获得同样的灭菌效果。但若紫外线强度小于40微瓦/厘米^2，则无论怎样延长照射时间也不能起到满意的灭菌效果。另外，紫外线灯用久后即衰老，影响辐射强度。一般寿命为4000小时左右。使用1年后，紫外线灯的辐射强度会下降10%～20%。因此，紫外线灯使用2～3年后应及时更新。

⑦ 空气含尘率对紫外线灯灭菌效果的影响　灰尘中的微生物比水滴中的微生物对紫外线的耐受力高。空气含尘率越高，紫外线灯灭菌效果越差。每立方厘米空气中含有800～900个微粒时，可降低灭菌率20%～30%。

⑧ 照射时间对紫外线灯灭菌效果的影响　每种微生物都有其特定的紫外线照射下的死亡剂量阈值。杀菌剂量（K）是辐射强度（I）和照射时间（t）的乘积（即$K=It$）。可见，照射时间越长，灭菌的效果越好。

（4）养殖场紫外线灯的合理使用　影响紫外线灯消毒效果的因素是多方面的，养殖场应该根据各自不同的情况，因地制宜，因时制宜，合理配置、安装和使用紫外线灯，才能达到灭菌消毒的效果。目前市售的紫外线灯有多种形式，如直管形、H形、U形等，功率从几瓦到几十瓦不等，使用寿命在300小时左右。

① 紫外线灯的配置和安装　养殖场入口消毒室宜按照不低于1瓦/$米^3$配置相应功率的紫外线灯。例如：消毒室面积为25$米^2$，高度为2.5米，其空间为37.5$米^3$，则宜配置40瓦的紫外线灯1支，或20瓦的紫外线灯2支。最好的是配置20瓦的紫外线灯2支。

紫外线灯安装的高度应距天棚有一定的距离，使被照物与紫外线灯之间的直线距离在1米左右。有的将紫外线灯安装在紧贴天棚处，有的将紫外线灯安装在墙角，这些都影响紫外线灯的辐射强度和消毒效果。如果整个房间只需安装1支紫外线灯即可满足要求的功率，则紫外线灯应吊装在房间的正中央，与天棚有一定的距离。如果房间需配置2支紫外线灯，则2支紫外线灯最好互相垂直安装。

② 紫外线灯的照射时间　紫外线灯照射时应根据气温、空气湿度、环境的洁净情况等，决定照射时间的长短。一般情况下，养殖场入口消毒室如按照1瓦/$米^3$配置紫外线灯，其照射时间应不少于30分钟。如果配置紫外线灯的功率大于1瓦/$米^3$，则照射的时间可适当缩短，但不能低于20分钟。

③ 照射时间与照射强度的选择　在欲达到相同照射剂量的情况下，高强度照射比延长时间的低强度照射，灭菌效果要好。例如：要使空气中大肠杆菌的灭菌率达到80%，配置100微瓦/厘$米^2$照射强度时，需60分钟；而配置150微瓦/厘$米^2$照射强度时，需30分钟；配置200微瓦/厘$米^2$照射强度时，则只需不到10分钟。

④ 防止对人的损伤　紫外线能有效地杀灭微生物，但过多照射对人体也是有害的。主要需防止紫外线对眼、脸部位的辐射损伤，尤其是注意对眼结膜的辐射损伤。受辐射损伤后，眼睛红肿、流泪、刺痛，较电光眼损伤更为严重，三四天后才能痊愈（万一眼结膜为紫外线辐射损伤，可用人乳滴眼，半小时一次，3～4次效果更佳）。照射时避免正视光源，在对紫外线杀菌灯进行辐射强度监测复查时，用特制的辐照强度或墨镜作防护面罩，千万不要使用以石英玻璃为原料制作的防护器材，因石英玻璃对紫外线的透紫率在80%以上，而普通玻璃对紫外线几乎不能透过，可以有效地防止紫外线的辐射损伤。

⑤ 其他注意事项　为保持电压的稳定，在电压不稳定的地区，

应使用稳压器；保持消毒室的环境卫生，保持干燥，尽量减少灰尘和微生物的数量；目前国内生产紫外线灯的厂家很多，鱼龙混杂，质量不一。对新购买的紫外线灯应进行检测，新灯管的照射强度应在100～200微瓦/厘米^2。但对于绝大多数养殖场，不可能进行检测。因此只能尽量购买能确保产品质量的知名厂家的产品，看清说明书，是否达到强度标准；紫外线不能穿透不透明物体和普通玻璃，因此，受照物应放在紫外线灯的直射光线下，衣物等应尽量展开；紫外线灯管应经常擦拭，保持清洁，否则亦影响消毒效果。

2. 电离辐射消毒

电离辐射是利用Y射线、伦琴射线或电子辐射能穿透物品，杀死其中的微生物的低温灭菌方法。电离辐射是低温灭菌，不发生热的交换、压力差别和扩散层干扰，所以，适用于怕热的灭菌物品，具有优于化学消毒、热力消毒等其他消毒灭菌方法的许多特点，也是在医疗、制药、卫生、食品、养殖业应用广泛的消毒灭菌方法。因此，早在20世纪50年代国外就开始应用，我国起步较晚，但随着国民经济的发展和科学技术的进步，电离辐射灭菌技术在我国制药、食品、医疗器械及海关检验等各领域广泛应用，并将越来越受到各行各业的重视，特别是在养殖业的饲料消毒灭菌和肉蛋成品的消毒灭菌方面，应用日益广泛。

（三）高温消毒

高温对微生物有明显的致死作用。所以，应用高温进行灭菌是比较确实可靠而且也是常用的物理方法。高温可以灭活包括细菌及繁殖体、真菌、病毒和抵抗力最强的细菌芽孢在内的一切微生物。

1. 高温消毒或灭菌的机制

高温杀灭微生物的基本机制是通过破坏微生物蛋白质、核酸的活性导致微生物的死亡。蛋白质构成微生物的结构蛋白和功能蛋白。结构蛋白主要构成微生物的细胞壁、细胞膜和细胞浆内含物等。功能蛋白构成细菌的酶类。湿热对细菌蛋白质的破坏机制是通过使蛋白质分子运动加速，互相撞击，致使肽链连接的副键断裂，使其分子由有规律的紧密结构变为无秩序的松散结构，大量的疏水基暴露于分子表面，并互相结合成为较大的聚合体而凝固、沉淀。干热灭菌原理主要是通过热对细菌细胞蛋白质的氧化作用，并不是蛋白质的凝固。因为干燥的蛋白质加热到100℃也不会凝固。细菌在高温下死亡加速是由于氧化速率增加的缘故。无论是干热和湿热对细菌和病毒的核酸均有破坏作用，加热可使RNA单链的磷酸二酯键断裂；而单股DNA的灭活是通过脱嘌呤。实验证明，单股RNA的敏感性高于单股DNA对热的敏感性。但都随温度的升高而使灭活速率加快。

2. 高温消毒和灭菌的常用方法

(1) 灼烧和焚烧

① 灼烧消毒法　灼烧是指直接用火焰灭菌，适用于笼具、地面、墙壁以及兽医站使用的接种针、剪、刀、接种环等不怕热的金属器材，可立即杀死全部微生物。在没有其他灭菌方法的情况下，对剖检器械也可灼烧灭菌。接种针、环、棒以及剖检器械等体积较小的物品可直接在酒精灯火焰上或点燃的酒精棉球火焰上直接灼烧，笼具、地面、墙壁的灼烧必须借助火焰消毒器进行。

灼烧的设备有专用火焰喷灯和喷雾火焰兼用型设备（见图3-4）。专用火焰喷灯是利用汽油或煤油作燃料的一种工业用喷灯。因喷出的火焰具有很高的温度，所以在实践中常用以消毒各种被病原体污染的金属制品，如管理家畜用的用具、金属的笼具等。但在消毒时不要喷烧过久，以免将消毒物烧坏，在消毒时还应有一定的顺序，以免发生

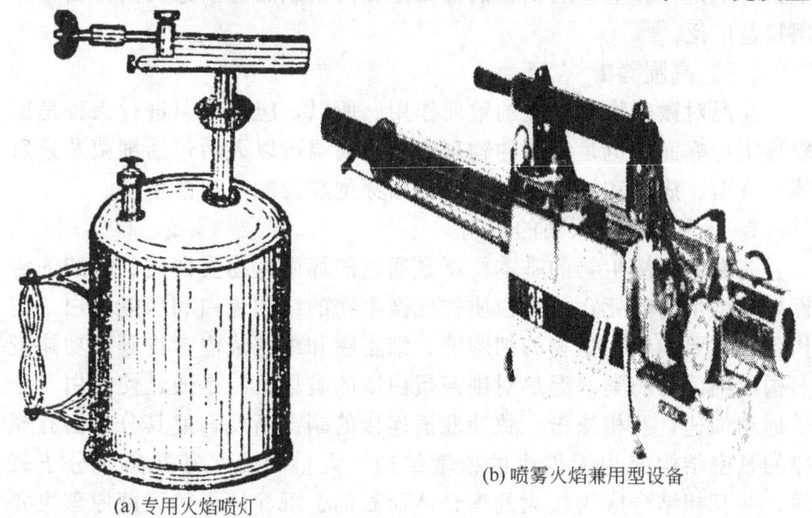

(a) 专用火焰喷灯　(b) 喷雾火焰兼用型设备

图3-4　火焰灭菌设备

遗漏。喷雾火焰兼用型设备的特点是使用轻便，适用于大型机种无法操作的地方；易于携带，适宜对室内外、小及中型面积处理，方便快捷；操作容易；采用全不锈钢，机件坚固耐用。兼用型除上述特点外，还可节省药剂，可根据被使用的场所和目的，用旋转式药剂开关来调节药量；节省人工费用，用 1 台烟雾消毒器能达到 10 台手压式喷雾器的作业效率；消毒器喷出的直径 5～30 微米的小粒子形成雾状浸透到每个角落，可达到最大的消毒效果。

② 焚烧　焚烧主要是对病畜尸体、垃圾、污染的杂草、地面和不可利用的物品器材采用燃烧的办法，点燃或在焚烧炉内烧毁，从而达到消灭传染源的目的。体积较小、易燃的杂物等可直接点燃；体积较大、不易燃烧的病死畜禽尸体、污染的垃圾和粪便等可泼上汽油后直接点燃，也可在焚烧炉或架在易燃的物品上焚烧。焚烧处理是最为彻底的消毒方法。

图 3-5　干烤箱

(2) 热空气灭菌法　即在干燥的情况下，利用热空气灭菌的方法。此法适用于干燥的玻璃器皿，如烧杯、烧瓶、吸管、试管、离心管、培养皿、玻璃注射器、针头、滑石粉、凡士林及液体石蜡等的灭菌。在干热的情况下，由于热的穿透力较低，灭菌时间较湿热法长。干热灭菌时，一般细菌的繁殖体在100℃经1.5小时才能被杀死，芽孢则需在140℃经3小时才能被杀死。真菌的孢子在100～115℃经1.5小时才能被杀死。干热灭菌法是在特别的电热干烤箱（见图3-5）内进行的。灭菌时，将待灭菌的物品放入烘烤箱内，使温度逐渐上升到160℃维持2小时，可以杀死全部细菌及其芽孢。干热灭菌时应注意以下几点。

① 不同物品器具干热灭菌的温度和时间不同，见表3-2。

表3-2　不同物品器具干热灭菌的温度和时间

物品类别	温度/℃	时间/分钟
金属器材(刀、剪、镊、麻醉缸)	150	60
注射油剂、口服油剂(甘油、石蜡等)	150	120
凡士林、粉剂	160	60
玻璃器材(试管、吸管、注射器、量筒、量杯等)	160	60
装在金属筒内的玻璃器材	160	120

② 消毒灭菌器械应洗净后再放入电烤箱内，以防附着在器械上面的污物炭化。玻璃器材灭菌前洗净并应干燥，勿与烤箱底壁直接接触，灭菌结束后，应待烤箱温度降至40℃以下再打开烤箱，以防灭菌器具炸裂。

③ 物品包装不宜过大，干烤物品体积不能超过烤箱容积的2/3，物品之间应留有空隙，有利于热空气流通。粉剂和油剂不宜太厚（小于1.3厘米），有利于热的穿透。

④ 棉织品、合成纤维、塑料制品、橡胶制品、导热差的物品及其他在高温下易损坏的物品，不可用干烤灭菌。灭菌过程中，高温下不得中途打开烤箱，以免引燃灭菌物品。

⑤ 灭菌时间计算时应从温度达到要求时算起。

(3) 湿热消毒或灭菌法　湿热灭菌法是灭菌效力较强的消毒方

法，应用较为广泛。常用的有以下几种。

① 煮沸消毒　利用沸水的高温作用杀灭病原体，是使用较早的消毒方法之一，方法简单、方便、安全、经济、实用、效果可靠。常用于针头、金属器械、工作服、帽等物品的消毒。煮沸消毒温度接近100℃，10～20分钟可以杀死所有细菌的繁殖体，若在水中加入5%～10%的肥皂、碱或1%的碳酸钠，使溶液的pH值偏碱性，可使物品上的污物易于溶解，同时还可提高沸点，增强杀菌力。水中若加入2%～5%的石炭酸，能增强消毒效果，经15分钟的煮沸可杀死炭疽杆菌的芽孢。应用本法消毒时，要控制好消毒时间，一般以水沸腾时算起，煮沸20分钟左右即可，对于寄生虫性病原体，消毒时间应加长。

煮沸消毒的主要设备是消毒锅。煮沸消毒的注意事项：一是先清洗被消毒物品后再煮沸消毒。除玻璃制品外，其他消毒物品应在水沸腾后加入。被消毒物品应完全浸于水中，不超过消毒锅总容量的3/4；消毒时间从水沸腾后开始计算。消毒过程中如中途加入物品，需待水煮沸后重新计算时间。二是棉织品的消毒应适当搅拌。一些塑料制品等不能煮沸消毒。三是消毒注射器材时，针筒、针头等应拆开分放。四是经煮沸灭菌的物品，“无菌”有效期不超过6小时。

② 流通蒸气消毒　又称常压蒸汽消毒，此法是利用蒸笼或流通蒸气灭菌器进行消毒灭菌。一般在100℃加热30分钟，可杀死细菌的繁殖体，但不能杀死芽孢和霉菌孢子，因此常在100℃30分钟灭菌后，将消毒物品置于室温下，待其芽孢萌发，第二天、第三天再用同样的方法进行处理和消毒。这样连续3天3次处理，即可保证杀死全部细菌及其芽孢。这种连续流通蒸气灭菌的方法，称为间歇灭菌法。此消毒方法常用于易被高温破坏的物品如鸡蛋培养基、血清培养基、牛乳培养基、糖培养基等的灭菌。若为了不破坏血清等，还可用较低一点温度如70℃加热1小时，连续6次，也可达到灭菌的目的。常用的设备有蒸笼或流通蒸汽灭菌器（见图3-6）。

③ 巴氏消毒法　此法常用于啤酒、葡萄酒、鲜牛奶等食品的消毒以及血清、疫苗的消毒，主要是消毒怕高温的物品。温度一般控制在61～80℃。根据消毒物品性质确定消毒温度，牛奶62.8～65.6℃，血清56℃，疫苗56～60℃。牛奶消毒，有低温长时间巴氏消毒法

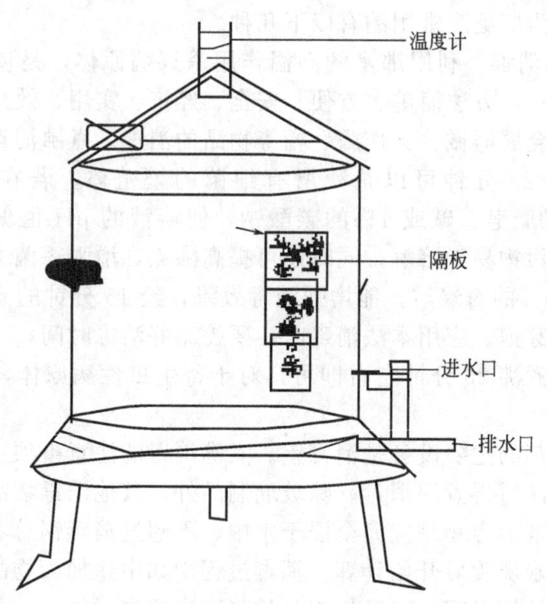

图 3-6　流通蒸汽灭菌器

(61～63℃，加热 30 分钟）或高温短时间巴氏消毒法（71～72℃加热 15 秒)，然后迅速冷却至 10℃左右。这可使牛奶中的细菌总数减少 90％以上，并杀死其中的病原菌。

④ 高压蒸汽灭菌　通常情况下，1 个大气压下水的沸点是 100℃，当超过 1 个大气压时，则水的沸点超过 100℃，压力越大，水的沸点越高。高压灭菌就是根据这一原理，在一个密封的金属容器内，通过加热来增加蒸汽压力，提高水蒸气温度，达到短时间灭菌的效果。

高压蒸汽灭菌具有灭菌速度快，效果可靠的特点，常用于玻璃器皿、纱布、金属器械、培养基、橡胶制品、生理盐水、缓冲液、针具等的消毒灭菌。

所用工具主要是手提式下排气式压力蒸汽灭菌器（见图 3-7)，它是畜牧生产中兽医室、实验室等部门常用的小型高压蒸汽灭菌器，容积约 18 升，重 10 千克左右，这类灭菌器的下部有一个排气孔，用来排放灭菌器内的冷空气。操作方法如下。

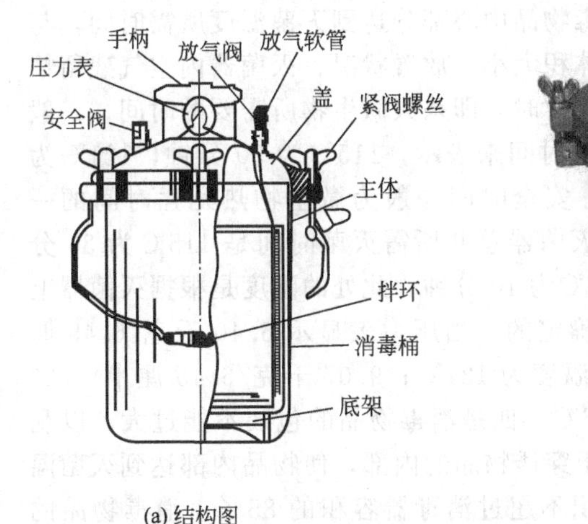

(a) 结构图

(b) 实物图

图 3-7　手提式下排气式压力蒸汽灭菌器

第一步：在容器内盛水约 3 升（如为电热式则加水至覆盖底部电热管）。

第二步：将要消毒的物品连同盛物的桶一起放入灭菌器内，将盖子上的排气软管插入铝桶内壁的方管中。

第三步：盖好盖子，拧紧螺丝。

第四步：加热，在水沸腾后 1～15 分钟，打开排气阀门，放出冷空气，待冷气放完关闭排气阀门，使压力逐渐上升至设定值，维持预定时间，停止加热，待压力降至常压时，排气后即可取出被消毒物品。

第五步：消毒液体时，则应慢慢冷却，以防止因减压过快造成液体的猛烈沸腾而冲出瓶外，甚至造成玻璃瓶破裂。

使用时的注意事项：一是消毒物品的预处理。消毒物品应先进行洗涤，再用高压灭菌。二是压力蒸汽灭菌器内空气应充分排除。如果压力蒸汽灭菌器内空气不能完全排除，此时尽管压力表可能已显示达到灭菌压力，但被消毒物品内部温度低、外部温度高，蒸汽的温度达不到要求，会导致灭菌失败。所以空气一定要完全排除掉。三是灭菌时间应合理计算。压力蒸汽灭菌的时间，应由灭菌器内达到要求温度时开始计算，至灭菌完成时为止。灭菌时间一般包括以下三个部分：热力穿透时间、微生物热死亡时间、安全时间。热力穿透时间即从消毒器内达到灭菌温度至消毒物品中心部分达到灭菌温度所需时间，与物品的性质、包装方法、体积大小、放置状况、灭菌器内空气残留情况等因素有关。微生物热死亡时间即杀灭微生物所需要的时间，一般用杀灭嗜热脂肪杆菌芽孢的时间来表示，115℃为 30 分钟，121℃为 12 分钟，132℃为 2 分钟。安全时间一般为微生物热死亡时间的一半。一般下排式压力蒸汽灭菌器总共所需灭菌时间是 115℃为 30 分钟，121℃为 20 分钟，126℃为 10 分钟；此处的温度是根据灭菌器上的压力表所示的压力数来确定的，当压力表显示 6.40 千克/6.45 厘米^3（15 磅/2），灭菌器内温度为 121℃；9.07 千克/6.45 厘米^3（20 磅/2）灭菌器内温度为 126℃。四是消毒物品的包装不能过大，以利于蒸汽的流通，使蒸汽易于穿透物品的内部，使物品内部达到灭菌温度。另外，消毒物品的体积不超过消毒器容积的 85%：消毒物品的放置应合理，物品之间应保留适当的空间利于蒸汽的流通，一般垂直放置消毒物品可提高消毒效果。五是加热速度不能太快。加热速度过快，使温度很快达到要求温度，而物体内部尚未达到（物品内部达到所需温度需要较长时间），会导致在预定的消毒时间内达不到灭菌要求。六是注意安全操作。由于要产生高压，所以安全操作非常重要。高压灭菌前应先检查灭菌器是否处于良好的工作状态，尤其是安全阀是否良好；加热必须均匀，开启或关闭送气阀时动作应轻缓；加热和送气前应检查门或盖子是否关紧；灭菌完毕后减压不可过快。

3. 影响高温消毒和灭菌的因素

（1）微生物方面

① 微生物的类型　由于不同的微生物具有不同的生物学与理化特性，故不同的微生物对热的抵抗力不同，如嗜热菌由于长期生活在较高的温度条件下，故其对高温的抵抗力较强；无芽孢细菌、真菌和细菌的繁殖体以及病毒对高温的抵抗力较弱，一般在 60～70℃下短时间内即可死亡。细菌的芽孢和真菌的孢子均比其繁殖体耐高温，细菌芽孢常常可耐受较长时间的煮沸，如肉毒梭菌孢子能耐受 6 小时的煮沸，破伤风杆菌芽孢能耐受 3 小时的煮沸。

② 细菌的菌龄及发育时的温度　在对数生长期的细菌对热的抵抗力相对较弱，老龄菌的抵抗力较强。一般在最适温度下形成的芽孢比其在最高或最低温度下产生的芽孢抵抗高温的能力要强。如肉毒梭

菌在24～37℃范围内，随着培养温度的升高，其芽孢对热的抵抗力逐渐加强，但在41℃时所形成的芽孢对热的抵抗力较37℃时形成的芽孢的抵抗力为弱。

③ 细菌的浓度　细菌和芽孢在加热时，并不是在同一时间内全部被杀灭，一般来说，细菌的浓度愈大，杀死最后1个细菌所需要的时间就愈长。

(2) 介质（水）的特性　水作为消毒杀菌的介质，在一定范围内，其含量越多，杀菌所需要的温度越低，这是由于水分具有良好的传热性能，能促进加热时菌体蛋白的凝固，使细菌死亡。芽孢之所以耐热，是由于它所含水分比繁殖体要少。若水中加入2%～4%的石炭酸，可增强杀菌力。细菌在非水的介质中比水作为介质时对热的抵抗力要强。如在热空气条件下，杀菌所需温度要高，时间要长。在浓糖和盐溶液中细菌脱水，对热的抵抗力增强。

(3) 加热的温度和时间　许多无芽孢杆菌（如伤寒杆菌、结核杆菌等）在62～63℃下，20～30分钟内死亡。大多数病原微生物的繁殖体在60～70℃条件下0.5小时内死亡；一般细菌的繁殖体在100℃下数分钟内死亡。

二、化学消毒法

化学消毒法就是利用化学药物（或消毒剂）杀灭或清除微生物的方法。微生物的形态、生长、繁殖、致病力、抗原性等特性都受外界环境因素，特别是化学因素的影响，各种化学物质对微生物的影响是不同的，有的使菌体蛋白质变性或凝固而呈现杀菌作用，有的可阻碍微生物新陈代谢的某些环节而呈现抑菌作用，即使是同一种化学物质，由于其浓度、作用时的环境温度、作用时间的长短及作用对象等不同，也表现出不同的作用效果。

(一) 化学消毒的作用机理

通常说来，消毒剂和防腐剂之间并没有严格的界限，消毒药在低浓度时仅能抑菌，而防腐药在高浓度时也可能有杀菌作用，因此，一般总称为消毒防腐药。各种消毒防腐药的杀菌或抑菌作用机理也有所不同，归纳起来有以下几个方面。

1. 使病原体蛋白变性、发生沉淀

大部分消毒防腐药都是通过这个原理而起作用的，其作用特点是无选择性，可损害一切活性物质，属于原浆毒，既可杀菌又可破坏宿主组织，如酚类、醇类、醛类等，此类药仅适用于环境消毒。

2. 干扰病原体的重要酶系统，影响菌体代谢

有些消毒防腐药通过氧化还原反应损害细菌酶的活性基因，或因化学结构与代谢物相似，竞争或非竞争地同酶结合，抑制酶活性，引起菌体死亡。如重金属盐类、氧化剂和卤素类消毒剂。

3. 增加菌体细胞膜的通透性

某些消毒药能降低病原体的表面张力，增加菌体细胞膜的通透性，引起重要的酶和营养物质漏失，水渗入菌体，使菌体破裂或溶解，如目前广泛使用的双链季铵盐类消毒剂。

（二）化学消毒的方法

1. 浸洗或涂擦消毒法

是将要消毒的物品放在装有消毒液的容器内浸泡或直接用消毒液擦拭涂抹。如接种或打针时，对注射局部用酒精棉球、碘酒擦拭；对一些器械、用具、衣物等的浸泡，一般应洗涤干净后再行浸泡，药液要浸过物体，浸泡时间应长些，水温应高些。养殖场入口和畜禽舍入口处消毒槽内，可用浸泡药物的草垫或草袋对人员的靴鞋进行消毒。

2. 喷洒或喷雾消毒法

是将稀释好的消毒液喷洒在消毒物品上或将消毒液倒进喷雾器后利用喷射出的雾状微粒杀死病原微生物的方法，是生产中常用的消毒方法。喷洒后药液可以与被消毒物体直接接触，杀死病原微生物。喷雾时，气雾粒子是悬浮在空气中的气体与液体的微粒，直径小于200纳米，分子量极轻，能悬浮在空气中较长时间，可到处飘移穿透到牛舍内的环境及其空隙中，与微生物接触。喷洒地面、墙壁、舍内固定设备等，可用细眼喷壶或一般喷雾器，养殖场场地消毒可以使用手扶式喷洒机或雾粒粒径较大的喷雾器；对舍内空间消毒，则用高压喷雾器。喷洒或喷雾要全面，药液要喷到物体的各个部位，药液量为300～400毫升/米^2。常用的设备是手扶式喷洒机、背负式手动喷雾器、高压喷雾器等。

（1）手扶式喷洒机　用于大面积喷洒环境消毒，尤其在场区环境消毒、疫区环境消毒防疫中使用。产品特点是具有手扶式喷洒机械技术，二冲程发动机强劲有力不仅驱动着行驶，而且驱动着辐射式喷洒

及活塞膜片式水泵。进、退各两挡使其具有爬坡能力及良好的地形适应性。快速离合及可调节手闸保证在特殊的山坡上也能安全工作。主要结构是较大排气量的二冲程发动机，带有变速装置如前进/后退，药箱容积相对较大，适宜连续消毒作业。本产品每分钟喷洒量大，同时具有较大的喷洒压力，可短时间胜任大量的消毒工作（见图 3-8）。

图 3-8　手扶式喷洒机

（2）背负式手动喷雾器　主要用于场地、畜舍、设施和带畜（禽）的喷雾消毒。产品结构简单，保养方便，喷洒效率高。常见的背负式手动喷雾器如图 3-9 所示。

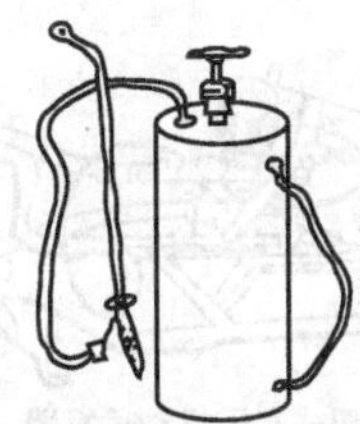

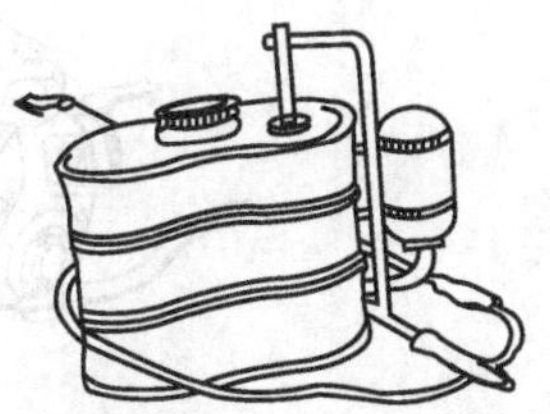

图 3-9　常见的背负式手动喷雾器

（3）高压喷雾器　按照喷雾器的动力来源可分为手动型、机动型；按使用的消毒场所可分为背负式、可推式、担架式等，如图3-10所示。常用于场地消毒以及畜舍消毒。本设备的特点是有动力装置、重量轻、振动小、噪声低、高压喷雾、高效、安全、经济、耐用等，用少量的液体即可进行大面积消毒，且喷雾迅速。高压机动喷雾器的主要结构是喷管、药水箱、燃料箱、高效二冲程发动机。

使用时注意：①操作者喷雾消毒时应穿戴防护服，使用防护面具或安全护目镜；②避免对现场第三方造成伤害；③每次使用后，及时清理和冲洗喷雾器的容器和与化学药剂相接触的部件以及喷嘴、滤网、垫片、密封件等易耗件，以避免残液造成的腐蚀和损坏。

3. 熏蒸消毒法

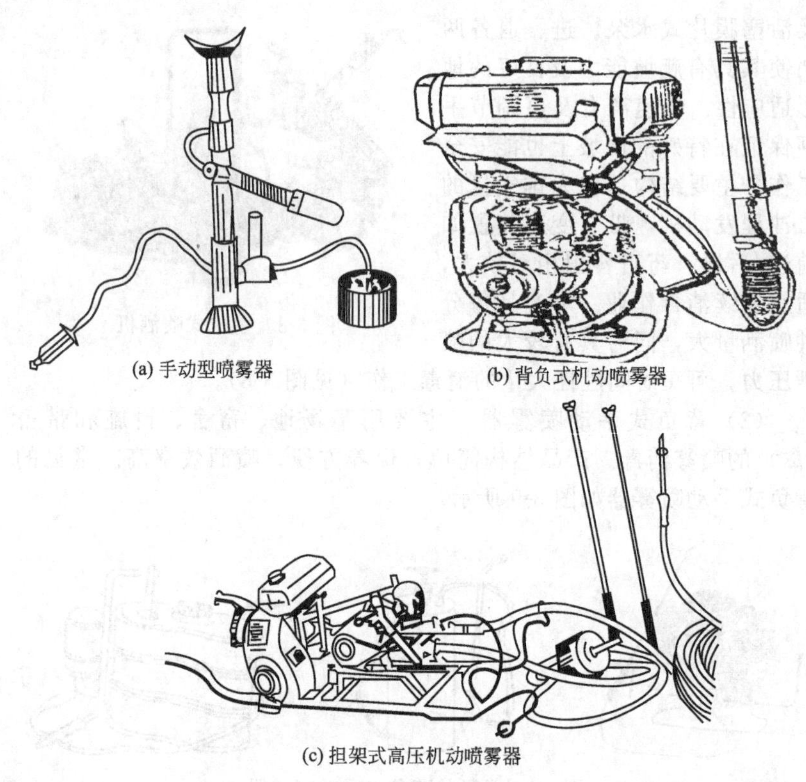
(a) 手动型喷雾器
(b) 背负式机动喷雾器
(c) 担架式高压机动喷雾器

图 3-10　高压喷雾器

是在密闭的环境中，使消毒药物挥发为气体，杀死病原微生物的方法。此法适用于可以密闭的牛舍和其他建筑物。这种方法简便、省事，对房屋结构无损，消毒全面，如育雏育成舍、饲料厂库等常用。常用的药物有福尔马林（40％的甲醛水溶液）、过氧乙酸水溶液。为加速蒸发，常利用高锰酸钾的氧化作用。实际操作中要严格遵守以下基本要点：畜舍及设备必须清洗干净，因为气体不能渗透到畜禽粪便和污物中去，如不干净，不能发挥应有的效力；畜舍要密封，不能漏气。应将进出气口、门窗和排气扇等的缝隙糊严。

4．撒布和拌和消毒法

撒布法是将粉剂型消毒药品均匀撒布在消毒对象表面。如用生石灰加适量水使之松散后撒布在潮湿地面上、粪池周围及污水沟中等进行消毒；拌和法是将消毒药品与消毒对象进行混合。如用漂白粉与粪便以 1∶5 的比例拌和均匀进行消毒。

5. 消毒液机消毒法

（1）用途　现用现制快速生产含氯消毒液。适用于畜禽养殖场、屠宰场、运输车船、人员以及发生疫情的病原污染区的大面积消毒。由于消毒液机使用的原料只是常见的食盐、水、电，操作简便，具有短时间内就可以生产大量消毒液的能力，另外，用消毒液机电解生产的含氯消毒剂是一种无毒、刺激性小的高效消毒剂，不仅适用于环境消毒、带畜消毒，还可用于食品消毒、饮用水消毒、洗手消毒等，对环境造成的污染小。消毒液机这些特点对需要进行完全彻底的防疫消毒，对人畜共患病疫区的综合性消毒防疫以及减少运输、仓贮、供应等环节的意外防疫漏洞具有特殊的使用优势。

（2）工作原理　消毒液机的工作原理是以盐和水为原料，通过电化学方法生产含氯消毒液。消毒液机采用先进的电解模式 BIVT 技术，生产次氯酸钠-二氧化氯复合消毒剂，其中的二氧化氯高效、广谱、安全、日持续时间长，联合国世界卫生组织 1948 年将其列为 AI 级安全消毒剂。次氯酸钠、二氧化氯形成了协同杀菌作用，从而具有更高的杀菌效果。例如，次氯酸钠杀灭枯草芽孢需要 2000 毫克/千克、10 分钟，而消毒液机生产的复合含氯消毒剂只需要 250 毫克/千克、5 分钟。消毒液机的主要结构如图 3-11 所示。

（3）消毒液机的选择　由于消毒液机产品整体的技术水平参差不齐，养殖场在选择消毒液机产品时，主要注意三个方面：①消毒液机是否能生产复合消毒剂。②要特别注意消毒液机的安全性。畜牧场在选择时应了解消毒液机的国家标准 GB 121769—90 的有关规定，在满足安全生产的前提下，选择安全系数高，药液产量、浓度正负误差小，使用寿命长的优质产品。按国标规定，消毒液机的排氢量要精确到安全范围以内。一般来说，消毒液机在连续生产时，超过产率 25 克/小时，氢气排量将超出安全范围，容易引起爆炸等安全事故，因此必须加装排氢气装置以及其他调控设备，才能避免生产过程中出现危险。产率小于 25 克/小时的消毒液机要选择生产精度高的浓度能控制在 5% 范围内的产品，防止因生产操作误差而造成的排氢量超标。③好的消毒液机使用寿命可长达 3 万小时，相当于每天使用 8 小

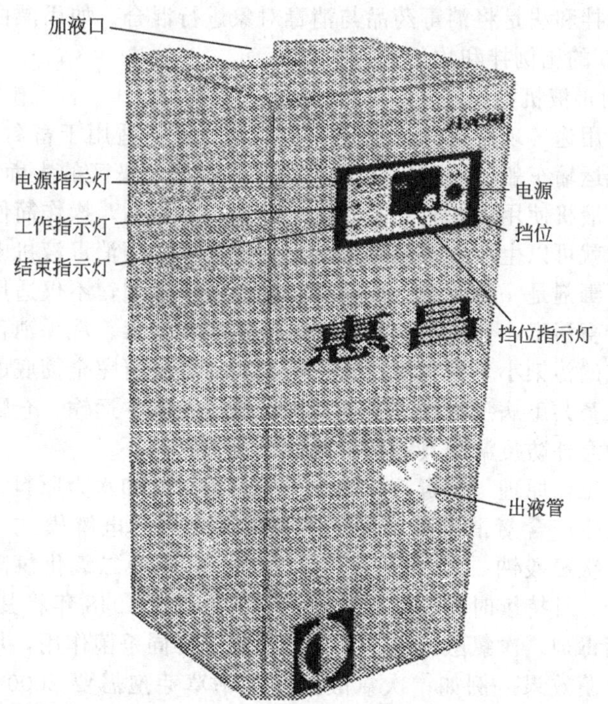

图 3-11 消毒液机的主要结构

时可以使用 10 年时间。

(4) 消毒液机的使用方法

① 电解液的配制　称取 500 克食盐，一般以食用精盐为好，加碘盐和不加碘盐均可，放入电解桶中，在电解桶中有 8 千克水位线，向电解桶中加入 8 千克清水，用搅拌棒搅拌使盐充分溶解备用。

② 制药　确认上述步骤已经完成，把电极放入电解桶中，打开电源开关，按动选择按钮选择工作挡位，此时电极板周围产生大量气泡，开始自动计时，工作结束后机器自动关机并发出报警声音。

③ 灌装消毒液　用事先准备好的容器把消毒液倒出，贴上标签，加盖后存放。

(5) 注意事项

① 设备保护装置。优质的消毒液机采用高科技技术设计了微电

脑智能保护装置，当操作不正常或发生意外时会自我保护，此时用户可排除故障后重新操作。

② 由于使用的水的硬度不同，使用一段时间后，在电解电极上会产生很多水垢，应使用生产公司提供或指定的清洗剂清洗电极，一般 15 天清洗一次。

③ 添加盐水或清洗电极时，勿让水进入电器仓，以免损坏电器。

④ 消毒液机应放置在避光、干燥、清洁处，与所有电器一样，长期处于潮湿的空气中对电路板会产生不利影响，从而缩短整机的使用寿命。

⑤ 定期检测消毒液机的性能。使用消毒液机一段时间后，可以对其工作性能进行检测；一是通过厂家提供的试纸进行测试，测出原液有效氯浓度；二是找检测单位按照“碘量法”对消毒液的有效氯进行测定，可更精确地测出有效氯含量，建议用户每年定期检测一次。

6. 臭氧空气消毒机

(1) 产品用途　主要用于养殖场的兽医室、大门口消毒室的环境空气的消毒，生产车间的空气消毒，如屠宰行业的生产车间、畜禽产品的加工车间及其他洁净区等。

(2) 工作原理　产品多是采用脉冲高压放电技术将空气中一定量的氧电离分解后形成三氧（O_3，俗称臭氧），并配合先进的控制系统组成的新型消毒器械。其主要结构由臭氧发生器、专用配套电源、风机和控制器等部分组成，主要结构如图 3-12 所示。

(3) 特点

① 臭氧是一种强氧化杀菌剂，消毒时呈弥漫扩散方式，因此消毒彻底、无死角，消毒效果好。臭氧稳定性极差，常温下 30 分钟后自行分解。因此消毒后无残留毒性，被公认为“洁净消毒剂”。

② 臭氧消毒为气相消毒，与直线照射的紫外线消毒相比，不存在死角。

由于臭氧极不稳定，其发生量及时间要视消毒的空间内各类器械物品所占空间的比例及当时的环境温度和相对湿度而定。根据需要消毒的空气容积，选择适当的型号和消毒时间。

图 3-12　臭氧空气消毒机的主要结构

（三）化学消毒剂的类型及特性

用于杀灭或清除外环境中病原微生物或其他有害微生物的化学药物，称为消毒剂。消毒剂一般并不要求其能杀灭芽孢，但能够杀灭芽孢的化学药物是更好的。常用的消毒剂及其特性如下。

1. 含氯消毒剂

含氯消毒剂是指在水中能产生具有杀菌作用的活性次氯酸的一类消毒剂，包括有机含氯消毒剂和无机含氯消毒剂，目前生产中使用得较为广泛。

（1）作用机制　一是氧化作用，氧化微生物细胞使其丧失生物学活性；二是氯化作用，与微生物蛋白质形成氮-氯复合物而干扰细胞代谢；三是新生态氧的杀菌作用，次氯酸分解出具极强氧化性的新生态氧杀灭微生物。一般来说，有效氯浓度越高，作用时间越长，消毒效果越好。

（2）消毒剂的特点

① 可杀灭所有类型的微生物，含氯消毒剂对肠杆菌、肠球菌、

牛结核分枝杆菌、金色葡萄球菌、口蹄疫病毒、猪轮状病毒、猪传染性水疱病毒和胃肠炎病毒及新城疫、法氏囊有较强的杀灭作用。

② 使用方便，价格适宜。

③ 氯制剂对金属有腐蚀性，药效持续时间较短，久贮失效。

（3）产品名称、性质、使用方法及性能对照　见表 3-3～表 3-5。

表 3-3　含氯消毒剂的产品名称、性质和使用方法

名　称	特　性	使用方法	注意事项
漂白粉（含氯石灰，含有效氯25%～30%）	白色颗粒状粉末，有氯臭味，久置空气中失效，大部溶于水和醇，溶液浑浊且有大量沉淀。光谱杀菌剂，杀菌作用强，但不持久。廉价，广泛用于饮水、污水、排泄物及其污染环境的消毒	用10%～20%的悬浮液喷洒，用于圈舍、畜栏、笼架、饲槽、排泄物、车辆及被芽孢污染的场所的消毒；饮水消毒，每 50 升水加 15～75 克。河水或井水，1 升水中加 6～10 克，消毒 30 分钟；1%～5%的澄清液消毒食槽、玻璃器皿、非金属用具等；病死畜禽尸体消毒，可选用 5%的上清液喷雾，1～2 小时后装入塑料袋中投入深坑，在坑底和尸体上按20～40 克/米^{2}的量撒布漂白粉后掩埋	本品忌与酸、铵盐、硫黄和许多有机化合物配伍，遇盐酸释放氯气（有毒）；对金属有腐蚀性，药效持续时间较短，久贮失效。密闭贮存于阴凉干燥处
漂白粉精	白色粉末或颗粒，有氯臭味，具有腐蚀性和强氧化性，由次氯酸钙、氢氧化钙、氯化钙或氯化钠组成，有效氯 60%～70%。一般以次氯酸钙表示其成分。有片剂和粉剂两种。使用时按有效氯比例添加，用途同漂白粉	有效氯含量为 250 毫克/升，可用于各类清洁物体表面涂擦、冲洗、浸泡和喷雾消毒，作用时间 30 分钟；如果物体表面不清洁，可用有效氯含量 500 毫克/升，作用时间 20～30 分钟；污染物消毒，使用有效氯含量 1000 毫克/升，作用时间 30 分钟，排泄物消毒，使用 10000～20000 毫克/升，作用时间 2 小时以上。饮水消毒，取上清液（片剂先碾碎再溶解，粉剂直接溶解）加入水中消毒，消毒后水中余氯含量为0.3～0.5 毫克/升。当有细菌芽孢污染或不明微生物时，剂量加倍	

续表

名　称	特　性	使用方法	注意事项
次氯酸钠（高效漂白粉）	白色粉末或灰绿色结晶，在空气中不稳定，有氯臭味，能溶解于水。电解食盐法制取的次氯酸钠有效氯含量为0.5%～0.6%。市售的84消毒液有效氯含量为5.5%～6.5%	具有较强的杀菌能力。可用于饮用水、用具、环境、物体表面以及污染物、排泄物等的消毒。含有效氯500毫克/升(0.05%)的次氯酸钠可用于细菌繁殖体污染物品的浸泡、擦拭或喷洒消毒；有效氯为5000毫克/升(0.5%)的次氯酸钠可用于结核杆菌和细菌芽孢污染物品的消毒	消毒时，pH值越大消毒效果越差
氯胺-T（含有效氯24%～26%）	含氯有机化合物，白色或微黄晶体，有氯臭味，含氯量24%～26%。性质较稳定。易溶于水。对细菌的繁殖体及芽孢、病毒、真菌孢子有杀灭作用。杀菌作用慢	0.2%～0.5%水溶液喷雾用于室内空气及表面消毒，1%～2%浸泡物品、器材消毒；3%的溶液用于排泄物和分泌物的消毒；黏膜消毒，0.1%～0.5%；饮水消毒，1升水用2～4毫克。配制消毒液时，如果加入一定量的氯化铵，可大大提高消毒能力	与任何裸露的金属容器接触，会降低药效和产生药害；本品应于避光、密闭、阴凉处保存。贮存超过3年时，使用前应进行有效氯测定
二氯异氰尿酸钠（优氯净、强力消毒净、84消毒液、速效净）	优氯净含有效氯60%～64%。白色晶粉，有氯臭。室温下保存半年仅降低有效氯含量0.16%。是一种安全、广谱和长效的消毒剂，不遗留残余毒性，杀菌作用强，受有机物影响小。可用于饮水、环境、器具、厩舍、空气、车辆等的喷洒、浸泡、擦拭消毒	含有效氯500毫克/升(0.05%)可用于细菌繁殖体污染物品的浸泡，5000毫克/升(0.5%)可用于结核杆菌和细菌芽孢污染物品的消毒；如每升水中加入835毫克优氯净，充分溶解后可用于圈舍地面、环境、用具、车辆消毒，作用时间15～20分钟；每升水中加入50～80毫克优氯净可用于饮水消毒，作用时间30分钟。本品宜现用现配。（注：三氯异氰尿酸钠，其性质特点和作用与二氯异氰尿酸钠基本相同。球虫囊消毒每10升水中加入10～20克）	与液氨、氨水等含有氨、胺、铵的无机盐和有机物混放，易爆炸或燃烧。与非离子表面活性剂接触，易燃烧；不可和氧化剂、还原剂混贮；对金属有腐蚀作用；应置于阴凉、通风干燥处保存

续表

名　称	特　性	使用方法	注意事项
二氧化氯（益康、消毒王、超氯）	白色粉末，有氯臭，易溶于水，易湿潮。可快速杀灭所有病原微生物，制剂有效氯含量5%～10%。具有高效、低毒、除臭和不残留的特点，杀菌作用不受pH值的影响，杀菌的同时对动物表皮没有不良影响，非常适合日常消毒以及带畜消毒和饮水消毒	可以作为消毒剂、防腐剂和保鲜剂，可用于畜禽舍、场地、器具、种蛋、屠宰厂、饮水消毒和带畜消毒。500毫克/升（0.05%）的二氧化氯均匀喷洒，用于一般污染物体表面消毒，作用30分钟；对结核杆菌污染的物体表面，可用1000毫克/升（0.1%）的二氧化氯均匀喷洒，作用60分钟；饮水中加入5毫克/升的二氧化氯作用5分钟即可。浸泡消毒，100毫克/升、500毫克/升、1000毫克/升的二氧化氯浸泡30分钟，可以消毒细菌繁殖体、结核杆菌和细菌芽孢污染的物品，但消毒前要洗净、晾干物品；密闭圈舍的空气消毒，可用200毫克/升的二氧化氯，按照每立方米空间20毫升的量进行喷雾，作用60分钟，现配现用	对金属等有腐蚀作用；不可与其他消毒剂混合使用；不宜长时间贮存。保存在阴凉、通风干燥处；使用前，要清除物件表面上的有机物质

表3-4　无机含氯消毒剂性能对照

特点＼品名		次氯酸钠 $NaClO \cdot 5H_2O$	漂白粉 $CaOCl_2$	漂(白)粉精 $Ca(ClO)_2 \cdot 2H_2O$	氯化磷酸三钠 $Na_3PO_4 \cdot 1/4NaOCl \cdot 12H_2O$
有效氯含量/%		100～140	35	60	3
杀菌能力		很强	强	强	强
刺激性、腐蚀性		强	强	强	强
安全性	人、动物	差(对呼吸道、眼睛等有强力的破坏性)			低毒，有弱蓄积毒性
	环境	差(长期使用，对环境将造成严重的破坏)			一般
稳定性		很差	很差	差	较稳定
使用范围		环境、空栏	环境、空栏	环境、空栏	环境、空栏、去污、浸泡等

表 3-5 有机含氯消毒剂性能对照

特点 \ 品名		二氯异氰尿酸钠	二(三)氯异氰尿酸	氯胺-T（甲苯磺酰胺钠）	二氯二甲基海因（1,3-二氯-5,5-二甲基乙内酰脲）
有效氯量/%		≥55	≥65、≥90	≥23～26	≥70
杀菌能力		强	强	强	强
刺激性、腐蚀性		较强	较强	较弱	较弱
安全性	人、动物	差(长期使用,易破坏呼吸道、眼睛等)		较安全	安全
	环境	差(长期使用,易破坏环境)		一般	较安全
使用范围		饮水、环境、工具等	饮水、环境、器械等	饮水、带畜、环境等	饮水、带畜、环境等
稳定性		水溶液不稳定	一般	水溶液不稳定	稳定(水中缓慢溶解,缓释)

2. 碘类消毒剂

碘类消毒剂是碘与表面活性剂（载体）及增溶剂等形成的稳定的络合物，包括传统的碘制剂如碘水溶液、碘酊（俗称碘酒）、碘甘油和碘伏类制剂。碘伏类制剂又分为非离子型、阳离子型及阴离子型三大类。其中非离子型碘伏是使用最广泛、最安全的碘伏，主要有聚维酮碘（PVP-I）和聚醇醚碘（NP-I）；聚维酮碘（PVP-I），我国及世界各国药典都已将其收入在内。

（1）作用机制　碘的正离子与酶系统中蛋白质所含的氨酸起亲电取代反应，使蛋白质失活；碘的正离子具有氧化性，能对膜联酶中的硫氢基进行氧化，成为二硫键，破坏酶活性。

（2）消毒剂特点

① 能杀死细菌、真菌、芽孢、病毒、结核杆菌、阴道毛滴虫、梅毒螺旋体、沙眼衣原体、艾滋病病毒和藻类；低浓度时可以进行饮水消毒和带畜（禽）消毒。

② 对金属设施及用具有腐蚀性。

（3）碘类消毒剂的产品名称、性质和使用方法　见表 3-6。

表 3-6　碘类消毒剂的产品名称、性质和使用方法

名称	特性	使用方法	注意事项
碘酊(碘酒)	为碘的醇溶液,红棕色澄清液体,微溶于水,易溶于乙醚、氯仿等有机溶剂。市场销售浓度为 2%,是由 2%的碘、1.5%的碘化钾、95%的乙醇及纯化水配制而成的。杀菌力强。应置于棕色瓶中	2%～2.5%用于皮肤消毒,涂擦待干后用 70%乙醇脱碘。在 1 升水中加入 2%的碘酊 5～6 滴(大约 0.4 毫升),能杀灭水中的病原菌和原虫,且无不良气味,15 分钟后可饮用	长时间浸泡金属器械,产生腐蚀性;各种含汞药物(包括中成药)无论以何种途径用药,如与碘剂(碘化钾、碘酊、含碘食物海带和海藻等)相遇,均可产生碘化汞而呈现毒性作用;碘可着色,沾有碘液的天然纤维织物不易洗除;配制的碘液应存放在密闭容器内
碘甘油	为含碘 1%的甘油制剂,棕红色糖浆状液体,有碘的特臭。对细菌、真菌和病毒有杀灭作用	主要用于口腔溃疡、牙龈炎、烂斑等局部涂擦,也用于鸡痘、水疱病、口蹄疫的局部涂擦	与金属和季铵盐类消毒剂发生反应;避免在阳光下使用,应放在密闭的容器中,当溶液变成白色或黄色时即失去消毒作用
碘伏(络合碘)	红棕色液体,随着有效碘含量的下降逐渐向黄色转变。碘与表面活化剂及增溶剂形成的不定形络合物,其实质是一种含碘的表面活性剂,主要剂型为聚乙烯吡咯烷酮碘和聚乙烯醇碘等,性质稳定,对皮肤无害。规格有 5%、7.5%、10%(以聚维酮碘计,规格 10%有效碘含量为 1%)	可用于手、皮肤、黏膜、物体表面以及圈舍、场地、器具、车辆、污染物的消毒。原液涂抹擦拭皮肤、手、消毒部位等,作用时间 3～5 分钟;有效碘含量 100 毫克/升的络合碘水溶液可用于圈舍、环境、用具的喷雾消毒;有效碘含量 500 毫克/升的络合碘水溶液可用于新城疫、传染性法式囊炎等的预防和紧急消毒;有效碘含量 5～10 毫克/升的络合碘水溶液可用于饮水消毒	与金属和季铵盐类消毒剂发生反应;避免在阳光下使用,应放在密闭的容器中,当溶液变成白色或黄色时即失去消毒作用
威力碘	红棕色液体。本品含碘 0.5%	1%～2%的用于畜舍、家畜体表及环境消毒。5%的用于手术器械、手术部位消毒	忌与碱性药物同时使用;污染严重的环境酌情加量;有效期为 2 年,应避光存放于－40～－20℃处

续表

名称	特性	使用方法	注意事项
雅好生（复合碘溶液、强效百毒杀）	为碘、碘化物与磷酸配制而成的水溶液，呈褐红色黏性液体，未稀释液体可存放数年，稀释后应尽快用完。溶液（含活性碘1.8%～2.0%，磷酸16.0%～18.0%），100毫升/瓶或500毫升/瓶	设备消毒，第一次应用0.45%的溶液消毒，待干燥后，再用0.15%的溶液消毒一次即可；畜舍地面消毒，用0.45%溶液喷洒或喷雾，消毒后应定时再用清水冲洗；饮水消毒，饮水器应用0.5%溶液定期消毒，饮水可每10升水加3毫升复合碘溶液消毒；畜舍入口，应用3%溶液浸泡消毒垫作出入畜舍人员消毒；运输工具、器皿、器械消毒，应将消毒物品用清水彻底冲洗干净，然后用1%溶液喷洒消毒	不能与强碱性药物及肥皂水混合使用；不应与含汞药物配伍；本品在低温时，消毒效果显著，应用时温度不能高于40℃

3. 醛类消毒剂

能产生自由醛基在适当条件下与微生物的蛋白质及某些其他成分发生反应，包括甲醛、戊二醛、聚甲醛等，目前最新的用于器械消毒的醛类消毒剂是邻苯二甲醛（OPA）。

(1) 作用机理　可与菌体蛋白质中的氨基结合使其变性或使蛋白质分子烷基化。可以和细胞壁脂蛋白发生交联，和细胞壁磷酸中的酯联残基形成侧链，封闭细胞壁，阻碍微生物对营养物质的吸收和废物的排出。

(2) 消毒剂特点

① 杀菌谱广，可杀灭细菌、芽孢、真菌和病毒；性质稳定，耐贮存。受有机物影响小。

② 有一定毒性和刺激性，例如对人体皮肤和黏膜有刺激和固化作用，并可使人致敏；受湿度影响大；有特殊臭味。

(3) 醛类消毒剂的产品名称、性质、使用方法及性能对照　见表3-7和表3-8。

表 3-7　醛类消毒剂的产品名称、性质和使用方法

名称	特性	使用方法	注意事项
甲醛	无色有刺激性气味的液体，90℃下易生成沉淀。对细菌繁殖体及芽孢、病毒和真菌均有杀灭作用，广泛用于防腐消毒。福尔马林，含37%～40%甲醛水溶液	1%～2%环境消毒；10%的甲醛溶液可以对动物排泄物、圈舍、器具、仓库进行消毒。福尔马林与高锰酸钾配伍熏蒸消毒畜禽房舍等，可使用不同级别的浓度	皮肤接触福尔马林将引起刺激、灼伤、腐蚀及过敏反应。此外对黏膜有刺激性；熏蒸时舍内不能有家畜。消毒人员应离开消毒场所，将消毒场所、牛舍密封；并保持25℃左右温度、60%～80%相对湿度
戊二醛	无色油状体，味苦。有微弱甲醛气味，挥发度较低。可与水、酒精作任何比例的稀释，溶液呈弱酸性。碱性溶液有强大的灭菌作用。市售的有2%的碱性戊二醛和2%强化酸性戊二醛两种。对细菌繁殖体、芽孢、真菌、分枝杆菌和病毒均有杀灭作用，高效、广谱、低毒，受有机物影响较小	2%戊二醛酸性溶液，用0.3%碳酸氢钠调整pH值在7.5～8.5范围可消毒，10分钟内可杀灭多种病原体，3～4小时内可杀灭芽孢	本品在碱性溶液中杀菌作用强，但稳定性差，2周后即失效；与金属器具可以发生反应；避免接触皮肤和黏膜，接触后应立即用清水冲洗干净；不能用于热灭菌的精密仪器、器材的消毒
多聚甲醛	为甲醛的聚合物，有甲醛臭味，含甲醛91%～99%。为白色疏松粉末，常温下不可分解出甲醛气体，加热时分解加快，释放出甲醛气体与少量水蒸气。难溶于水，但能溶于热水，加热至150℃时，可全部蒸发为气体	多聚甲醛的气体与水溶液，均能杀灭各种类型病原微生物。1%～5%溶液作用10～30分钟，可杀灭除细菌芽孢以外的各种细菌和病毒；杀灭芽孢时，需8%浓度作用6小时。用于熏蒸消毒，用量为3～10克/米³，消毒时间为6小时	皮肤接触福尔马林将引起刺激、灼伤、腐蚀及过敏反应。此外对黏膜有刺激性；消毒时室内温度最好在18℃以上，湿度最好在80%～90%，最低不应低于50%

表 3-8 醛类消毒剂性能对照

特点 \ 品名		甲醛(多聚甲醛)	碱性戊二醛	酸性戊二醛	强化酸性戊二醛	邻苯二甲醛(OPA)
杀菌能力		一般(温度对熏蒸效果影响很大)	强	强	很强(加强化增效剂,杀菌效果增倍)	很强
刺激性、腐蚀性		强	较弱	较弱	较弱	无
安全性	人、动物	差[对呼吸道、眼睛等有强力的破坏性、强致癌,致异(导致异常)作用]	较安全	较安全	较安全	安全
	环境	差	较安全	较安全	较安全	安全
稳定性		不稳定	不稳定	较稳定	较稳定	很稳定
使用范围		环境	带畜、环境、器械、水体等	带畜、环境、器械、水体等	带畜、环境、器械、水体等	带畜、环境、器械、水体等

(4) 醛类熏蒸消毒的应用与方法　甲醛熏蒸消毒可用于密闭的舍、室或容器内的污染物品的消毒，也可用于畜禽舍、仓库及饲养用具的消毒。其穿透性差，不能消毒用布、纸或塑料薄膜包装的物品。

① 气体的产生　消毒时，最好能使气体在短时间内充满整个空间，见表 3-9。

表 3-9 产生甲醛气体的方法

方法	说明
福尔马林加热	每立方米空间用福尔马林 25～50 毫升,加等量水,然后直接加热,使福尔马林变为气体,舍(室)温度不低于 15℃,相对湿度为 60%～80%,消毒时间为 12～24 小时
福尔马林化学反应法	福尔马林为强有力的还原剂,当与氧化剂反应时,能产生大量的热将甲醛蒸发。常用的氧化剂有高锰酸钾及漂白粉等
多聚甲醛加热法	将多聚甲醛干粉放在平底金属容器(或铁板)上,均匀铺开,置于火上加热(150℃),即可产生甲醛蒸气

续表

多聚甲醛化学反应法	如醛氯合剂，将多聚甲醛与二氯异氰尿酸钠干粉按24∶76的比例混合，点燃后可产生大量有消毒作用的气体。由于两种药物相混可逐渐自然产生反应，因此本合剂的两种成分平时要用塑料袋分开包装，使用前混合；微胶囊醛氯合剂，将多聚甲醛用聚氯乙烯微胶囊包裹后，与二氯异氰尿酸钠干粉按10∶90的比例混合压制成块，使用时用火点燃，杀菌作用与没包装胶囊的合剂相同。此合剂由微胶囊将两种成分隔开，因此虽混在一起也可保存1年左右

② 熏蒸消毒的方法　消毒时，要充分暴露舍、室及物品的表面，并去除各角落的灰尘和蛋壳上的污物。消毒前要将畜舍和工作室密闭，避免漏气。室温保持在20℃以上，相对湿度在70%～90%，必要时加入一定量的水（30毫升/米^3），随甲醛蒸发。达到规定消毒时间后，敞开门、窗通风换气，必要时用25%氨水中和残留的甲醛（用量为甲醛的1/2）。

操作时，先将氧化剂放入容器中，然后注入福尔马林，而不要先放氧化剂后再加福尔马林。反应开始后药液沸腾，在短时间内即可将甲醛蒸发完毕。由于产生的热较高，容器不要放在地板上，以免把地板烧坏，也不要使用易燃、易腐蚀的容器。使用的容器容积要大些（约为药液的10倍），徐徐加入药液，防止反应过猛使药液溢出。为调节空气中的湿度，需要蒸发定量水分时，可直接将水加入福尔马林中，这样还可以减弱反应强度。必要时用小棒搅拌药液，可使反应充分进行。

4. 氧化剂类

是一些含不稳定结合态氧的化合物。

（1）作用机制　这类化合物遇到有机物和某些酶可释放出初生态氧，破坏菌体蛋白或细菌的酶系统。分解后产生的各种自由基，如巯基、活性氧衍生物等破坏微生物的通透性屏障和蛋白质、氨基酸、酶等最终导致微生物死亡。

（2）氧化剂类的产品名称、性质、使用方法及性能对照　见表3-10和表3-11。

表 3-10　氧化剂类的产品名称、性质和使用方法

名称	特性	使用方法	注意事项
过氧乙酸（过乙酸，PAA）	无色透明酸性液体，易挥发，具有浓烈刺激性，不稳定（贮存过程中可自然分解，遇热、金属离子、强碱、有机物等易分解），对皮肤、黏膜有腐蚀性。市售的过氧乙酸有一元包（混合型，浓度为 20%）和二元包（A、B 液）以及固体过氧乙酸等。为广谱、高效灭菌剂，对病毒、细菌、真菌和芽孢均能迅速杀灭。可用于各种器具及环境消毒	浓度为 0.2%～0.5%的溶液装入喷雾器中喷雾消毒地面、墙壁、门窗等，作用时间 60 分钟，然后打开门窗通风；对密闭的房舍，用浓度 15%的过氧乙酸，按 7 毫升/米^{3}的量，放入陶瓷或玻璃器皿中，加热蒸发，熏蒸 120 分钟，开窗通风；浓度 2%溶液（8 毫升/米^3）喷雾消毒，保持时间 30～60 分钟，然后通风；用 0.2%～0.5%溶液浸泡、喷洒或擦洗物品、器具等进行消毒（物品应当清洗擦干）；可用 0.2%溶液浸泡或擦拭消毒，然后用清水洗净；运输工具可用浓度为 0.5%的溶液喷洒至表面潮湿，保持时间不少于 60 分钟	阴凉处保存，贮存容器以聚乙烯桶或瓶为宜。对铁、铜、铝有腐蚀性，有漂白作用；对眼睛、皮肤、黏膜和上呼吸道具有强刺激性；溅到人手、黏膜上赶快用清水冲洗，使用时注意防护。现配现用；金属物件和棉织品浸泡消毒后赶快用水冲洗；水溶液应新鲜配制，一般配制后可使用 3 天；有机物可降低其杀菌效力
过氧化氢（双氧水）	无色透明，无异味，微酸苦，易溶于水，在水中分解成水和氧。可快速灭活多种微生物	0.3%～1%溶液可冲洗口腔；1%～2%创面消毒；3%皮肤黏膜消毒，作用 2 分钟；室内空气消毒，每立方米空间用 3%过氧化氢溶液 20 毫升喷雾，作用 20～30 分钟；3%～6%的溶液浸泡物品消毒。3%以上浓度对组织有刺激性，仅用于环境、物品的消毒	与有机物、碱、生物碱、碘化物、高锰酸钾或其他较强氧化剂配伍禁忌；避免用手直接接触高浓度过氧化氢溶液，以免发生刺激性灼伤；不慎溅入眼内，要立即用水清洗。在阴凉通风处保存；对金属有腐蚀性，对有色织物有脱色作用，消毒后应立即用水冲洗干净。对呼吸道、眼睛等有刺激性，喷雾时要戴口罩、帽子

续表

名称	特性	使用方法	注意事项
过氧戊二酸	有固体和液体两种。固体难溶于水,为白色粉末,有轻度刺激性作用,易溶于乙醇、氯仿、乙酸。为高效消毒剂,可杀死包括细菌芽孢在内的各种微生物,其杀菌作用受温度(10～30℃随温度升高作用增强)、有机物、酸碱度影响(碱性环境杀菌作用几乎消失)	2%用于芽孢污染物体浸泡消毒,作用时间1～2小时;0.5%～1%用于普通物品消毒,作用时间5～10分钟;手部消毒时,可用0.5%水溶液擦拭1～2分钟;雾化气溶胶用于空气消毒	对铜、铁有腐蚀性
臭氧	臭氧(O_3)是氧气(O_2)的同素异形体,在常温下为淡蓝色气体,有鱼腥臭味,极不稳定,易溶于水。臭氧对细菌繁殖体、病毒真菌和枯草杆菌黑色变种芽孢有较好的杀灭作用;对原虫和虫卵也有很好的杀灭作用	0.1～0.5毫克/升用于一般水消毒,质量较差的水消毒,用3～6毫克/升,作用时间5～10分钟;传染源的污水消毒,用15～20毫克/升,作用10～15分钟;30毫克/米^3,15分钟用于室内空气消毒;对物体表面消毒,一般要求30～100毫克/升,相对湿度70%以上,作用时间60～120分钟	对人有毒,注意防护。对多种物品有损坏作用。温度(0℃)和湿度(大于60%)可影响其杀菌作用。温度越高、湿度越小,消毒效果越差
高锰酸钾	紫黑色斜方形结晶或结晶性粉末,无臭,易溶于水,容易因其浓度不同而呈暗紫色至粉红色。低浓度可杀死多种细菌的繁殖体,高浓度(2%～5%)在24小时内可杀灭细菌芽孢,在酸性溶液中可以明显提高杀菌作用。遇到有机物或加热、加碱、加酸能放出生态氧,起氧化作用,呈现杀菌、除臭和解毒作用。结晶体有腐蚀性,不能与皮肤直接接触	0.02%～0.1%用于皮肤、黏膜消毒,也可以用于蔬菜、饮水消毒;0.02%水溶液可以用于冲洗膀胱、子宫、阴道等以及药物中毒时用于洗胃;0.1%水溶液可用于清洗溃疡、脓肿和创面;1%溶液可用于蛇咬伤的局部清洗;2%～5%的水溶液可杀死芽孢。可与福尔马林混合进行熏蒸消毒。现用现配,当溶液变成紫色时就失效了	溶液遇有机物如酒精等易失效,遇氨水及其制剂可产生沉淀。本品粉末遇福尔马林、甘油等易发生剧烈燃烧,当它与活性炭或碘等还原性物质共同研合时可发生爆炸;高浓度对组织和皮肤有刺激和腐蚀作用;水溶液宜现配现用,避光保存,久置变棕色而失效

表 3-11　过氧化物消毒剂性能对照

特点 \ 品名	过氧乙酸	过氧化氢（双氧水）	过氧戊二酸	臭氧	二氧化氯（复合亚氯酸钠）	过硫酸复合盐
杀菌能力	强	强	强	强	强	强
刺激性、腐蚀性	强	强	强	无	无	无
安全性　人、动物	差（对呼吸道、眼睛等有强力的破坏性）			较安全	安全，代谢物不产生三氯甲烷	安全
安全性　环境	差（长期使用，对环境将造成严重的破坏）			最安全	安全	安全
稳定性	差	差	差	差	稳定	稳定
使用范围	环境、空栏	环境、空栏	环境、空栏	饮水、环境	饮水、畜禽、环境、器械等	饮水、畜禽、环境等

5. 酚类消毒剂

酚类消毒剂是消毒剂中种类较多的一类化合物。含酚 41%～49%，乙酸 22%～26%的复合酚制剂，是我国生产的一种新型、广谱、高效消毒剂。

(1) 作用机制　高浓度下可裂解并穿透细胞壁，与菌体蛋白结合，使微生物原浆蛋白质变性；低浓度下或较高分子的酚类衍生物，可使氧化酶、去氢酶、催化酶等细胞的主要酶系统失去活性；减小溶液表面张力，增加细胞壁的通透性，使菌体内含物泄出；易溶于细胞类脂体中，因而能积存在细胞中，其羟基与蛋白的氨基起反应，破坏细胞的机能；衍生物中的某些羟基与卤素有助于降低表面张力，卤素还可促进衍生物电解以增加溶液的酸性，增强杀菌能力。对细菌、真菌和带囊膜病毒具有灭活作用，对多种寄生虫卵也有一定的杀灭作用。

(2) 消毒剂特点

① 性质稳定，通常一次用药，药效可以维持 5～7 天；腐蚀性轻微，杀菌力有限，不能作为灭菌剂；生产简便，成本低。

② 对人畜有害（有明显的致癌、致敏作用，频繁使用可以引起蓄积中毒，损害肝、胃功能，以及神经系统），且气味滞留，不能用于带畜消毒和饮水消毒（宰前可影响肉质风味），常用于空舍消毒；长时间浸泡可破坏纺织品颜色，并能损害橡胶制品，与碱性药物或其他消毒剂混合使用效果差。

（3）复合酚类的产品名称、性质、使用方法及性能对照　见表 3-12和表 3-13。

表 3-12　复合酚类的产品名称、性质和使用方法

名　称	性　质	使用方法	注意事项
苯酚（石炭酸、酚）	白色针状结晶，有特殊臭味。弱碱性，易溶于水、酒精和甘油。制剂有固体酚和液体酚。固体酚在液体中融化，加入 8%～10%成为液体酚。对芽孢和无囊膜病毒无效	3%～5%可用于车辆、墙壁、运动场及畜禽圈舍的消毒；0.5%溶液可用于生物制品的防腐；浸泡金属器具不致锈	苯酚的杀菌效果与温度呈正相关；不能用于肉、蛋的运输车辆及其贮存产品厂库的消毒。不宜用于皮肤、黏膜、伤口消毒。可引起橡胶变脆。忌与碘、溴、高锰酸钾、过氧化氢等配伍
来苏儿（煤酚皂、甲酚皂）	由煤酚和植物油、氢氧化钠按一定比例配制而成。无色，见光和空气变为深褐色，与水混合成为乳状液体。毒性较低。性质稳定，耐贮存。杀菌作用比苯酚强 2～5 倍，能杀灭细菌繁殖体、有囊膜病毒。对芽孢和无囊膜病毒无效	3%～5%用于器械、物品消毒，喷洒或擦拭污染物表面，作用 30～60 分钟。5%～10%溶液可用于畜禽圈舍及动物排泄物消毒，为增强杀菌作用，可加热药液至 40～50℃；2%的溶液用于术前、术后和皮肤消毒	对皮肤有一定刺激作用和腐蚀作用；有特异臭味，不宜用于肉或肉品库的消毒；有颜色，也不宜用于棉毛织品的消毒。杀菌作用较强，价格便宜；其他同苯酚
复合酚（农福、消毒净、消毒灵）	由冰醋酸、混合酚、十二烷基苯磺酸、煤焦油按一定比例混合而成，为棕色黏稠状液体，有煤焦油臭味，对多种细菌和病毒有杀灭作用	0.1%～1%复合酚有抑菌作用，1%～2%溶液有杀灭细菌和真菌的作用。5%溶液可在 48 小时内杀灭炭疽芽孢。0.5%～1%的水溶液喷洒，用于环境、圈舍、器具、饲养场地、排泄物、运输车辆等的消毒；浸泡可配成 1.6%水溶液，药效可维持 7 天。严重污染的环境，可适当增加浓度至 2%，并增加喷洒次数。1：(300～400)药浴或擦拭皮肤，药浴 25～30 分钟，可以防治猪、牛、羊螨虫等皮肤寄生虫病，效果良好	避免与其他消毒药或碱性药物混合使用；对皮肤、黏膜有刺激性和腐蚀性，接触部位可用 50%酒精、水、甘油或植物油清洗，动物意外吞服中毒时，可用植物油洗胃，内服硫酸镁导泻。稀释用水温度不低于 8℃。忌与金属接触

续表

名称	性质	使用方法	注意事项
氯甲酚溶液(4-氯-3-甲基苯酚、菌球杀)	为甲酚的氯代衍生物,一般为5%的溶液。杀菌作用强,毒性较小。酸性条件下杀菌作用强。对芽孢和无囊膜病毒无效	0.2%用于畜禽舍、用具、污染物的消毒。0.05%～0.1%氯甲酚作防腐剂	本品安全、高效、低毒,但对皮肤及黏膜有腐蚀性;pH值升高,脂肪及非离子型表面活性剂可减弱其杀菌作用。现用现配,稀释后不宜久置
复方煤焦油酸溶液(农福、农富)	淡色或淡黑色黏性液体。具有煤焦油和醋酸的特异酸臭味;可杀灭细菌、霉菌和病毒,对多种寄生虫卵也有杀灭作用。还能抑制蚊、蝇等昆虫和鼠害的发生	多以喷雾法和浸洗法应用。1%～1.5%的水溶液用于喷洒畜(禽)舍的墙壁、地面,1.5%～2%的水溶液用于器具的浸泡及车辆的浸洗	与碱类物质混存或合并使用降低药效,对皮肤有刺激作用;在处理浓缩液的过程中避免与眼睛和皮肤接触;本品不得靠近热源,应远离易燃易爆物品;置于避光阴凉处保存,避免太阳直射

表3-13 酚类消毒剂性能对照

品名 特点		苯酚 (石炭酸)	煤酚皂液 (来苏儿)	复合酚 (农福)	氯甲酚溶液 (4-氯-3-甲基苯酚)
杀菌能力		弱	稍强(酚系数:2～2.7)	强	很强 (酚系数:20)
刺激、腐蚀性		强	强	强	无
安全性	人、动物	差(强致癌有蓄积毒性)	差(强致癌并蓄积毒性)	差(强致癌有蓄积毒性)	安全
	环境	差(环境污染严重)	差(环境污染严重)	差(环境污染严重)	较安全
使用范围		环境	环境	环境	畜禽、车辆、环境、器物等

6. 表面活性剂（双链季铵酸盐类消毒剂）

表面活性剂又称清洁剂或除污剂，生产中常用阳离子表面活性剂，其具有广谱抗菌性，对细菌、霉菌、真菌、藻类和病毒均具有杀灭作用。

（1）作用机理　可以吸附到菌体表面。改变细胞渗透性，溶解损伤细胞使菌体破裂，细胞内容物外流；表面活性物在菌体表面浓集，阻碍细菌代谢，使细胞结构紊乱；渗透到菌体内部使蛋白质发生变性和沉淀，破坏细菌酶系统。

（2）消毒剂特点　表面活性剂类消毒剂能迅速杀灭病毒、细菌、霉菌、真菌及藻类等致病微生物，具有对人畜安全可靠、无毒性、无刺激性、无漂白及腐蚀作用、无臭、稳定、水溶性好、不产生抗药性等优点，并且在水质硬度较高的条件下，消毒效果也不会减弱，适于皮肤黏膜、饲养场环境、用具的消毒，也可用于带畜禽场地的消毒。其缺点是杀菌力不强，尤其对芽孢及某些抵抗力强的细菌繁殖体效果不佳，且受有机物影响较大，配伍禁忌也较多。

（3）表面活性剂的产品名称、性质和使用方法　见表 3-14 和表 3-15。

表 3-14　表面活性剂的产品名称、性质和使用方法

名　称	性状和性质	使用方法	注意事项
新洁尔灭（苯扎溴铵）	市售的一般为浓度 5% 的苯扎溴铵水溶液。无色或淡黄色液体，震摇产生大量泡沫。对革兰阴性菌的杀灭效果比对革兰阳性菌强，能杀灭有囊膜的亲脂病毒，不能杀灭亲水病毒、芽孢菌、结核菌，易产生耐药性。常用于手术前的手、皮肤、黏膜和器械消毒，也用于饲养用具的消毒	0.01%～0.05%的水溶液可以冲洗黏膜或深部感染创伤；0.1%的水溶液可进行皮肤消毒；0.15%～0.2%可用于圈舍空间喷雾消毒；0.5%～1%溶液用于手术局部消毒；0.1%的新洁尔灭溶液可用于用具的喷雾消毒	要避免与阴离子表面活性剂，如肥皂、碘、碘化钾、过氧化物等并用和合用，否则会降低消毒效果；不适用于消毒粪便、污水、皮革等；其水溶液不得贮存于聚乙烯制作的容器内，以避免药物失效。本品有时会引起人体药物过敏；不适宜饮水消毒和带畜消毒。配好的药液可以使用 2 周至 2 个月。浸泡器械时应加入 0.5% 亚硝酸钠，以防生锈

续表

名　称	性状和性质	使用方法	注意事项
度米芬（杜米芬）	白色或微白色片状结晶，能溶于水和乙醇。主要用于细菌病原体，消毒能力强，毒性小，可用于环境、皮肤、黏膜、器械和创口的消毒及带畜消毒。消毒效果稍强于新洁尔灭，毒性小，对物品损坏轻微，对皮肤刺激小。杀菌作用在中性和碱性环境中强	0.02%～1%水溶液可用于皮肤、黏膜消毒及局部感染温敷；在0.05%水溶液中加入0.05%亚硝酸钠可用于金属器械、用具等的浸泡消毒；0.05%的水溶液可用于带畜禽喷雾消毒；0.1%～0.5%水溶液可用于污染物表面喷洒消毒；0.3%度米芬乙醇溶液可用于皮肤消毒。不宜用于排泄物和分泌物的消毒	要避免与阴离子表面活性剂，如肥皂、碘、碘化钾、过氧化物等并用和合用，否则会降低消毒效果；不适用于消毒粪便、污水、皮革等；其水溶液不得贮存于聚乙烯制作的容器内，以避免药物失效。本品有时会引起人体药物过敏；不适宜饮水消毒和带畜消毒。配好的药液可以使用2周至2个月。浸泡器械时应加入0.5%亚硝酸钠，以防生锈
癸甲溴铵（百毒杀）	市售浓度有70%、50%和10%的癸甲溴铵溶液，为白色、无臭、无刺激性、无腐蚀性的溶液剂。本品性质稳定，不受环境酸碱度、水质硬度、粪便血污等有机物及光、热影响，可长期保存，且适用范围广，对多数细菌、真菌、囊膜病毒和藻类有杀灭作用	以10%癸甲溴铵计，饮水消毒，日常1∶(2000～4000)，可长期使用。疫病期间1∶(1000～2000)，连用7天；畜禽舍及带畜禽消毒，日常1∶600；疫病期间1∶(200～400)喷雾、洗刷、浸泡；1∶(1000～2000)稀释带畜禽喷雾消毒	原液对皮肤、眼睛有刺激性，避免与眼睛、皮肤和衣服直接接触。使用时小心操作，原液如溅及眼部和皮肤应立即以大量清水冲洗至少15分钟，内服有毒性，如误服立即用大量清水或牛奶洗胃

续表

名　称	性状和性质	使用方法	注意事项
消毒净	为白色结晶粉末，无臭、味苦，微有刺激性，易受潮，易溶于水和乙醇，水溶液易起泡沫，具有表面活性作用。本品耐热，可长期保存。消毒净的杀菌谱和消毒应用方面与新洁尔灭相似，但作用大于新洁尔灭，刺激性小。常用浓度下其杀菌效力较新洁尔灭强，但不及度米芬。因价格较贵，应用不广。消毒净对革兰阴性菌、革兰阳性菌均有较强的杀菌作用，常用于手、皮肤、黏膜及器械等的消毒	常用其0.05%～0.1%溶液消毒手、皮肤、黏膜及器械等。0.05%消毒净水溶液可用于冲洗口、鼻等外黏膜，以及浸泡金属器械及橡胶制品，浸泡金属器械时，应加入0.5%亚硝酸钠以防生锈；0.1%消毒净水溶液用于手和皮肤的消毒；0.1%消毒净醇溶液用于手术区的皮肤消毒	消毒净粉剂易吸潮，应密封保存在干燥处。不可与合成洗涤剂或阴离子表面活性剂如肥皂等合用，以免影响消毒效果；浸泡器械时加0.5%亚硝酸钠，以防止生锈；在水质硬度过高的地区应用时，药物浓度应适当提高
菌毒清（辛氨乙甘酸溶液）	为二正辛基二乙烯三胺、单正辛基二乙烯三胺与氯乙酸反应产生的甘氨酸盐酸盐溶液，再加适量的助剂配制而成。含辛基二乙烯三胺甘氨酸盐酸盐4.5%～5.5%。为黄色澄明液体，有微腥臭，味微苦，强力震摇可产生大量泡沫。为两性离子表面活性剂，对化脓球菌、肠道杆菌及真菌均有良好的杀灭作用，而对细菌芽孢无杀灭作用。其杀菌作用不受血清等有机物的影响	可用于环境、器械、饮水等的消毒，也可用于带畜禽消毒。其消毒能力强，无刺激性，毒性小。用于圈舍、场地、器械消毒时，加水稀释100～200倍。用于手部消毒时，加水稀释1000倍	忌与其他消毒药合用。不宜用于粪便、污秽物及污水的消毒
环氧乙烷（烷基化合物）	常温为无色气体，沸点10.3℃，易燃、易爆、有毒	50毫克/升密闭容器内用于器械、敷料等的消毒	贮存或消毒时禁止有火源，应将1份环氧乙烷和9份二氧化碳的混合物贮于高压钢瓶中备用

续表

名　　称	性状和性质	使用方法	注意事项
氯己定(洗必泰、双氯苯胍己烷)	醋酸洗必泰和盐酸洗必泰为白色结晶，微溶于水，易溶于醇。性稳定，耐贮存。多为20%的水溶液剂型。毒性低，无耐药性、刺激性和副作用。可用于洗手、术部皮肤，冲洗伤口，烧伤感染以及手术器械浸泡消毒，也可用于食品机械、圈舍和手术室等环境喷雾、擦拭消毒	0.02%～0.05%水溶液，术前洗手浸泡5分钟；0.02%～0.05%用于腹腔、膀胱等的冲洗；0.1%水溶液浸泡器械；0.5%水溶液用于室内喷雾消毒或用具擦拭消毒。0.5%～1%洗必泰酒精(70%)溶液可用于手术部位的皮肤消毒，效力同碘酊。0.02%～0.1%用于皮下、肌内和静脉注射部位消毒	浓溶液对结膜、黏膜等敏感组织有刺激性；忌与碘、甲醛、重碳酸盐、碳酸盐、氯化物、硼酸盐、枸橼酸盐、磷酸盐和硫酸配伍；本品水溶液应贮存于中性玻璃容器中，禁忌与升汞配伍

表3-15　表面活性剂消毒剂性能对照

特点＼品名		氯己定(洗必泰)	苯扎溴铵(新洁尔灭或溴苄烷铵)	度米芬(消毒宁)	百毒杀(50%双癸基二甲基溴化铵)
杀菌能力		弱(抗药性很强)	弱(使用浓度高、影响杀菌效果因素很多)	弱(稍强于苯扎溴铵)	较强(双链季铵盐杀菌效果强于单链季铵盐)
刺激性、腐蚀性		无	皮肤、黏膜刺激性低，对金属有腐蚀	无	无
安全性	人、动物	较安全	较安全	较安全	较安全
	环境	差(生物降解性差，长期大量使用，易对环境将造成破坏)			
稳定性		稳定	稳定	稳定	稳定
使用范围		伤口、黏膜冲洗擦拭	伤口、黏膜冲洗擦拭	伤口、黏膜冲洗擦拭	带畜、伤口、黏膜冲洗擦拭等

7. 醇类消毒剂

（1）作用机理　使蛋白质变性沉淀；快速渗透细菌细胞壁进入菌体内部，溶解破坏细菌细胞；抑制细菌酶系统正常活动，阻碍细菌正常代谢。

（2）作用特点　可快速杀灭多种微生物，如细菌繁殖体、真菌和多种病毒（单纯疱疹病毒、乙肝病毒、人类免疫缺陷病毒等），但不能杀灭细菌芽孢；醇类消毒剂与戊二醛、碘伏等配伍，可以增强其作用；受有机物影响，而且由于易挥发，应采用浸泡消毒或反复擦拭以保证消毒时间。

（3）醇类消毒剂的产品名称、性质和使用方法　见表3-16。

表3-16　醇类消毒剂的产品名称、性质和使用方法

名　称	特　性	使用方法	注意事项
乙醇(酒精)	无色透明液体，易挥发，易燃，可与水和挥发油任意混合。无水乙醇含乙醇量为95%以上。主要通过使细菌菌体蛋白凝固并脱水而发挥杀菌作用。以70%～75%乙醇杀菌能力最强。对组织有刺激作用，浓度越大刺激性越强	70%～75%用于皮肤、手被、注射部位和器械，以及手术室、实验台面消毒，作用时间3～10分钟	偶有皮肤刺激性，将乙醇涂于伤口或破损的皮肤表面，不仅会加剧损伤而且会形成凝块，结果凝块下面的细菌繁殖起来，因此不能用于无感染的暴露伤口，注意也不能用于黏膜消毒；不能作为灭菌剂使用；浸泡消毒时，消毒物品不能带有过多水分，物品要清洁
异丙醇	无色透明液体，易挥发，易燃，具有乙醇和丙酮混合气味，与水和大多数有机溶剂可混溶。作用浓度为50%～70%，过浓或过稀，杀菌作用都会减弱	50%～70%的水溶液涂擦与浸泡，作用时间5～60分钟	作用浓度为50%～70%，过浓或过稀，杀菌作用都会减弱。只能用于物体表面和环境消毒。杀菌效果优于乙醇，但毒性高于乙醇。有轻度的蓄积和致癌作用

8. 强碱类

包括氢氧化钠、氢氧化钾、生石灰等碱类物质。

(1) 作用机理　由于氢氧根离子可以水解蛋白质和核酸，使微生物的结构和酶系统受到损害，同时可分解菌体中的糖类而杀灭细菌和病毒。

(2) 作用特点　杀毒效果好，尤其是对病毒和革兰阴性杆菌的杀灭作用最强。但其腐蚀性也强。廉价，成本低。生产中比较常用。

(3) 强碱类的产品名称、性质和使用方法　见表3-17。

表3-17　强碱类的产品名称、性质和使用方法

名　称	特　性	使用方法	注意事项
氢氧化钠(火碱)	白色干燥的颗粒、棒状、块状、片状结晶，易溶于水和乙醇，易吸收空气中的CO_2形成碳酸钠或碳酸氢钠盐。对细菌繁殖体、芽孢体和病毒有很强的杀灭作用，对寄生虫卵也有杀灭作用，浓度增大，作用增强	2%～4%溶液可杀死病毒和繁殖型细菌，30%溶液10分钟可杀死芽孢，4%溶液45分钟杀死芽孢，如加入10%食盐能增强杀灭芽孢的能力。2%～4%的热溶液用于喷洒或洗刷消毒，畜禽舍、仓库、墙壁、工作间、入口处、运输车辆、饮饲用具等；5%用于炭疽消毒。10%的氢氧化钠溶液，24小时才能杀死结核杆菌	高浓度氢氧化钠溶液可灼伤组织，对铝制品、棉、毛织物、漆面等具有损坏作用；一般用工业碱代替精制氢氧化钠作消毒剂使用，价格低廉，效果良好；密闭保存
生石灰(氧化钙)	白色或灰白色块状或粉末、无臭，易吸水，加水后生成氢氧化钙	加水配制成10%～20%石灰乳涂刷畜舍墙壁、畜栏以及排泄物等消毒；用生石灰1千克，加水350毫升，制成消石灰粉末，可以放置在潮湿的地面、粪池或污水沟中等进行撒布消毒；消毒池内可以放置20%的石灰乳进行消毒使用	生石灰应干燥保存，以免潮解失效；新鲜的生石灰有效；不能与漂白粉、强氯精等卤素类药物混用

续表

名　称	特　性	使用方法	注意事项
草木灰	新鲜草木灰主要含氢氧化钾。取筛过的草木灰10～15千克，加水35～40千克，搅拌均匀，持续煮沸1小时，补足蒸发的水分即成20%～30%草木灰	20%～30%草木灰可用于圈舍、运动场、墙壁及食槽的消毒	应注意水温在50～70℃；现用现配

9. 酸类

酸类的杀菌作用在于高浓度的能使菌体蛋白质变性和水解，低浓度的可以改变菌体蛋白两性物质的离解度，抑制细胞膜的通透性，影响细菌的吸收、排泄、代谢和生长。还可以与其他阳离子在菌体中表现竞争的吸附，妨碍细菌的正常活动。有机酸的抗菌作用比无机酸强。酸类的产品名称、性质和使用方法见表3-18。

表3-18　酸类的产品名称、性质和使用方法

名　称	性　质	使用方法	注意事项
无机酸（硫酸和盐酸）	具有强烈的刺激性和腐蚀性，生产中较少使用	0.5摩尔/升的硫酸处理排泄物、痰液等，30分钟可杀死多数结核杆菌。2%盐酸用于消毒皮张	具有强烈腐蚀性，消毒后可用清水冲洗
乳酸	微黄色透明液体，无臭微酸味，有吸湿性。对细菌芽孢无杀灭作用	蒸汽用于空气消毒，每100立方米6～12毫升，加水配成20%浓度，放在器皿上加热熏蒸，蒸发后30～90分钟通风。亦可用于与其他醛类配伍	毒性低，杀菌力不够强
乙酸	无色透明液体，有浓烈酸味，能与水、甘油、醇任意混合	5～10毫升/米^{3}加等量水，蒸发消毒房间空气	
十一烯酸	黄色油状溶液，溶于乙醇	5%～10%十一烯酸醇溶液用于皮肤、物体表面消毒	

10. 重金属类及染料类

重金属指汞、银、锌等，其盐类化合物能与细菌蛋白结合，使蛋白质沉淀而发挥杀菌作用。硫柳汞高浓度可杀菌，低浓度时仅有抑菌作用。重金属类消毒剂名称、性质、使用方法及注意事项见表 3-19。

表 3-19　重金属类消毒剂名称、性质、使用方法及注意事项

名　　称	性状和性质	使用方法	注意事项
硫柳汞	乳白或粉黄色结晶性粉末，稍有特殊气味，微有吸湿性，易溶于水	0.01%用于生物制品防腐；0.1%用于皮肤、手术部位或创面消毒以及眼、鼻和尿道冲洗	与酸、碘、铝等重金属盐或生物碱不能配伍，可引起接触性皮炎、变应性结膜炎、耳毒性；局部刺激灼痛、充血禁用；避光，密闭保护
甲紫（龙胆紫）	深绿色块状，溶于乙醇，微溶于水，制剂为含甲紫 1%溶液	1%～3%溶液用于浅表创面消毒、防腐；0.1%～1%甲紫水溶液用于烧伤及皮肤霉菌感染	对黏膜可能有刺激性或引起接触性皮炎；大面积破损皮肤不宜使用。本品不宜长期使用

11. 高效复方消毒剂

在化学消毒剂长期应用的实践中，单一消毒剂使用时存在许多不足，已不能满足各行业消毒的需要。近年来，国内外相继有数百种新型复方消毒剂问世，提高了消毒剂的质量、应用范围和使用效果。

（1）复方化学消毒剂配伍类型　复方化学消毒剂配伍类型主要有两大类。

① 消毒剂与消毒剂　两种或两种以上消毒剂复配，例如季铵盐类与碘的复配、戊二醛与过氧化氢的复配其杀菌效果达到协同和增效，即 1+1>2。

② 消毒剂与辅助剂　一种消毒剂加入适当的稳定剂和缓冲剂、增效剂，以改善消毒剂的综合性能，如稳定性、腐蚀性、杀菌效果等，即 1+0>1。

（2）常用的复方消毒剂组成及特性　见表 3-20。

表 3-20　常用的复方消毒剂组成及特性

名　　称	组成及特性
复方含氯消毒剂	复方含氯消毒剂中，常选的含氯成分主要为次氯酸钠、次氯酸钙、二氯异氰尿酸钠、氯化磷酸三钠、二氯二甲基海因等，配伍成分主要为表面活性剂、助洗剂、防腐剂、稳定剂等。在复方含氯消毒剂中，二氯异氰尿酸钠有效氯含量较高、易溶于水、杀菌作用受有机物影响较小，溶液的 pH 值不受浓度的影响，故作为主要成分应用最多。用二氯异氰尿酸钠和多聚甲醛配成的氯醛合剂作为室内消毒的烟熏剂，使用时点燃合剂，在 3 克/米^3 剂量时，能杀灭 99.99% 的白色念珠菌；用量提高到 13 克/米^3，作用 3 小时对蜡样芽孢杆菌的杀灭率可达 99.94%。该合剂可长期保存，在室温下保存 32 个月杀菌效果不变
复方季铵盐类消毒剂	表面活性剂一般有能和蛋白质作用的性质，特别是阳离子表面活性剂的这种作用比较强，具有良好的杀菌作用，特别是季铵盐型阳离子表面活性剂使用较多。作为复配的季铵盐类消毒剂主要以十二烷基、二甲基乙基苄基氯化铵、二甲基苄基溴化铵为多，其他的季铵盐为二甲乙基苄基氯化铵以及双癸季铵盐如双癸甲溴化铵、溴化双(十二烷基二甲基)乙甲二铵等。常用的配伍剂主要有醛类(戊二醛、甲醛)、醇类(乙醇、异丙醇)、过氧化物类(二氧化氯、过氧乙酸)以及氯己定等。另外，尚有两种或两种以上阳离子表面活性剂配伍，如用二甲基苄基氯化铵与二甲基乙基苄基氯化铵配合能增加其杀菌力
含碘复方消毒剂	碘液和碘酊是含碘消毒剂中最常用的两种剂型，但并非复配时的首选。碘与表面活性剂的不定形络合物碘伏，是含碘复方消毒剂中最常用的剂型。阴离子表面活性剂、阳离子表面活性剂和非离子表面活性剂均可作为碘的载体制成碘伏，但其中以非离子型表面活性剂最稳定，故选用得较多。常见的为聚乙烯吡咯烷酮、聚乙氧基乙醇等。目前国内外市场推出的碘伏产品有近百种之多，国外的碘伏以聚乙烯吡咯烷酮碘为主，这种碘伏既有消毒杀菌作用，又有洗涤去污作用。我国现有的碘伏产品中有聚乙烯吡咯烷酮碘和聚乙二醇碘等
醛类复方消毒剂	在醛类消毒复方消毒剂中应用较多的是戊二醛，这是因为甲醛对人体的毒副作用较大而且有致癌作用，限制了甲醛复配的应用。常见的醛类复配形式有戊二醛与洗涤剂的复配，降低了毒性，增强了杀菌作用；戊二醛与过氧化氢的复配，远高于戊二醛和过氧化氢的杀菌效果

续表

名　　称	组成及特性
醇类复方消毒剂	醇类消毒剂具有无毒、无色、无特殊气味及能较快速杀死细菌繁殖体及分枝杆菌、真菌孢子、亲脂病毒的特性。由于醇的渗透作用，某些杀菌剂溶于醇中有增强杀菌的作用，并可杀死任何高浓度醇类都不能杀死的细菌芽孢。因此，醇与物理因子和化学因子的协同应用逐渐增多。醇类常用的复配形式中以次氯酸钠与醇的复配为最多，用50%甲醇溶液和浓度2000毫克/升有效氯的次氯酸钠溶液复配，其杀菌作用高于甲醇和次氯酸钠水溶液。乙醇与氯己定复配的产品很多，也可与醛类复配，亦可与碘类复配等

(四) 影响化学消毒效果的因素

1. 药物方面

(1) 药物的特异性　同其他药物一样，消毒剂对微生物具有一定的选择性，某些药物只对某一部分微生物有抑制或杀灭作用，而对另一些微生物效力较差或不发生作用。也有一些消毒剂对各种微生物均具有抑制或杀灭作用（称为广谱消毒剂）；不同种类的化学消毒剂，由于其本身的化学特性和化学结构不同，故而其对微生物的作用方式也不相同，有的化学消毒剂作用于细胞膜或细胞壁，使之通透性发生改变，不能摄取营养；有的消毒剂通过进入菌体内使细胞浆发生改变；有的以氧化作用或还原作用毒害菌体；碱类消毒剂是以其氢氧根离子，而酸类是以其氢离子的解离作用阻碍菌体正常代谢；有些则是使菌体蛋白质、酶等生物活性物质变性或沉淀而达到灭菌消毒的目的。所以在选择消毒剂时，一定要考虑到消毒剂的特异性，科学地选择消毒剂。

(2) 消毒剂的浓度　消毒剂的消毒效果，一般与其浓度成正比，也就是说，化学消毒剂的浓度愈大，其对微生物的毒性作用就愈强。但这并不意味着浓度加倍，杀菌力也随之增加一倍。有些消毒剂，稀浓度时对细菌无作用，当浓度增加到一定程度时，可刺激细菌生长，再把消毒剂浓度提高时，可抑制细菌生长，只有将消毒液浓度增高到有杀菌作用时，才能将细菌杀死。如0.5%的石炭酸只有抑制细菌生长的作用而作为防腐剂，当浓度增加到2.5%时，则呈现杀菌作用。但是消毒剂浓度的增加是有限的，超越此限度时，并不一定能提高消毒效力，有时一些消毒剂的杀菌效力反而随浓度的增高而下降，如75%的酒精杀菌效力最强，使用95%以上浓度，杀菌效力反而不好，并造成药物浪费。

2. 微生物方面

(1) 微生物的种类　由于不同种类微生物的形态结构及代谢方式等生物学特性不同，其对化学消毒剂所表现出的反应也不同。不同种类的微生物，如细菌、真菌、病毒、衣原体、霉形体等，即使同一种类中不同类群如细菌中的革兰阳性细菌与革兰阴性细菌对各种消毒剂的敏感性也并不完全相同。如革兰阳性细菌的等电点比革兰阴性细菌低，所以在一定的值下所带的负电荷多，容易与带正电荷的离子结合，易与碱性染料的阳离子、重金属盐类的阳离子及去污剂结合而被灭活；而病毒对碱性消毒药比较敏感。因此，在生产中要根据消毒和杀灭的对象选用消毒剂，效果可能比较理想。

(2) 微生物的状态　同一种微生物处于不同状态时对消毒剂的敏感性也不相同。如同一种细菌，其芽孢因有较厚的芽孢壁和多层芽孢膜，结构坚实，消毒剂不易渗透进去，所以比繁殖体对化学药品的抵抗力要强得多；静止期的细菌要比生长期的细菌对消毒剂的抵抗力强。

(3) 微生物的数量　同样条件下，微生物的数量不同对同一种消毒剂的作用也不同。一般来说，细菌的数量越多。要求消毒剂浓度越大或消毒时间越长。

3. 外界因素方面

(1) 有机物质的存在　当微生物所处的环境中有如粪便、痰液、脓汁、血液及其他排泄物等有机物质存在时，会严重影响消毒剂的效果。其原因有如下。

① 有机物能在菌体外形成一层保护膜，而使消毒剂无法直接作用于菌体。

② 消毒剂可能与有机物形成一不溶性化合物，而使消毒剂无法发挥其消毒作用。

③ 消毒剂可能与有机物进行化学反应，而其反应产物并不具杀菌作用。

④ 有机悬浮液中的胶质颗粒状物可能吸附消毒剂粒子，而将大部分抗菌成分由消毒液中移除。

⑤ 脂肪可能会将消毒剂去活化。

⑥ 有机物可能引起消毒剂的 pH 值的变动，从而使消毒剂不活化或效力低下。

所以，在使用消毒剂时应先用清水将地面、器具、墙壁、皮肤或创口等清洗干净，再使用消毒药。对于有痰液、粪便及有畜禽的圈舍的消毒要选用受有机物影响比较小的消毒剂。同时适当提高消毒剂的用量，延长消毒时间，方可达到良好的效果。

(2) 消毒时的温湿度与时间　许多消毒剂在较高温度下的消毒效果比在较低温度下好，温度升高可以增强消毒剂的杀菌能力，并能缩短消毒时间。温度每升高 10℃，金属盐类消毒剂的杀菌作用增加 2～5 倍，石炭酸则增加 5～8 倍，酚类消毒剂增加 8 倍以上。湿度作为一个环境因素也能影响消毒效果，如用过氧乙酸及甲醛熏蒸消毒时，保持温度在 24℃以上，相对湿度 60%～80%，效果最好。如果湿度过低，则效果不良。在其他条件都一定的情况下，作用时间愈长，消毒效果愈好，消毒剂杀灭细菌所需时间的长短取决于消毒剂的种类、浓度及其杀菌速度，同时也与细菌的种类、数量和所处的环境有关。

(3) 消毒剂的酸碱度及物理状态　许多消毒剂的消毒效果均受消毒环境 pH 值的影响。如碘制剂、酸类、来苏儿等阴离子消毒剂，在酸性环境中杀菌作用增强。而阳离子消毒剂如新洁尔灭等，在碱性环境中杀菌力增强。又如 2%戊二醛溶液，在 pH 值为 4～5 的酸性环境下，杀菌作用很弱，对芽孢无效，若在溶液内加入 0.3%碳酸氢钠碱性激活剂，使 pH 值调到 7.5～8.5，即成为 20%的碱性戊二醛溶液，杀菌作用显著增强，能杀死芽孢。另外，pH 值也影响消毒剂的电离度，一般来说，未电离的分子，较易通过细菌的细胞膜，杀菌效果较好；物理状态影响消毒剂的渗透，只有溶液才能进入微生物体内，发挥应有的消毒作用，而固体和气体则不能进入微生物细胞中，因此，固体消毒剂必须溶于水中，气体消毒剂必须溶于微生物周围的液层中，才能发挥作用。所以，使用熏蒸消毒时，增加湿度有利于消毒效果的提高。

三、生物消毒法

生物消毒法是利用自然界中广泛存在的微生物在氧化分解污物（如垫草、粪便等）中的有机物时所产生的大量热能来杀死病原体。

在畜禽养殖场中最常用的是粪便和垃圾的堆积发酵，它是利用嗜热细菌繁殖产生的热量杀灭病原微生物，但此法只能杀灭粪便中的非芽孢性病原微生物和寄生虫卵，不适用于芽孢菌及患危险疫病畜禽的粪便消毒。粪便和土壤中有大量的嗜热菌、噬菌体及其他抗菌物质，嗜热菌可以在高温下发育，其最低温度界限为35℃，适温为50～60℃，高温界限为70～80℃。在堆肥内，开始阶段由于一般嗜热菌的发育使堆肥内的温度升高到30～35℃，此后嗜热菌便发育而将堆肥的温度逐渐提高到60～75℃，在此温度下大多数病毒及除芽孢以外的病原菌、寄生虫幼虫和虫卵在几天到3～6周内死亡。粪便、垫料采用此法比较经济，消毒后不失其作为肥料的价值。生物消毒方法多种多样，在畜禽生产中常用的有地面泥封堆肥发酵法、地上台式堆肥发酵法以及坑式堆肥发酵法等。

（一）地面泥封堆肥发酵法

堆肥地点应选择在距离畜舍、水池、水井较远处。挖一宽3米、两侧深25厘米向中央稍倾斜的浅坑，坑的长度依据粪便的多少而定。坑底用黏土夯实。用小树枝条或小圆棍横架于中央沟上，以利于空气流通。沟的两端冬天关闭，夏天打开。在坑底铺一层30～40厘米厚的干草或非传染性畜禽粪便，然后将要消毒的粪便堆积于上。粪便堆放时要疏松，掺10%马粪或稻草。干粪需加水浸湿，冬天应加热水。粪堆高1.2米。粪堆好后，在粪堆的表面覆盖一层厚10厘米的稻草或杂草，然后再在草外面封盖一层10厘米厚的泥土。这样堆放1～3个月后即可达消毒目的（见图3-13）。

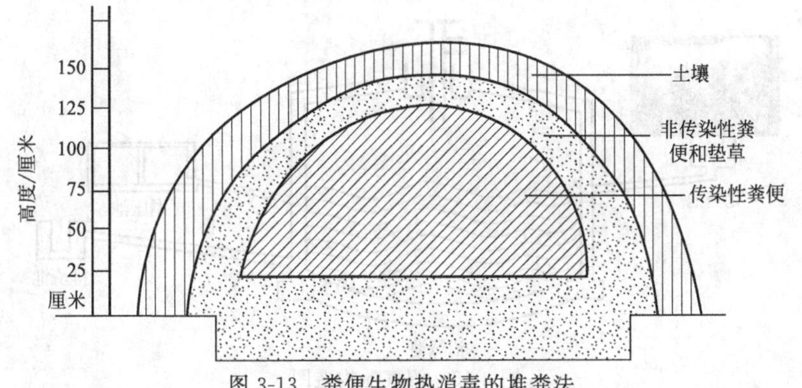

图3-13　粪便生物热消毒的堆粪法

（二）坑式堆肥发酵法

在适当的场所设粪便堆放坑池若干个，坑池数量和大小视粪便的多少而定。坑池内壁最好用水泥或坚实的黏土筑成（见图 3-14）。堆粪之前，在坑底垫一层稻草或其他秸秆，然后堆放待消毒的粪便，粪便上方再放一层稻草或健康畜禽的粪便，堆好后表面加盖或加约 10 厘米厚的土或草泥。粪便堆放发酵 1～3 个月即达目的。堆肥发酵时，若粪便过于干燥，应加水浇湿，以便其迅速发酵。另外，在生产沼气的地方，可把堆放发酵与生产沼气结合在一起（见图 3-15）。值得注意的是，生物发酵消毒法不能杀灭芽孢。因此，若粪便中含有炭疽、气肿等芽孢杆菌，则应焚毁或加有效化学药品处理。

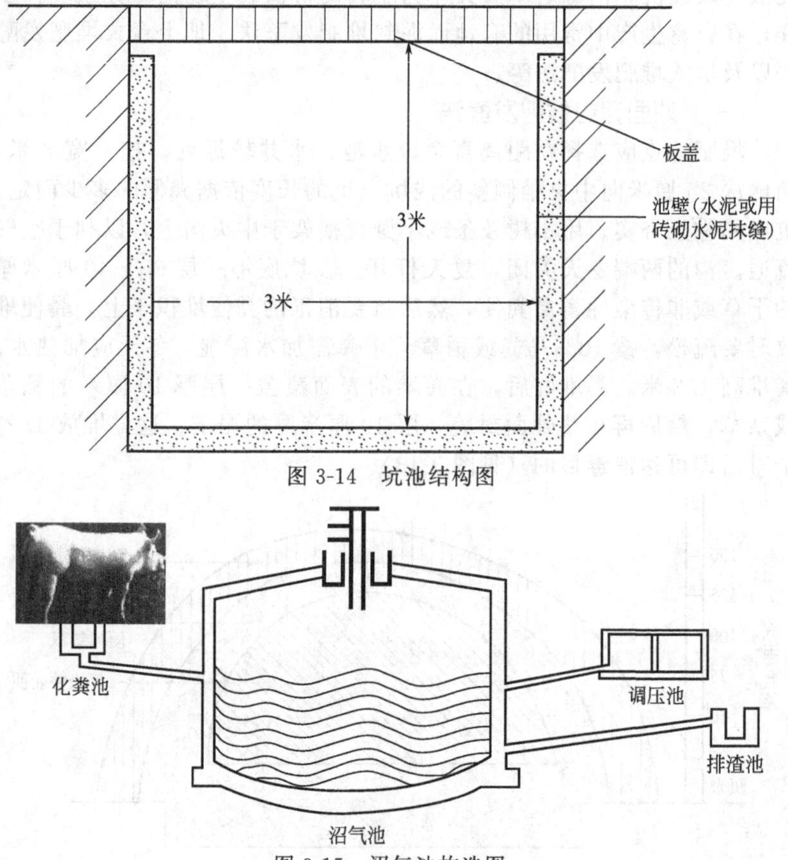

图 3-14　坑池结构图

图 3-15　沼气池构造图

影响坑式堆肥发酵的因素如下。①微生物的数量。堆肥是多种微生物作用的结果，但高温纤维分解菌起着更为重要的作用。为增加高温纤维菌的含量，可加入已腐熟的堆肥土（10%～20%）。②堆料中有机物的含量。占25%以上，碳氮比例（C∶N）为25∶1。③水分。以30%～50%为宜，过高会形成厌氧环境；过低会影响微生物的繁殖。④pH值。中性或弱碱性环境适合纤维分解菌的生长繁殖。为减少堆肥过程中产生的有机酸，可加入适量的草木灰、石灰等调节pH值。⑤空气状况。需氧性堆肥需氧气，但通风过大会影响堆肥的保温、保湿、保肥，使温度不能上升到50～70℃。⑥堆肥表面封泥。对保温、保肥、防蝇和减少臭味都有较大作用，一般以5厘米厚为宜，冬季可增加厚度。⑦温度。堆肥内温度一般以50～60℃为宜，气温高有利于堆肥效果和堆肥速度。

第三节 消毒程序

一、牛场环境消毒

（一）牛场入口消毒

1. 管理区入口的消毒

每天门口大消毒一次；进入场区的物品需消毒（喷雾、紫外线照射或熏蒸消毒）后才能存放；入口必须设置车辆消毒池（车辆消毒池见图3-16），车辆消毒池的长度为进出车辆车轮2个周长以上。消毒池上方最好建有顶棚，防止日晒雨淋。消毒池内放入2%～4%的氢氧化钠溶液，每周更换3次。北方地区冬季严寒，可用石灰粉代替消毒液。设置喷雾装置，喷雾消毒液可采用0.1%百毒杀、0.1%新洁尔灭或0.5%过氧乙酸。进入车辆经过车辆消毒池消毒车轮，使用喷雾装置喷雾车体等；进入管理区的人员要填写入场记录表，更换衣服，强制消毒后方可进入。

2. 生产区入口的消毒

为了便于实施消毒，切断传播途径，须在养殖场大门的一侧和生产区设更衣室、消毒室和淋浴室（见图3-17），供外来人员和生产人员更衣、消毒；车辆严禁入内，必须进入的车辆待冲洗干净、消毒后，同时司机必须下车洗澡消毒后方可开车入内；进入生产区的人员必须消毒；非生产区物品不准进入生产区，必须进入的须经严格消毒后方可进入。入口消毒池内放置3%～5%火碱溶液或0.3%过氧乙酸溶液，消毒盆内放置0.1%百毒杀或0.1%新洁尔灭等消毒液，消毒药物每周更换2～3次。

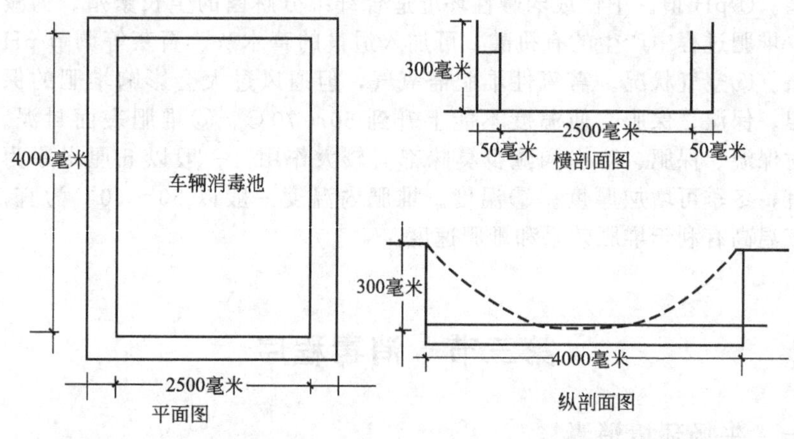

图 3-16　养牛场大门车辆消毒池

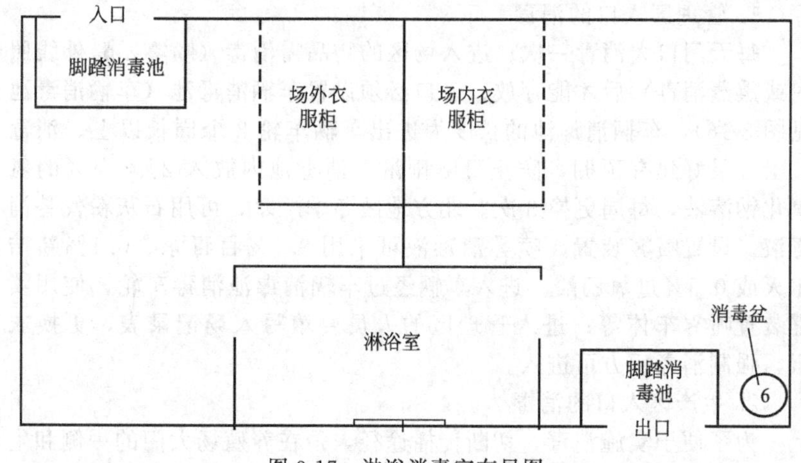

图 3-17　淋浴消毒室布局图

3. 牛舍门口的消毒

所有员工进入牛舍必须遵守消毒程序：换上牛舍的工作服，喷雾消毒，然后更换水鞋，脚踏消毒盆（或消毒池，盆中消毒剂每天更换1次），用消毒剂（洗手盆中的消毒剂每天要更换2次）洗手后（洗手后不要立即冲洗）才能进入牛舍；生产区物品进入牛舍前必须经过两种以上的消毒剂消毒后方可入内；每日对牛舍门口消毒1次。

（二）场区环境消毒

1. 生活区的消毒

建立外源性病原微生物的净化区域。在牛场生活区门口经过简单消毒后，进入生活区的人员和物品需要在生活区消毒和净化，生活区的消毒是控制疫病传播较有效的做法之一。生产区消毒的常规做法有：生活区的所有房间每周用消毒液喷洒消毒一次（0.3%过氧乙酸或次氯酸钠）；每月对所有房间用甲醛熏蒸消毒一次；对生活区的道路每周进行两次环境大消毒（2%～3%火碱溶液）；外出归来的人员所带东西存放在外更衣柜内，必需带入者需经主管批准；所穿衣服，先熏蒸消毒，再在生活区清洗后存放在外更衣柜中；入场物品需经两种以上消毒液消毒；在生活区外面处理蔬菜，只把洁净的蔬菜带入生活区内处理，制订严格的伙房和餐厅消毒程序。仓库只有外面有门，每次进入的物品都需用甲醛熏蒸消毒一次。生活区与生产区只能通过消毒间进入，其他门口全部封闭。

2. 生产区的消毒

牛场内消毒的目的是最大限度地消灭本场病原微生物的存在，制定场区内卫生防疫消毒制度，并严格按要求去执行。同时要在大风、大雾、大雨过后对牛舍和周围环境进行1～2次严格消毒。生产区内所有人员不准走土地面，以杜绝泥土中病原体的传播。

每天对生产区主干道、厕所消毒一次，可用火碱加生石灰水喷洒消毒；每天对牛舍门口、操作间清扫消毒一次；每周对整个生产区进行2次消毒，减少杂草上的灰尘。确保牛舍周围15米内无杂物和过高的杂草；定期灭鼠，每年2～3次；确保生产区内没有污水集中之处，任何人不能私自进入污区；牛场要严格划分净区与污区，这是牛场管理的硬性措施。

（三）场区土壤消毒

病原微生物常随着病人及患病畜禽的排泄物、分泌物、尸体和污水、垃圾等污物进入畜禽运动场的土壤而使土壤污染。不同种类的病原微生物在土壤中生存的时间有很大的差别。一般无芽孢的病原微生物生存时间较短，几小时到几个月不等；而有芽孢的病原微生物生存时间较长，如炭疽杆菌芽孢在土壤中存活可达十几年（见表3-21）。

表3-21 几种微生物在土壤中的生存时间

病原微生物	在土壤中存活时间	病原微生物	在土壤中存活时间
结核杆菌	5个月，甚至2年之久	巴氏杆菌	14天(土壤表层)
伤寒沙门菌	3个月	布氏杆菌	100天
化脓性球菌	2个月	猪瘟病毒	3天(土壤与血液一起干燥)
猪丹毒杆菌	166天(土壤中尸体内)		

土壤中病原微生物除了来自外界污染的以外，土壤中本身就存在着能够较长时间生活的病原微生物，如肉毒梭状芽孢杆菌等。土壤中的厌氧芽孢杆菌以芽孢形态存在于土壤中，在动物厌气性创伤感染中起着很大的作用。土壤中的病原微生物可通过水源、饲料等途径而传染给畜禽。因此，土壤的消毒，特别是对被病原微生物污染的土壤进行消毒是十分必要的。

在消灭土壤中的病原微生物时，生物学和物理学因素起着重要的作用。疏松土壤，可增强土壤中微生物间的拮抗作用，使其充分接受阳光中紫外线的照射。另外，种植冬小麦、黑麦、三叶草、大黄等植物也可杀灭土壤中的病原微生物，使土壤净化。

在实际工作中，除利用上述自然净化作用外，也可运用化学消毒法进行土壤消毒，以迅速消灭土壤中的病原微生物。化学消毒时，常用的消毒剂有漂白粉或5%～10%漂白粉澄清液、4%甲醛溶液、2%～4%氢氧化钠热溶液等。土壤的消毒根据被污染的情况不同，处理方式也不同。平常的预防消毒应经常清扫，保持场地清洁卫生，定期用一般性的消毒药喷洒即可；若发生了疫情，被污染土壤的消毒应在消毒前，首先对土壤表面进行机械清扫，被清扫的表土、粪便、垃圾等集中深埋或生物热发酵或焚烧，然后用消毒液进行喷洒，每平方米用消毒液1000毫升。如果是细菌芽孢污染的地面，在用1%漂白粉溶液或其他对芽孢有效的消毒药喷洒后，可将地面深翻30厘米左右，撒上漂白粉，并与土混合，按每平方米使用3～25千克，加水湿润、原地压平。

（四）牛舍清洁消毒

牛舍是牛生活和生产的场所，由于环境和牛本身的影响，舍内容易存在和滋生微生物。在牛淘汰、转出后或入舍前，对牛舍进行彻底地清洁消毒，为入牛群创造一个洁净卫生的条件，有利于减少疾病的发生。

1. 空舍消毒

牛出售或转出后对牛舍进行彻底地清洁消毒，消毒步骤如下。

（1）清扫　首先对空舍的粪尿、污水、残料、垃圾和墙面、顶棚、水管等处的尘埃进行彻底清扫，并整理归纳舍内饲槽、用具，当发生疫情时，必须先消毒后清扫。

（2）浸润　对地面、牛栏、出粪口、食槽、粪尿沟、风扇匣、护仔箱进行低压喷洒，并确保充分浸润，浸润时间不低于30分钟，但不能时间过长，以免干燥、浪费水且不好洗刷。

（3）冲刷　使用高压冲洗机，由上至下彻底冲洗屋顶、墙壁、栏架、网床、地面、粪尿沟等。要用刷子刷洗藏污纳垢的缝隙，尤其是食槽、水槽等，冲刷不要留死角。

（4）消毒　晾干后，选用广谱高效消毒剂，消毒舍内所有表面、设备和用具，必要时可选用2%～3%的火碱进行喷雾消毒，30～60分钟后低压冲洗，晾干后用另一种广谱高效消毒药（0.3%好利安）喷雾消毒。

（5）复原　恢复原来栏舍内的布置，并检查维修，做好进牛前的充分准备，并进行第二次消毒。

（6）喷雾　进牛前1天再喷雾消毒。

（7）熏蒸消毒　对封闭牛舍冲刷干净、晾干后，最好进行熏蒸消毒。用福尔马林、高锰酸钾熏蒸。方法：熏蒸前封闭所有缝隙、孔洞，计算房间容积，称量好药品。按照福尔马林：高锰酸钾：水＝2∶1∶1的比例配制，福尔马林用量一般为28～42毫升/米^3。容器应大于甲醛溶液加水后容积的3～4倍。放药时一定要把甲醛溶液倒入盛有高锰酸钾的容器内，室温最好不低于 24℃，相对湿度在 70％～80％。先从牛舍一头逐点倒入，倒入后迅速离开，把门封严，24 小时后打开门窗通风。无刺激味后再用消毒剂喷雾消毒一次。

2. 产房和隔离舍的消毒

在产犊前应进行 1 次，产犊高峰时进行多次，产犊结束后再进行 1 次。在病犊舍、隔离舍的出入口处应放置浸有消毒液的麻袋片或草垫，消毒液可选用 2％～4％氢氧化钠（对病毒性疾病）或 10％克辽林溶液（对其他疾病）。

3. 带牛消毒

定期进行带牛消毒，有利于减少环境中的病原微生物。牛体消毒常用喷雾消毒法，即将消毒药液用压缩空气雾化后，喷到畜体表上，达到消毒的目的以杀灭和减少体表及畜舍内空气中的病原微生物。本法既可减少畜体及环境中的病原微生物，净化环境，又可降低舍内尘埃，夏季还有降温作用。常用的药物有 0.15％～0.2％的强力消杀灵或百菌灭、0.2％～0.25％的益康溶液、0.2％～0.3％的过氧乙酸，每立方米空间用药 20～40 毫升，也可用 0.2％的次氯酸钠溶液或 0.1％的新洁尔灭溶液。消毒时从畜舍的一端开始，边喷雾边匀速走动，使舍内各处喷雾量均匀。带畜消毒在疫病流行时，可作为综合防制措施之一，及时进行消毒对扑灭疫病起到一定作用。0.5％以下浓度的过氧乙酸对人畜无害，为了减少对工作人员的刺激，在消毒时可戴口罩。

本消毒方法全年均可使用，一般情况下每周消毒 1～2 次，春秋疫情常发季节，每周消毒 3 次，在有疫情发生时，每天消毒 1～2 次。带牛消毒时可以选择 3～5 种消毒药交替进行使用。

二、人员的消毒

人员的衣服、鞋子可被细菌或病毒等病原微生物污染，成为传播疫病的媒介。养殖场要有针对性地建立防范对策和消毒措施，防控进场人员，特别是外来人员传播疫病。要限制与生产无关的人员进入生产区。经批准同意进入者，必须在入口处经喷雾消毒，再更换场方专用的工作服后方准进入，但不准进入生产区。此外，养殖场要谢绝参观，必要时安排在适当距离之外，在隔离条件下参观。

生产人员进入生产区时，要更换工作服（衣、裤、靴、帽等），进行淋浴、消毒，并在工作前后洗手消毒。消毒程序：脱鞋—进入外更衣室脱衣服—强制消毒—淋浴10分钟以上—进入内更衣室换生产区衣服—进入生产区。

脚踏消毒池消毒是国内外养殖场用得最多的消毒方法，但对消毒池的使用和管理很不科学，影响消毒效果。消毒池中有机物含量、消毒液的浓度、消毒时间长短、更换消毒液的时间间隔、消毒前用刷子刷鞋子等对消毒效果均有影响。实际操作中要注意：①消毒液要有一定的浓度（如用2%～3%火碱溶液）；②工作鞋在消毒液中浸泡时间至少达1分钟；③工作人员在通过消毒池之前先把工作鞋上的粪便刷洗干净，否则不能彻底杀菌；④消毒池要有足够深度，最好达15厘米深，使鞋子全面接触消毒液；⑤消毒液要勤更换，一般大单位（工作人员45人以上）最好每天更换一次消毒液，小单位可每7天更换一次。

衣服消毒要从上到下，普遍进行喷雾，使衣服达到潮湿的程度。用过的工作服，先用消毒液浸泡，然后进行水洗。用于工作服的消毒剂，应选用杀菌、杀病毒能力强，对衣服无损伤，对皮肤无刺激的消毒剂。不宜使用易着色，有臭味的消毒剂。通常可使用季铵盐类消毒剂、碱类消毒剂及过氧乙酸等做浸泡消毒，或用福尔马林做熏蒸消毒（每立方米空间用42毫升福尔马林熏蒸消毒20分钟）。工作服、靴和更衣室要定期消毒。

工作人员在接触牛体、饲料、用具等之前，须洗手，并用1：1000的新洁尔灭溶液浸泡消毒3～5分钟。

三、设备的消毒

运输饲料、产品等的车辆，是养殖场经常出入的运输工具。这类车辆与出入的人员比较，不但面积大，而且所携带的病原微生物也多，因此对车辆更有必要进行消毒。为了便于消毒，大、中型养殖场可在大门口设置与门同等宽的车辆消毒池和喷雾消毒装置。消毒槽（池）内铺草垫浸以消毒液，供车辆通过时进行轮胎消毒。有的在门口撒干石灰，那是起不到消毒作用的。车辆消毒应选用对车体涂层和金属部件无损伤的消毒剂，具有强酸性的消毒剂，不适合用于车辆消毒。消毒槽（池）中的消毒剂，最好选用耐有机物、耐日光、不易挥发、杀菌谱广、杀菌力强的消毒剂，并按时更换，以保持消毒效果。

车辆消毒一般可使用博灭特、百毒杀、强力消毒王、优氯净、过氧乙酸、苛性钠、抗毒威及农福等。

装运产品、动物的笼、箱等容器以及其他用具，都可成为传播疫病的媒介。因此，对由场外运入的容器与其他用具，必须做好消毒工作。为防疫需要，应在养殖场入口附近（和牛舍有一定距离）设置容器消毒室，对由场外运入的容器及其他用具等，进行严格消毒。消毒时注意勿使消毒废水流向畜禽舍，应将其排入排水沟。

定期对保温箱、补料槽、饲料车、料箱、针管等进行消毒，一般先将用具冲洗干净后，可用0.1%～0.15%的百菌灭溶液、0.2%的益康溶液、0.1%的强力消毒灵溶液、0.25%的络合碘溶液、0.1%的新洁尔灭或0.2%～0.5%的过氧乙酸消毒喷洒消毒，然后放在密闭的室内进行福尔马林熏蒸。

四、饮水消毒

（一）饮水系统的消毒

对于封闭的乳头饮水系统而言，可通过松开部分的连接点来确认其内部的污物。污物可粗略地分为有机物（如细菌、藻类或霉菌）和无机物（如盐类或钙化物）。可用碱性化合物或过氧化氢去除前者或用酸性化合物去除后者，但这些化合物都具有腐蚀性。要确认主管道及其分支管道均被冲洗干净。

1. 封闭的乳头或杯形饮水系统消毒

先高压冲洗，再将清洁液灌满整个系统，并通过闻每个连接点的化学药液气味或测定其pH值来确认是否被充满。浸泡24小时以上，充分发挥化学药液的作用后，排空系统，并用净水彻底冲洗。

2. 开放的圆形和杯形饮水系统消毒

用清洁液浸泡2～6小时，将钙化物溶解后再冲洗干净，如果钙质过多，则须刷洗。将带乳头的管道灌满消毒药，浸泡一定时间后冲洗干净并检查是否残留有消毒药；而开放的部分则可在浸泡消毒液后冲洗干净。

（二）饮水消毒

牛饮水应清洁无毒、无病原菌，符合人的饮用水标准。生产中使用干净的自来水或深井水，但水容易受到污染，需要定期进行消毒。临床上常见的饮水消毒剂多为氯制剂、碘制剂和复合季铵盐类等。消毒药可以直接加入蓄水池或水箱中，用药量应以最远端饮水器或水槽中的有效浓度达到类消毒药的最适饮水浓度为宜。牛喝的是经过消毒的水而不是喝的消毒药水，任意加大水中消毒药物的浓度或长期使用，除可引起急性中毒外，还可杀死或抑制肠道内的正常菌群生长，影响对饲料的消化吸收，对牛健康造成危害，另外，会影响疫苗防疫效果。饮水消毒应该是预防性的，而不是治疗性的，因此消毒饮水要谨慎行事。

五、牛体消毒

（一）奶牛乳房卫生消毒

1. 卫生管理

经常保持牛舍、牛床、运动场、牛体及乳房的清洁，牛舍、牛床及运动场还应保持平整、干燥、无污物（如砖块、石头炉渣、废弃塑料袋等）。

2. 乳房清洗消毒

挤乳时必须用清洁水清洗乳房，然后用干净的毛巾擦干（每只牛固定 1 条毛巾，毛巾要及时清洗、消毒），挤完乳后，必须用消毒药浸泡乳头数秒钟，消毒药液可选用 3％次氯酸钠、0.1％新洁尔灭等。应注意经常更换消毒液，以免菌株产生耐药性而影响消毒效果。

3. 乳房炎的检测

停乳前 10 天、3 天要进行隐性乳房炎的监测，反应阳性牛要及时治疗，两次均为阴性反应的牛可施行停乳。停乳后继续药浴乳头 1 周，并定时观察乳房的变化。预产期前 1 周恢复药浴，每日 2 次；每年的 1 月份、3 月份、6 月份、7 月份、8 月份、9 月份、11 月份都要进行隐性乳房炎的监测工作。对有临诊表现的乳房炎采取综合性防治措施，对久治不愈的乳牛应及时淘汰，以减少传染来源。

（二）乳牛蹄部的卫生消毒

每年春、秋季各检查和整蹄一次，对患有肢蹄病的牛要及时治疗。蹄病高发季节，应每周用 5％硫酸铜溶液喷洒蹄部 2 次，以减少蹄病的发生，对蹄病高发牛群要关注整个牛群状况。

（三）犊牛的消毒保健

犊牛是奶牛体质最弱的群体，就像婴儿一样，是最需要我们关爱的，与它有亲密接触的物、具都应该消毒，如初乳检测设备、奶的贮储设备、奶盆、开食料饲喂瓶（盆）、水槽等，原则上每次使用后都需要消毒处理，并放到专门的地方备用，最少1天1次；犊牛舍应有一定的富裕舍，实行轮换消毒、全进全出的原则，可以有效打破病原菌的生长周期，确保犊牛健康。

1. 黏膜清除及断脐消毒

犊牛出生时用消毒毛巾清除黏膜，首先将犊牛口鼻腔中的黏液清除，以免妨碍呼吸。当犊牛已吸入黏液，发生窒息时，将犊牛的后腿提起倒控，控出吸入的黏液，按压心脏，进行紧急救治；将犊牛脐带浸入5%～10%碘酒内消毒1分钟，每天1次，直到出生2天以后脐带干燥时停止消毒，以防细菌感染而引起犊牛发病。

2. 犊牛舍和哺乳消毒

犊牛舍每5天消毒1次，牛床、牛栏应定期用2%火碱水冲刷。新生犊牛最好圈养在单独畜栏内，在放入新生犊牛前，犊牛栏必须消毒并空放3周，防止病菌交叉感染。应将下痢小牛与健康犊牛完全隔离；开始给犊牛人工哺乳时，先将手洗干净，进行必要的消毒处理。喂完奶用清洁温水涮壶后喂给犊牛，且一定要保证奶嘴及奶瓶干净清洁。如有奶垢，可用温碱水或“洗净灵”等冲洗，或用瓶刷刷净，然后用净布或塑料布盖好。病犊的奶瓶在喂完后要用高锰酸钾、来苏儿、新洁尔灭等消毒，再用温水冲洗干净。

六、兽医器械及用品的消毒

兽医诊疗室是养殖场的一个重要场所，在此进行疾病的诊断、病畜的处理等。兽医诊疗室内存有医疗器具。兽医诊疗室的消毒包括诊疗室的消毒和医疗器具消毒两个方面。兽医诊疗室的消毒包括诊断室、注射室、手术室、处置室和治疗室的消毒以及兽医人员的消毒，其消毒必须是经常性的和常规性的，如诊室内空气消毒和空气净化可以采用过滤、紫外线照射（诊室内安装紫外线灯，2～3瓦/米^3）、熏蒸等方法；诊室内的地面、墙壁、棚顶可用0.3%～0.5%的过氧乙酸溶液或5%的氢氧化钠溶液喷洒消毒；兽医诊疗室的废弃物和污水也要处理消毒，废弃物和污水数量少时，可与粪便一起堆积生物发酵消毒处理；如果量大，使用化学消毒剂（如15%～20%的漂白粉搅拌，作用3～5小时消毒处理）消毒。

兽医诊疗器械及用品是直接与畜禽接触的物品。用前和用后都必须按要求进行严格的消毒。根据器械及用品的种类和使用范围不同，其消毒方法和要求也不一样。一般对进入畜禽体内或与黏膜接触的诊疗器械，如手术器械、注射器及针头、胃导管、导尿管等，必须经过严格的消毒灭菌；对不进入动物组织内也不与黏膜接触的器具，一般要求去除细菌的繁殖体及亲脂类病毒。各种诊疗器械及用品的消毒方法见表 3-22。

表 3-22 各种诊疗器械及用品的消毒方法

消毒对象	消毒药物及方法
体温计	先用 1%过氧乙酸溶液浸泡 5 分钟，然后放入 1%过氧乙酸溶液中浸泡 30 分钟
注射器	用 0.2%过氧乙酸溶液浸泡 30 分钟，清洗，煮沸或高压蒸汽灭菌。注意：针头用肥皂水煮沸消毒 15 分钟后，洗净，消毒后备用；煮沸时间从水沸腾时算起，消毒物应全部浸入水内
各种塑料接管	将各种接管分类浸入 0.2%过氧乙酸溶液中，浸泡 30 分钟后用清水冲净；接管用肥皂水刷洗，清水冲净，烘干后分类高压灭菌
药杯、换药碗(搪瓷类)	将药杯用清水冲净残留药液，然后浸泡在 1：1000 新洁尔灭溶液中 1 小时；将换药碗用肥皂水煮沸消毒 15 分钟；然后将药杯与换药碗分别用清水刷洗冲净后，煮沸消毒 15 分钟或高压灭菌(如药杯系玻璃类或塑料类，可用 0.2%过氧乙酸浸泡 2 次，每次 30 分钟后清洗烘干)。注意：药杯与换药碗不能放在同一容器内煮沸或浸泡。若用后的药碗染有各种药液颜色，应煮沸消毒后用去污粉擦净、清洗，揩干后再浸泡；冲洗药杯内残留药液下来的水须经处理后再弃去
托盘、方盘、弯盘(搪瓷类)	将其分别浸泡在 1%漂白粉清液中 1 小时；再用肥皂水刷洗、清水冲净后备用；漂白粉清液每 2 周更换 1 次，夏季每周更换 1 次
污物敷料桶	将桶内污物倒出后，用 0.2%过氧乙酸溶液喷雾消毒，放置 30 分钟；用碱水或肥皂水将桶刷洗干净，用清水洗净后备用(注意：污物敷料桶每周消毒 1 次；桶内倒出的污物、敷料须经消毒处理后回收或焚烧处理)
污染的镊子、止血钳等金属器材	放入 1%肥皂水中煮沸消毒 15 分钟，用清水将其冲净后，再煮沸 15 分钟或高压灭菌后备用

续表

消毒对象	消毒药物及方法
锋利器械(刀片及剪、针头等)	浸泡在1∶1000新洁尔灭水溶液中1小时,再用肥皂水刷洗,清水冲净,揩干后浸泡于1∶1000新洁尔灭溶液的消毒盒中备用;注意:被脓、血污染的镊子、钳子或锐利器械应先用清水刷洗干净,再进行消毒;洗刷下的脓、血水按每1000毫升加入过氧乙酸原液10毫升计算(即1%浓度),消毒30分钟后才能弃掉;器械使用前,应用0.85%生理盐水淋洗灭菌
开口器	将开口器浸入1%过氧乙酸溶液中,30分钟后用清水冲洗;再用肥皂水刷洗,清水冲净,揩干后,煮沸15分钟或高压灭菌(注意:应全部浸入消毒液中)
硅胶管	将硅胶管拆去针头,浸泡在0.2%过氧乙酸溶液中,30分钟后用清水冲净;再用肥皂水冲洗管腔后,用清水冲洗,揩干(注意:拆下的针头按注射器针头消毒处理)
手套	将手套浸泡在0.2%过氧乙酸溶液中,30分钟后用清水冲洗;再将手套用肥皂水清洗,用清水漂净后晾干(注意:手套应浸没于过氧乙酸溶液中,不能浮于药液表面)
橡皮管、投药瓶	用浸有0.2%的过氧乙酸的抹布擦洗物件表面;用肥皂水将其刷洗、清水冲净后备用
导尿管、肛管胃导管等	将物件分类浸入1%过氧乙酸溶液中,浸泡30分钟后用清水冲洗;再将上述物品用肥皂水刷洗,清水冲净后,分类煮沸15分钟或高压灭菌后备用(注意:物件上的胶布痕迹可用乙醚或乙醇擦除)
输液、输血皮管	将皮管针头拆去后,用清水冲净皮管残留液体,再浸泡在清水中;再将皮管用肥皂水反复揉搓、清水冲净,揩干后,高压灭菌备用,拆下的针头按注射针头消毒处理
手术衣、帽、口罩等	将其分别浸泡在0.2%过氧乙酸溶液中30分钟,用清水冲洗,肥皂水搓洗,清水洗净晒干,高压灭菌备用(注意:口罩应与其他物品分开洗涤)

续表

消毒对象	消毒药物及方法
创巾、敷料等	污染血液的，先放在冷水或5%氨水内浸泡数小时，然后在肥皂水中搓洗，最后用清水漂净；污染碘酊的，用2%硫代硫酸钠溶液浸泡1小时，清水漂洗、拧干，浸于0.5%氨水中，再用清水漂净；经清洗后的创巾、敷料分包，高压灭菌备用；被传染性物质污染时，应先消毒后洗涤，再灭菌
运输车辆、其他工具车或小推车	每月定期用去污粉或肥皂粉将推车擦洗干净；污染的工具车类，应及时用浸有0.2%过氧乙酸的抹布擦洗；30分钟后再用清水冲净。推车等工具类应经常保持整洁，清洁与污染的车辆应互相分开

七、废弃物消毒

（一）粪便的消毒

患传染病和寄生虫病病畜、粪便的消毒方法有多种，如焚烧法、化学药品消毒法、掩埋法和生物热消毒法等。实践中最常用的是生物热消毒法，此法能使非芽孢病原微生物污染的粪便变为无害，且不丧失肥料的应用价值。生物消毒方法见本章第三节。

（二）污水消毒

见第二章第二节废弃物处理内容。

（三）垫料消毒

对于牛场的垫料，可以通过阳光照射的方法进行消毒，这是一种最经济、简单的方法，将垫草等放在烈日下，暴晒2～3小时，能杀灭多种病原微生物。对于少量的垫草，可以直接用紫外线等照射1～2小时，可以杀灭大部分微生物。

（四）病死肉牛消毒

科学及时地处理病死肉牛尸体，对防止肉牛传染病的发生、避免环境污染和维护公共卫生等具有重大意义。病死肉牛尸体可采用深埋法、焚烧法和高温法进行处理。

1. 深埋法

深埋法是一种简单的处理方法，费用低且不易产生气味，但埋尸坑易成为病原的贮藏地，并有可能污染地下水。因此必须深埋，而且要有良好的排水系统。深埋应选择高岗地带，坑深在 2 米以上，尸体入坑后，撒上石灰或消毒药水，覆盖厚土。

2. 高温法

确认是炭疽、鼻疽、牛瘟、牛肺疫、恶性水肿、气肿疽、狂犬病等传染病和恶性肿瘤或两个器官发现肿瘤的病肉牛整个尸体以及从其他患病肉牛各部分割除下来的病变部分和内脏以及弓形虫病、梨形虫病、锥虫病等病畜的肉尸和内脏等要进行高温处理。高温处理方法有：①湿法化制，是利用湿化机，将整个尸体投入化制（熬制工业用油）；②焚毁，是将整个尸体或割除下来的病变部分和内脏投入焚化炉中烧毁炭化；③高压蒸煮，是把肉尸切成重量不超过 2 千克、厚度不超过 8 厘米的肉块，放在密闭的高压锅内，在 112 千帕压力下蒸煮 1.5～2 小时。一般煮沸法是将肉尸切成规定大小的肉块，放在普通锅内煮沸 2～2.5 小时（从水沸腾时算起）。

（五）病畜产品的消毒（无害化处理）

1. 血液

漂白粉消毒法，用于确认是肉牛病毒性出血症、野肉牛热、肉牛产气荚膜梭菌病等传染病的血液以及血液寄生虫病病畜禽血液的处理。将 1 份漂白粉加入 4 份血液中充分搅拌，放置 24 小时后于专设掩埋废弃物的地点掩埋。高温处理将已凝固的血液切成豆腐方块，放入沸水中烧煮，至血块深部呈黑红色并呈蜂窝状时为止。

2. 蹄、骨和角

肉尸做高温处理时剔出的病畜禽骨和病畜的蹄、角放入高压锅内蒸煮至骨脱或脱脂为止。

3. 皮毛

（1）盐酸食盐溶液消毒法　用于被炭疽、鼻疽、牛瘟、牛肺疫、恶性水肿、气肿疽、狂犬病等疫病污染的和一般病畜的皮毛消毒。用 2.5%盐酸溶液和 15%食盐水溶液等量混合，将皮张浸泡在此溶液中，并使液温保持在 30℃左右，浸泡 40 小时，皮张与消毒液之比为 1∶10（质量/体积）。浸泡后捞出沥干，放入 2%氢氧化钠溶液中，以中和皮张上的酸，再用水冲洗后晾干。也可按 100 毫升 25%食盐水溶液中加入 1 毫升盐酸配制消毒液，在室温 15℃条件下浸泡 18 小时，皮张与消毒液之比为1∶4。浸泡后捞出沥干，再放入1%氢氧化钠溶液中浸泡，以中和皮张上的酸，再用水冲洗后晾干。

（2）过氧乙酸消毒法　用于任何病畜的皮毛消毒。将皮毛放入新鲜配制的2%过氧乙酸中溶液中浸泡30分钟，捞出，用水冲洗后晾干。

（3）碱盐液浸泡消毒　用于炭疽、鼻疽、牛瘟、牛肺疫、恶性水肿、气肿疽、狂犬病等疫病的皮毛消毒。将病皮浸入5%碱盐液（饱和盐水内加5%烧碱）中，室温（17～20℃）浸泡24小时，并随时加以搅拌，然后取出挂起，待碱盐液流净，放入5%盐酸液内浸泡，使皮上的酸碱中和，捞出，用水冲洗后晾干。

（4）石灰乳浸泡消毒　用于口蹄疫和螨病病皮的消毒。制法：将1份生石灰加1份水制成熟石灰，再用水配成10%或5%混悬液（石灰乳）。口蹄疫病皮，将病皮浸入10%石灰乳中浸泡2小时；螨病病皮，则将病皮浸入5%石灰乳中浸泡12小时，然后取出晾干。盐腌消毒，用于布氏杆菌病病皮的消毒。用相当于皮重15%的食盐，均匀撒于皮的表面。一般毛皮腌制2个月，胎儿毛皮腌制3个月。

八、发生传染病时的消毒

发生传染病，养殖场病原数量大幅增加，疫病传播流行会更加迅速，为了控制疫病传播流行及危害，需要更加严格地消毒。

疫情活动期间消毒是以消灭病畜所散布的病原为目的而进行的消毒。病畜禽所在的畜禽舍、隔离场地、排泄物、分泌物及被病原微生物污染和可能被污染的一切场所、用具和物品等都是消毒的重点。在实施消毒的过程中，应根据传染病病原体的种类和传播途径的区别，抓住重点，以保证消毒的实际效果。如肠道传染病消毒的重点是畜禽排出的粪便以及被污染的物品、场所等；呼吸道传染病则主要是消毒空气、分泌物及污染的物品等。

（一）一般消毒程序

用5%的氢氧化钠或10%的石灰乳溶液对养殖场的道路、畜舍周围喷洒消毒，每天一次。用15%的漂白粉和5%的氢氧化钠溶液等溶液喷洒畜舍地面、畜栏，每天一次。带畜（禽）消毒，用1∶400的益康溶液、0.3%的农家福，0.5%～1%的过氧乙酸溶液喷雾，每天一次。粪便、粪池、垫草及其他污物进行化学或生物热消毒。出入人员通过脚踏消毒液，紫外线等照射消毒。消毒池内放入5%氢氧化钠溶液，每周更换1～2次。其他用具、设备、车辆用15%的漂白粉溶液、5%的氢氧化钠溶液等喷洒消毒。疫情结束后，进行1～2次全面的消毒。

(二) 污染场所及污染物消毒

发生疫情后被污染（或可能被污染）的场所和污染物的消毒方法见表3-23。

表3-23 被污染的场所及污染物的消毒方法

消毒对象	消毒方法	
	细菌性传染病	病毒性传染病
空气	甲醛熏蒸，福尔马林25毫升，作用12小时(加热法)；2%过氧乙酸熏蒸，用量1克/米^3，20℃作用1小时；0.2%～0.5%过氧乙酸或3%来苏儿喷雾30毫升/米^3，作用30～60分钟；红外线照射0.06瓦/厘米^2	醛熏蒸法(同细菌病)；2%过氧乙酸熏蒸，用量3克/米^3，作用90分钟(20℃)；0.5%过氧乙酸或5%漂白粉澄清液喷雾，作用1～2小时；乳酸熏蒸，用量10毫克/米^{3}加水1～2倍，作用30～90分钟
排泄物(粪、尿、呕吐物等)	成形粪便加2倍量的10%～20%漂白粉乳剂，作用2～4小时；对稀便，直接加粪便量1/5的漂白粉粉剂，作用2～4小时	成形粪便加2倍量的10%～20%漂白粉乳剂，充分搅拌，作用6小时；稀便，直接加粪便量1/5的漂白粉粉剂，作用6小时；尿液100毫升加漂白粉3克，充分搅匀，作用2小时
分泌物(鼻涕、唾液、穿刺脓、乳汁汁液)	加等量10%漂白粉或1/5量的干粉，作用1小时；加等量0.5%过氧乙酸，作用30～60分钟；加等量3%～6%来苏儿液，作用1小时	加等量10%～20%漂白粉或1/5量的干粉，作用2～4小时；加等量0.5%～1%过氧乙酸，作用30～60分钟

续表

消毒对象	消毒方法	
	细菌性传染病	病毒性传染病
畜禽舍、运动场及舍内用具	污染草料与粪便集中焚烧；畜舍四壁用2%漂白粉澄清液喷雾(200毫升/米^3)，作用1～2小时；畜圈及运动场地面，喷撒漂白粉20～40克/米^3，作用2～4小时，或1%～2%氢氧化钠溶液、5%来苏儿溶液喷洒1000毫升/米^3，作用6～12小时；甲醛熏蒸，福尔马林12.5～25毫升/米^3，作用12小时(加热法)；0.2%～0.5%过氧乙酸、3%来苏儿喷雾或擦拭，作用1～2小时；2%过氧乙酸熏蒸，用量1克/米^3，作用6小时	与细菌性传染病的消毒方法相同，一般消毒剂作用时间和浓度稍大于细菌性传染病消毒用量
饲槽、水槽、饮水器等	0.5%过氧乙酸浸泡30～60分钟；1%～2%漂白粉澄清液浸泡30～60分钟；0.5%季铵盐类消毒剂浸泡30～60分钟；1%～2%氢氧化钠热溶液浸泡6～12小时	0.5%过氧乙酸溶液浸泡30～60分钟；3%～5%漂白粉澄清液浸泡50～60分钟；2%～4%氢氧化钠热溶液浸泡6～12小时
运输工具	0.2%～0.3%过氧乙酸或1%～2%漂白粉澄清液，喷雾或擦拭，作用30～60分钟；3%来苏儿或0.5%季铵盐喷雾擦拭，作用30～60分钟	0.5%～1%过氧乙酸、5%～10%漂白粉澄清液喷雾或擦拭，作用30～60分钟；5%来苏儿喷雾或擦拭，作用1～2小时；2%～4%氢氧化钠热溶液喷洒或擦拭，作用2～4小时

续表

消毒对象	消毒方法	
	细菌性传染病	病毒性传染病
工作服、被服、衣物织品等	高压蒸汽灭菌,121℃ 15～20分钟;煮沸15分钟(加0.5%肥皂水);甲醛25毫升/米^3,作用12小时;环氧乙烷熏蒸,用量2.5克/升,作用2小时;过氧乙酸熏蒸,1克/米^{3}在20℃条件下,作用60分钟;2%漂白粉澄清液或0.3%过氧乙酸或3%来苏儿溶液浸泡30～60分钟;0.02%碘伏浸泡10分钟	高压蒸汽灭菌,121℃ 30～60分钟;煮沸15～20分钟(加0.5%肥皂水);甲醛25毫升/米^{3}熏蒸12小时;环氧乙烷熏蒸,用量2.5克,作用2小时;过氧乙酸熏蒸,用量1克/米^3,作用90分钟;2%漂白粉澄清液浸泡1～2小时;0.3%过氧乙酸浸泡30～60分钟;0.03%碘伏浸泡15分钟
接触病畜禽人员手消毒	0.02%碘伏洗手2分钟,清水冲洗;0.2%过氧乙酸泡手2分钟;75%酒精棉球擦手5分钟;0.1%新洁尔灭泡手5分钟	0.5%过氧乙酸洗手,清水冲净;0.05%碘伏泡手2分钟,清水冲净
污染办公品(书、文件)	环氧乙烷熏蒸,2.5克/升,作用2小时;甲醛熏蒸,福尔马林用量25毫升/米^3,作用12小时	同细菌性传染病
医疗器材、用具等	高压蒸汽灭菌121℃ 30分钟;煮沸消毒15分钟;0.2%～0.3%过氧乙酸或1%～2%漂白粉澄清液浸泡60分钟;0.01%碘伏浸泡5分钟;甲醛熏蒸,50毫升/米^3,作用1小时	高压蒸汽灭菌121℃30分钟;煮沸30分钟;0.5%过氧乙酸或5%漂白粉澄清液浸泡,作用60分钟;5%来苏儿浸泡1～2小时;0.05%碘伏浸泡10分钟

(三) 皮毛消毒

牛患炭疽病、口蹄疫、布氏杆菌病、牛痘等，其牛皮、牛毛均应消毒。应当注意，牛患炭疽病时，严禁从尸体上剥皮；在贮存的原料皮中即使只发现1张患炭疽病的牛皮，也应将整堆与它接触过的牛皮进行消毒。皮毛的消毒，目前广泛利用环氧乙烷气体消毒法。消毒时必须在密闭的专用消毒室或密闭良好的容器（常用聚乙烯或聚氯乙烯薄膜制成的篷布）内进行。在室温15℃时，每立方米密闭空间使用环氧乙烷0.4～0.8千克维持12～48小时，相对湿度在30%以上。此法对细菌、病毒、霉菌均有良好的消毒效果，对皮毛中的炭疽芽孢也有较好的消毒作用。但本品对人畜有毒性，且其蒸气遇明火会燃烧甚至爆炸，故必须注意安全，具备一定条件时才可使用。

(四) 发生A类传染病后的消毒措施

A类传染病主要包括口蹄疫、猪瘟、高致病性禽流感和新城疫等烈性传染病。

1. 污染物处理

对所有病死畜禽、被扑杀畜禽及其畜禽产品（包括肉、蛋、精液、羽、绒、内脏、骨、血等）按照GB 16548—1996《畜禽病害肉尸及其产品无害化处理规程》执行；对于畜禽排泄物和被污染或可能被污染的垫料、饲料等物品均需进行无害化处理。

被扑杀的畜禽体内含有高致病性病毒，如果不将这些病原根除，让病畜禽扩散流入市场，势必造成高致病性、恶性病毒的传播扩散，同时可能危害消费者的健康。为了保证消费者的身体健康和使疫病得到有效控制，必须对扑杀的畜禽做焚烧深埋后的无害化处理。畜禽尸体需要运送时，应使用防漏容器，须有明显标志，并在动物防疫监督机构的监督下实施。

2. 消毒

(1) 动物疫情发生时的消毒　各级疾病控制机构应该配合农业部门开展工作，指导现场消毒，进行消毒效果评价。

① 对死畜禽和宰杀的畜禽、畜禽舍、畜禽粪便进行终末消毒。对发病的养殖场及所有病畜停留或经过的圈舍用20%的漂白粉溶液（澄清溶液含有效氯5%以上，每平方米1000克）10%的火碱溶液或5%的甲醛溶液等进行全面消毒。将所有的粪便和污物清理干净并焚烧。器械、用具等可用5%的火碱或5%的甲醛溶液浸泡。

② 对划定的动物疫区内的畜禽类密切接触者，在停止接触后应对其及其衣物进行消毒。

③ 对划定的动物疫区内的饮用水应进行消毒处理，对流动水体

和较大水体等消毒较困难者可以不消毒，但应严格进行管理。

④ 对划定的动物疫区内可能污染的物体表面在出封锁线时进行消毒。

⑤ 必要时对畜禽舍的空气进行消毒。

（2）家畜疫病病原感染人情况下的消毒　有些家畜疫病可以感染人而引起人的发病，如近年来猪流感在人群中的发生。当人发生猪流感疫情时，各级疾病控制中心除应协助农业部门针对动物禽流感疫情开展消毒工作，进行消毒效果评价外，还应对疫点和病人，以及疑似病人污染或可能污染的区域进行消毒处理。

① 加强对人禽流感疫点、疫区现场消毒的指导，进行消毒效果评价。

② 对病人的排泄物、病人发病时生活和工作过的场所、病人接触过的物品及可能污染的其他物品进行消毒。

③ 对病人诊疗过程中可能的污染，既要按肠道传染病又要按呼吸道传染病的要求进行消毒。

第四节　消毒效果检查和评价

一、物理消毒法消毒效果的检测与评价

（一）热力灭菌效果的检测与评价

1. 干热灭菌效果的检查

（1）化学检测法

① 检测方法　将既能指示温度变化又能指示温度持续时间的化学指示卡3～5个分别放入待灭菌的物品中，并置于灭菌器中热量最难达到的灭菌部位。经一个灭菌周期后，取出化学指示剂，据其颜色及性状的变化判断是否已经达到灭菌条件。

② 结果判定　检测时，所放置的化学指示卡的颜色及性状均变至规定的条件，则为达到灭菌条件；若其中之一未达到规定的条件，则为未达到灭菌条件。

（2）物理检测法

① 检测方法　检测时，将多点温度检测仪的多个探头分别放于

灭菌器各层内、中、外各点，灭菌物品容量不能超过80%，关好柜门，将导线引出，通过记录仪显示来观察温度上升与持续时间。

② 结果判定　若所示温度（曲线）达到预置温度及时间(160℃，2小时)，则灭菌温度合格。

(3) 生物检测法

① 指示菌株。枯草杆菌黑色变种芽孢（ATCC9372)。

② 检测方法

第一步：检测时取灭菌小滤纸条（30毫米×5毫米）数条，浸入已培养的枯草杆菌黑色变种芽孢肉汤培养物中片刻，取出后放于灭菌平皿中，置温箱中烘干。每片滤纸条含菌量为5.0×10^5～5.0×10^6CFU。

第二步：待染菌滤纸条干后，分别放于有棉塞的灭菌的小试管中，每管1条。

第三步：将小试管放于160～170℃的干热灭菌箱中，于5分钟、10分钟、30分钟、40分钟、50分钟、60分钟各取出一管，以灭菌的镊子取出纸条放于不同的肉汤管中，置37℃温箱中培养24～48小时。

第四步：检查各管中的细菌生长情况，以判定在160～170℃的干热条件下，不同时间的杀菌效果。

③ 结果判定　若每个纸条接种的肉汤均澄清透明，判为灭菌合格；若接种的肉汤浑浊，判为灭菌不合格。对难以判断的肉汤管取0.1毫升接种于营养琼脂平板上，置37℃温箱中培养24～48小时，判断是否有指示菌生长，若有指示菌生长，判为灭菌不合格，若无指示菌生长，判为灭菌合格。

2. 压力蒸汽灭菌效果的检测及评价

(1) 物理测试法　测试灭菌器（柜）的温度要使用留点温度计，它能指示出灭菌器（柜）内在消毒过程中达到的最高温度，从而确定是否已达到灭菌要求。

具体操作方法为：在灭菌前，先将温度计的水银柱甩到15℃以下，然后放置于灭菌器（柜）内物品的中心部位（最难灭菌处）。

灭菌完毕后，取出并观察其所指示温度，若指示温度达不到灭菌要求的温度，表明所放置的物品未达到灭菌要求。

该方法仅能指示灭菌过程所达到的最高温度，不能指示温度的持续时间，只可作为消毒效果的一个参考指标。

（2）化学检测法　压力蒸汽灭菌效果可使用化学指示剂进行检测，该检测是一种间接指标，一般多用于日常检测。

常用化学指示标签进行检测，这种标签既能指示最低温度，又能指示一定温度所持续的时间。检测时将化学指示标签放入待灭菌物品内最难灭菌的部位，在灭菌结束后，取出化学指示标签，根据颜色或性状的变化来判断是否达到灭菌要求。不同的检测要求可采用不同的指示卡，如121℃、20分钟压力蒸汽灭菌指示卡，用于下排气压力蒸汽灭菌效果的检测；B-D试纸（冷空气测试卡）用于检测压力蒸汽灭菌器灭菌时冷空气是否彻底排出。

结果判断：在测试时所放置的指示卡的性状或颜色均变至规定的条件或颜色，可判为物品灭菌合格。

（3）生物检测法　生物检测是用国际标准抗力的细菌芽孢所制成的干燥菌片或是用菌片与培养基组成的生物指示剂来进行检测。通过生物指示剂是否完全被杀灭来判断物品包的微生物是否完全被杀灭。

① 指示菌株　指示菌株为耐热的嗜热脂肪杆菌芽孢（ATCC7953或SSIK31株），菌片含菌量$5.0\times10^5\sim5\times10^6$CFU/片。

② 培养基　溴甲酚紫葡萄糖蛋白胨水培养基。

③ 测定方法　将嗜热脂肪杆菌芽孢片分别装入已经灭菌的小纸袋内，每袋两片，置于灭菌柜内各层内、中、外三点，若使用手提压力灭菌器，则将指示菌片分别放在灭菌物品中心的两个灭菌试管内，并盖上塞子（试管用灭菌牛皮纸包封），经一个灭菌周期后，在无菌条件下取出指示菌片，投入溴甲酚紫葡萄糖蛋白胨水培养基中，经(56±1)℃培养7天，观察培养基颜色变化。

④ 结果判定　每个指示菌片接种的溴甲酚紫葡萄糖蛋白胨水培养基都不变化，判定为灭菌合格；若有一个指示菌片接种的溴甲酚紫葡萄糖蛋白胨水培养基由紫色变为黄色，则判定灭菌不合格。

3. 紫外线消毒效果的检测方法

紫外线可以杀灭各种微生物，包括细菌繁殖体、芽孢、分枝杆菌、病毒、立克次体和支原体等。凡被上述微生物污染的表面、水和空气均可采用紫外线消毒。为了防止疫病传播，许多畜禽养殖场使用紫外线灯进行消毒。

紫外线灯的杀菌效果可以用生物学方法测定，它不仅可以检查紫外线灯的杀菌效果，而且可以检查紫外线灯使用过程中，其照射强度是否降低或失败。如果只想粗略知道紫外线灯的杀菌效果，有以下两种方法。

① 将培养 24 小时的细菌悬液或制备好的芽孢悬液，涂于营养琼脂平板表面并放于紫外线灯下（距灯中心垂直 1 米处），照射一定时间（根据被照射微生物所需照射剂量和紫外线光源照射的强度计算照射时间）后，将营养琼脂平板置于 37℃温箱中培养 24 小时，观察细菌生长情况。若营养琼脂平板上没有细菌生长或只有数个菌落，表示紫外线灯具有杀菌能力，若营养琼脂平板上细菌菌落数与对照组（未照射平板）很接近，则表示紫外线灯已失效。

② 将待检细菌的 24 小时肉汤培养物接种已溶化并冷却至 50℃的深层琼脂多管，混匀后分别将各管倾入不同的灭菌平皿中，待琼脂凝固后，揭开平皿盖，将其置于紫外线灯下照射，于不同时间（5 分钟、10 分钟、20 分钟、40 分钟、60 分钟）各取出平皿一个，盖上平皿盖，放入 37℃温箱中培养 24～72 小时，观察细菌的生长情况，以测定紫外线对该菌的杀灭效果或该菌对紫外线的抵抗力。

二、化学消毒剂消毒效果的评价

(一) 空气消毒效果的评价

1. 采样时间

一般应选择在消毒灭菌处理完成之后的时间段。还可以按预定计划进行常规检测，定期、定时对空气进行样品采集。但要注意在采样前，应关好门窗，在无人走动的情况下，静止 10 分钟后，进行采样。

2. 采样

空气消毒效果评价指标菌有空气中的自然菌、空气指示菌（白色葡萄球菌、溶血性链球菌等）。

(1) 仪器采样法（空气撞击法）　目前国内常用的空气微生物采样器主要有 JWL 型空气采样器、LWC-1 型采样器和 Anderson 采样器等。

① 采样皿制作　将仪器专用培养皿彻底洗涤干净，晾干，高压蒸汽灭菌后备用。将熔化后冷却至 45～50℃已灭菌的营养琼脂培养

基倒入备用的培养皿中，以自然铺满底部为宜，制成营养琼脂培养皿，冷却凝固后倒置于37℃培养箱内，培养 24 小时，挑选无菌生长的培养皿使用。

② 采样点的选择及采样高度　圈舍或居室面积小于15 米^2 的密闭空间，只在室中央设 1 个点；面积小于 30 米^2 的房间，在房间的对角线上选取内、中、外 3 点；面积大于30 米^2 的房间内设5 个点，即房间的四个角和室中央各设一点；面积更大的场所可在相应的方位上适当增加采样点。采样高度一般为 1.2～1.5 米，四周各点距墙 0.5～1.0 米。

③ 采样时间　消毒前采样及消毒后不同时间段采样。其中消毒前采样的目的是了解消毒前空气中微生物的水平；消毒后采样的目的是了解消毒后空气中微生物的水平。

④ 采样及培养　按照采样器说明进行采样，待采样结束后关闭电源，取出采样培养皿，置于37℃温箱内培养 24～48 小时，观察结果并记录培养皿上的菌落数（CFU）。

⑤ 菌落数计算　计算式如下：

每立方米菌落数=(培养皿菌落数×1000)/(流量×采样时间)

（2）沉降平板法（自然沉降法）

① 采样皿的制作　将灭菌后的普通营养琼脂培养基熔化后，冷却至 45～50℃，倒入无菌培养皿内，每个培养皿 15～20 毫升。室温下冷却凝固后，倒置于 37℃温箱内培养 24 小时，挑选无菌生长的培养皿使用。

② 采样点的选择　见空气撞击法。

③ 采样时间　消毒前采样及消毒后不同时间段采样。

④ 采样培养皿的放置　将采样培养皿编号后，放置于相应的采样点，然后根据室内实际布局，由内向外，按次序打开采样培养皿。将培养皿盖扣放于采样培养皿端口边缘，严禁将盖口朝上，使其直接暴露于空气中，这样会影响采样结果。

采样应根据所暴露环境的实际情况决定。越洁净的地方采样暴露时间越长，以期得到更准确的结果。普通场所暴露 5～30 分钟，一般暴露 15 分钟左右。污染较严重的地方，如动物圈舍等暴露 5 分钟即可。并注意消毒前后暴露时间一致。

⑤ 培养和结果计算　待采样结束后，将培养皿盖盖好，反转，放于37℃温箱中培养24～48小时，观察记录培养皿上的菌落数(CFU)。

该方法不适合于洁净的室内空气的采集，结果偏低，误差大；作为空气消毒方法考核误差也较大。由于其使用简便、经济，主要用于基层。

3. 效果评价

(1) 细菌总数　根据不同场所空气细菌总数的国家卫生标准来判定其消毒是否合格。

(2) 杀灭率　杀灭率＝(消毒前菌落数－消毒后菌落数)/消毒前菌落数×100%

4. 注意事项

① 测定空气中的溶血性链球菌和绿色链球菌时，需用血液琼脂培养基制成的培养皿，采样后，30℃温箱培养24～72小时，其他操作步骤与计算不变。

② 在用沉降平板法采样时，其采样点的选择应尽量避开空调、门窗等气流变化较大的地方。采样过程中动作应轻缓，避免造成尘土飞扬，同时整个过程宜采用无菌操作。

(二) 物体表面消毒效果的评价

1. 微生物学指标

评价物体表面消毒效果的微生物学指标包括细菌总数及致病菌(如金黄色葡萄球菌、大肠杆菌和沙门菌等)数。

2. 采样时间

在物体表面经过消毒之后进行采样，并以消毒前同一物体表面附近类似部位作为对照样品，计算其杀灭率。

3. 采样及培养方法

(1) 压印法　将营养琼脂倾入无菌培养皿内，并使琼脂培养基高出培养皿1～2毫米，待琼脂冷却后，将培养皿上的琼脂培养基直接压在被检物体表面10～20秒，然后盖好培养皿，37℃温箱中培养48小时。观察结果，计数菌落数。

(2) 棉拭子法

① 消毒前采样　被检物体采样面积小于100厘米^{2}时，取全部物

体表面；采样面积大于100厘米^{2}时，连续采集4个样品，面积合计为100厘米^2。用5厘米×5厘米的标准无菌规格板，并放在被检物体表面，将无菌棉拭子在含有无菌生理盐水的试管中浸湿，并在管壁上挤干，对无菌规格板框定的物体表面涂抹采样，来回均匀涂擦10次，并随之转动棉拭子。采样完毕后，将棉拭子放在装有一定量灭菌生理盐水的试管管口，剪去与手接触的部位，其余的棉拭子留在试管内，充分振荡混匀后立即送检。对于门把手等不规则的物体表面，按实际面积用棉拭子直接涂擦采样。

② 消毒后采样　在消毒结束后，在与消毒前同一物体表面附近类似部位进行采样。采样液中含有与化学消毒剂相对应的中和剂，采样与消毒前一致。将消毒前后样本尽快送检，进行活菌培养计数及相应致病菌与相关指标菌的分离与鉴定。

4. 检验方法

细菌总数检测采用菌落计数法，致病菌的检测主要是检测金黄色葡萄球菌、大肠杆菌和沙门菌等。具体方法可参见相关的细菌检验鉴定手册。

5. 评价指标

（1）细菌总数　小型物体表面计算结果用菌落形成单位（CFU/个）来表示。

$$细菌总数=平板上菌落平均数\times稀释倍数$$

采样面积大于100厘米^{2}的物体表面计算结果用细菌总数（CFU/厘米^2）表示。

$$细菌总数=培养皿上菌落平均数\times稀释倍数/采样面积$$

（2）杀灭率

$$杀灭率=\frac{消毒前菌落平均数-消毒后菌落平均数}{消毒前菌落平均数}\times100\%$$

（三）皮肤黏膜和手消毒效果的评价

1. 微生物学指标

评价皮肤黏膜和手消毒效果的微生物学指标包括细菌总数和一些致病菌（如金黄色葡萄球菌、乙型溶血性链球菌和沙门菌、大肠杆菌等）数。

2. 采样时间

在浸泡或擦拭消毒之后立即采样，如果观察滞留消毒效果，可以设定不同的采样时间段，必要时可在消毒前采样作为对照，计算细菌的杀灭率。

(1) 手的采样　被检者五指并拢，操作者将无菌棉拭子蘸灭菌生理盐水后挤干，在被检者指根到指尖来回涂擦 2 次（每只手涂擦面积约 30 厘米^2），并随之转动采样棉拭子，然后将棉拭子放于装有 10 毫升灭菌生理盐水的试管管口，用无菌剪刀剪去与手接触过的部分棉拭子，其余部分留在试管内。

(2) 压印法采样　取事先制备好的营养琼脂培养皿，将消毒后的拇指或中、食指的掌面在培养皿的培养基表面轻轻按下指纹印即可，然后将培养皿置于 37℃温箱培养 24～48 小时，观察有无细菌生长。

(3) 皮肤黏膜采样　用 5 厘米×5 厘米的标准灭菌规格板，放在待检采样部位，用蘸有生理盐水的棉拭子在规格板内来回均匀涂擦 10 次，并随之转动棉拭子，然后将棉拭子放于装有无菌生理盐水的试管管口，剪掉与手接触部位后，余下的棉拭子留在试管内，进行检验。其中无法放置灭菌规格板的部位可直接用棉拭子涂抹取样。

(4) 注意事项　如果消毒对象（手、皮肤、黏膜等）表面曾使用过化学物品（如消毒剂、清洁剂、化妆品等），则在生理盐水中应加入相应的中和剂。

3. 评价指标

(1) 细菌总数

① 方法　将采样管用力敲打 80 次，必要时做适当稀释，用无菌吸管取一定量（通常为 1 毫升）的待检样品，加入灭菌培养皿内，另外平行接种 2 块培养皿，加入已熔化的 45℃左右的营养琼脂后，注意边倾注边摇匀，待琼脂冷却凝固后，倒置于 37℃温箱中培养 48 小时。并计算菌落数。

② 结果计算

$$\text{细菌总数(CFU/厘米}^2\text{)}=\frac{\text{培养皿上菌落平均数}\times\text{稀释倍数}}{\text{采样面积}}$$

$$\text{杀灭率}=\frac{\text{消毒前菌落数}-\text{消毒后菌落数}}{\text{消毒前菌落数}}\times 100\%$$

(2) 致病菌检验　参考有关的细菌检验鉴定手册。

(四) 浸泡消毒效果的评价

在兽医院和实验室常用浸泡消毒的方法处理污染的诊疗器械和实验器材；例如体温表、剪刀、镊子、吸管和器皿等。为了保证消毒效果切实可靠，需要经常检查消毒液的杀菌作用。

1. 试验方法

第一步：用无菌吸管吸取 1 毫升浸泡消毒液加入装有 9 毫升稀释液的管内。检查不同消毒剂时，所用稀释液不同。对醇、醛、氯、酚类消毒剂，可用含有相应中和剂的营养肉汤，对碘类、季铵盐类、酚类+洗涤剂、氯制剂+洗涤剂及低浓度双胍类消毒剂，可用营养肉汤+3%吐温 80（质量浓度）。

第二步：将上述稀释 10 倍的消毒液接种于营养琼脂平板。用 1 支 50 滴/毫升无菌滴管吸取消毒剂稀释剂混合液，在表面已干燥的琼脂平板上滴 10 滴，每滴之间应间隔一定距离，共滴两个平板。这项工作应在采样后 1 小时内完成。

第三步：培养。将一个平板放入 32℃或 37℃的温箱内培养 3 天后观察结果（大部分致病菌合适的生长温度是 37℃，但细菌受到消毒剂损伤后，往往在 32℃恢复更快）。另一个平板放于室温 20℃，培养 7 天后观察结果。

2. 结果评价

在 1 个或 2 个子板上有菌生长，证明消毒液内有活菌存在。若菌数仅为 1～2 个，则是允许的，因为消毒剂的作用是消毒而不要求达到灭菌。若 1 个平板上生长菌数≥5 个，则说明消毒效果已不可靠。可按下式计算每毫升消毒液内存活的菌数：

每毫升消毒液内存活菌数=生长菌落数/皿×10×5

式中，×10 是由于采取的消毒液作了 10 倍稀释；×5 是由于采取消毒液 10 滴相当于 1/5 毫升。

例如，平板生长菌数为 5，则每毫升消毒液内存活菌数＝5×10×5＝250(个)，这样的消毒剂不宜再使用。

(五) 饮水消毒效果的评价

1. 评价方法

评价消毒剂对水中微生物的杀灭作用，可采用实用试验和现场试验两种方法。

（1）实用试验　是将试验微生物加入无菌蒸馏水内，使含菌量为（10万～100万）个/毫升，然后加入消毒剂进行消毒处理。可测定消毒剂不同浓度或作用不同时间后的杀菌率。一般认为杀菌率达到99.99%为合格。

（2）现场试验　是用自然水进行的。首先测定水的细菌污染程度，可用大肠菌指数、细菌总数和大肠菌值作为指标。然后进行消毒处理，测定不同作用时间后细菌减少的程度。我国规定饮水标准为：细菌总数＜100个/毫升，大肠菌指数＜3，大肠菌值不得小于333。这些指标的意义及其测定方法如下。

2. 测定方法

（1）细菌总数测定方法

① 取水样1毫升（未经消毒处理的水样应经适当稀释后取1毫升，消毒后水样应采取去除残余消毒剂的措施），加入灭菌平皿内。

② 加入熔化后冷却至46℃的普通营养琼脂20～30毫升，摇匀，待凝。

③ 将培养皿倒置于37℃温箱内，培养24小时后作菌落计数。

（2）大肠菌指数和大肠菌值

大肠菌指数是指1000毫升水中含有的大肠菌数，大肠菌值表示能检出大肠杆菌的最小水量（毫升）。同一水样的检验结果，这两个指标可以按下式互相换算：

大肠菌指数＝1000/大肠菌数

大肠菌值＝1000/大肠菌指数

测定方法：可用发酵法。此法是根据大肠杆菌具有发酵乳糖并产酸产气的特点而设计的。取内有倒管的含50毫升3倍浓缩的葡萄糖胆盐蛋白胨水2瓶，各接种水样100毫升；取含有5毫升13倍浓缩的葡萄糖胆盐蛋白胨水10管（内有倒管），各接种水样10毫升；将上述接种后的培养基放入（44±1)℃温箱内培养24小时。如有产酸产气者，再接种麦康凯琼脂平板，于37℃下培养24小时，产酸产气者表明有大肠杆菌生长，根据大肠杆菌阳性的发酵瓶及发酵管数，查表3-24，求出大肠菌指数及大肠菌值。例如，某水样消毒处理后接种的10支发酵管培养后有3支为阳性，2个发酵瓶有1个为阳性，查表可得其大肠菌指数为18，大肠菌值为56。根据我国饮水标准，该水不合格。

表 3-24 大肠均值及大肠指数检索

发酵管阳性数	发酵瓶全部阴性		发酵瓶 1 份阳性		发酵瓶 2 份阳性	
	大肠菌指数	大肠菌值	大肠菌指数	大肠菌值	大肠菌指数	大肠菌值
0	<3	>333	4	250	11	91
1	3	333	8	125	18	56
2	7	143	13	77	27	37
3	10	99	18	56	38	26
4	14	71	24	42	52	19
5	18	56	30	33	70	14
6	22	45	36	28	92	11
7	27	37	43	23	120	8
8	31	32	51	20	161	6
9	36	28	60	17	230	4
10	10	25	68	14	>230	<4

注：总检水样 300 毫升，其中发酵瓶 2 瓶，每瓶接种水样 100 毫升；发酵管 10 管，每管接种水样 10 毫升。

第五节 提高消毒效果的措施

消毒的效果关系到消毒作用的发挥和疾病的防制效果。生产中影响消毒效果的因素较多，必须正确认识和对待，进行科学的消毒，保证消毒的效果。

一、加强隔离和卫生管理

养殖场的隔离卫生是搞好消毒工作的基础，也是预防和控制疫病的保证。只有良好的隔离卫生，才能保证消毒工作的顺利实施，有利于降低消毒的成本和提高消毒的效果。详见第一章。

二、制订和严格执行消毒计划

消毒的操作过程中，影响消毒效果的因素很多，如果没有一个详细的、全面的消毒计划，并进行严格的执行，消毒的随意性很大，就不可能收到良好的消毒效果。所以养殖场必须制订消毒计划，按照消毒计划的要求严格实施。

（一）消毒计划（程序）

消毒计划（程序）的内容应该包括消毒的场所或对象，消毒的方法，消毒的时间和次数，消毒药选择、配比稀释、交替更换，消毒对象的清洁卫生以及清洁剂的使用等。

（二）执行控制

消毒计划落实到每一个饲养管理人员，严格按照计划执行并要监督检查，避免随意性和盲目性；要定期进行消毒效果检测，通过肉眼观察和微生物学的监测，以确保消毒的效果，有效减少或消除病原体。

三、选择适当的消毒方法

消毒方法多种多样，实施消毒前，要根据消毒对象、目的、条件和环境等因素综合考虑，选择一种或几种切实可行的、有效安全的消毒方法。

（一）根据病原微生物选择

由于各种微生物对消毒因子的抵抗力不同，所以，要有针对性地选择消毒方法。对于一般的细菌繁殖体、亲脂性病毒、螺旋体、支原体、衣原体和立克次氏体等对消毒剂敏感性高的病原微生物等，可采用煮沸消毒或低效消毒剂等常规的消毒方法，如用苯扎溴铵、洗必泰等；对于结核杆菌、真菌等对消毒剂耐受力较强的微生物可选择中效消毒剂与高效的热力消毒法；对具有很强不良环境抵抗力的细菌芽孢需采用热力、辐射及高效消毒剂（醛类、强酸强碱类、过氧化物类消毒剂）等。真菌的孢子对紫外线的抵抗力强，季铵盐类消毒剂对肠道病毒无效。

（二）根据消毒对象选择

同样的消毒方法对不同性质物品的消毒效果往往不同。动物活体消毒要注意对动物体和人体的安全性和效果的稳定性；空气和圈、舍、房间等消毒采用熏蒸，物体表面消毒可采用擦、抹、喷雾，小物体靠浸泡，触摸不到的地方可用照射、熏蒸、辐射，饲料及添加剂等均采用辐射，但要特别注意对消毒物品的保护，使其不受损害，例如毛皮制品不耐高温，对于食具、水具、饲料、饮水等不能使用有毒或有异味的消毒剂消毒。

（三）根据消毒现场选择

进行消毒的环境情况往往是复杂的，对消毒方法的选择及效果的影响也是多样的。例如，要进行圈、笼、舍、房间的消毒，如其封闭效果好的，可以选用熏蒸消毒，封闭性差的，最好选用液体消毒处理。对物体表面消毒时，耐腐蚀的物体表面用喷洒的方法好；怕腐蚀的物品要用无腐蚀的化学消毒剂喷洒、擦拭的方法消毒。对于通风条件好的房间进行空气消毒可利用自然换气法，必要时可以安装过滤消毒器；若通风不好、污染空气长期滞留在建筑物内可以使用药物熏蒸或气溶胶喷洒等方法处理。如对空气进行紫外线消毒，当室内有人或有饲养动物时，只能用反向照射法（向上方照射），以免对人和动物造成伤害。

（四）消毒的安全性

选择消毒方法应时刻注意消毒的安全性。例如，在人群、动物群集的地方，不要使用具有毒性和强刺激性的气体消毒剂，在距火源50米以内的场所，不能大量使用环氧乙烷类易燃、易爆类消毒剂。在发生传染病的地区和流行病的发病场、群、舍，要根据卫生防疫要求，选择合适的消毒方法，加大消毒剂的消毒频率，以提高消毒的质量和效率。

四、选择适宜的消毒剂

化学消毒是生产中最常用的方法。但市场上的消毒剂种类繁多，其性质与作用不尽相同，消毒效力千差万别，所以，消毒剂的选择至关重要，关系到消毒效果和消毒成本，必须选择适宜的消毒剂。

（一）优质消毒剂的标准

优质的消毒剂应具备以下特点：杀菌谱广，有效浓度低，作用速度快；化学性质稳定，易溶于水，能在低温下使用；不易受有机物、酸、碱及其他理化因素的影响；毒性低，刺激性小，对人畜危害小，不残留在畜产品中，腐蚀性小，使用无危险；无色、无味、无臭，消毒后易于去除残留药物；价格低廉，使用方便。

（二）适宜消毒剂的选择

1. 考虑消毒病原微生物的种类和特点

不同种类的病原微生物，如细菌、细菌芽孢、病毒及真菌等，它们对消毒剂的敏感性有较大差异，即其对消毒剂的抵抗力有强有弱。

消毒剂对病原微生物也有一定选择性，其杀菌、杀病毒力也有强有弱。针对病原微生物的种类与特点，选择合适的消毒剂，这是消毒工作成败的关键。例如，要杀灭细菌芽孢，就必须选用高效的消毒剂，才能取得可靠的消毒效果；季铵盐类是阳离子表面活性剂，因其杀菌作用的阳离子具有亲脂性，而革兰阳性菌的细胞壁含类脂多于革兰阴性菌，故革兰阳性菌更易被季铵盐类消毒剂灭活；如为杀灭病毒，应选择对病毒消毒效果好的碱类消毒剂、季铵盐类消毒剂及过氧乙酸等；同一种类病原微生物所处的状态不同，对消毒剂的敏感性也不同。同一种类细菌的繁殖体比其芽孢对消毒剂的抵抗力弱得多，生长期的细菌比静止期的细菌对消毒剂的抵抗力低。

2. 考虑消毒对象

不同的消毒对象，对消毒剂有不同的要求。选择消毒剂时既要考虑对病原微生物的杀灭作用，又要考虑消毒剂对消毒对象的影响。不同的消毒对象选用不同的消毒药物，如表 3-25 所列。

表 3-25 养殖场消毒药物选择参考

消毒种类	选用药物
饮水消毒	百毒杀、博灭特、过氧乙酸、漂白粉、强力消毒王、速效碘、超氯、益康、抗毒威、优氯净
带畜消毒	百毒杀、博灭特、新洁尔灭、强力消毒王、速效碘、过氧乙酸、益康
畜体消毒	益康、新洁尔灭、过氧乙酸、强力消毒王、速效碘
空闲畜禽舍消毒	百毒杀、博灭特、过氧乙酸、强力消毒王、速效碘、农福、畜禽灵、超氯、抗毒威、优氯净、苛性钠、福尔马林
用具、设备消毒	百毒杀、博灭特、强力消毒王、过氧乙酸、速效碘、超氯、抗毒威、优氯净、苛性钠
环境、道路消毒	苛性钠、来苏儿、石炭酸、生石灰、过氧乙酸、强力消毒王、农福、抗毒威、畜禽灵、百毒杀、博灭特
脚踏、轮胎消毒(槽)	苛性钠、来苏儿、百毒杀、博灭特、强力消毒王、农福、抗毒威、超氯、农福、畜禽灵
车辆消毒	苛性钠、来苏儿、过氧乙酸、速效碘、超氯、抗毒威、优氯净、百毒杀、博灭特、强力消毒王
粪便消毒	漂白粉、生石灰、草木灰、畜禽灵

3. 考虑消毒的时机

平时消毒，最好选用对大范围的细菌、病毒、霉菌等均有杀灭效果，而且是低毒、无刺激性和腐蚀性，对畜禽无危害，产品中无残留的常用消毒剂。在发生特殊传染病时，可选用任何一种高效的非常用消毒剂，因为是在短期间内应急防疫的情况下使用，所以无需考虑其对消毒物品有何影响，而是把防疫灭病的需要放在第一位。

4. 考虑消毒剂的生产厂家

目前生产消毒剂的厂家和产品种类较多，产品的质量参差不齐，效果不一。所以选择消毒剂时应注意消毒剂的生产厂家，选择生产规范、信誉度高的厂家生产的产品。同时要防止购买假冒伪劣产品。

五、保持清洁卫生

清洁卫生既是物理消毒方法，又可以提高化学消毒剂的效力。畜禽舍内的粪便、羽毛、饲料、蜘蛛网、污泥、脓液、油脂等，常会降低所有消毒剂的效力。其降低消毒剂效力的原因主要有以下几点。①隐蔽细菌。如粪便，除大的粪块外，还有肉眼看不见的粪便粉尘，它在显微镜下和微生物比较是大的块体。火柴头大小的粪块，在其中可隐蔽几万乃至几十万个细菌。消毒剂分子很难进入粪块中，因而影响消毒剂的杀菌作用。②吸收消毒剂。分子大的有机物块，有如大块海绵，能吸收大量的消毒剂分子，从而可使消毒剂分子数减少（降低浓度），结果使消毒力降低。③酸碱度的影响。由于有机物酸碱度的原因，可严重影响消毒剂发挥作用。例如鸡粪的 pH 值一般在 8.0 以上，如果用只能在酸性条件下发挥作用的消毒剂（如碘剂）与其结合，可因碱性的影响而降低消毒力。由于有机物与消毒剂的种类不同，影响的程度差异较大。所以，化学消毒的先决条件是要求表面完全干净。消毒对象表面的污物（尤其是有机物）需先清除，这是提高化学消毒剂消毒效力最重要的一步。在许多情况下，表面的清除甚至比化学消毒更重要。进行各种表面的清洗时，除了刷、刮、擦、扫外，还应用高压水冲洗，有利于有机物溶解与脱落，化学消毒效果会更好。

养殖场不可避免地总会有一些有机物存在，多以粪尿、血、脓、伤口的坏死组织、黏液和其他分泌物及一些产品的残留物最为常见，应进行清理后再消毒；消毒用具、器械时，先清洗后才施用消毒剂是最基本的要求，这一步可以借助清洁剂与消毒剂的合剂来完成。

六、正确的操作

消毒的操作非常重要，正确的操作是提高消毒效果的重要一环。

(一) 药物浓度配制准确

药物浓度是决定消毒剂效力的首要因素。消毒、杀虫药物的原药和加工剂型，一般含纯品浓度较高，用前需进行适当稀释。只有合理计算并正确操作，才能获得准确的浓度和剂量。

1. 药物浓度的表示方法

(1) 用稀释倍数表示　这是制造厂商依其药剂浓度计算所得的稀释倍数，表示 1 份的药剂以若干份的水来稀释而成，如稀释倍数为 1000 倍时，即在每升水中添加 1 毫升药剂以配成消毒溶液。

(2) 用百分浓度（%）表示　即每 100 份药物中含纯品（或工业原药）的份数。百分浓度又分为质量分数、体积分数和质量浓度 3 种。

① 用质量分数表示　即每 100 克药物中含某药纯品的克数。如 6%可湿性六六六粉，是指在 100 克可湿性六六六粉中，含有效成分丙体-六六六 6 克，通常用于表示粉剂的浓度。

② 体积分数表示　即每 100 毫升药物中含某药纯品的毫升数。如 90%酒精溶液，是指在 100 毫升酒精溶液中含纯酒精 90 毫升，通常用于表示溶质及溶剂的浓度。

③ 质量浓度表示（克/100 毫升）　即每 100 毫升药物中含某药纯品的克数。如 1%的敌百虫溶液，是指在 100 毫升敌百虫溶液中含纯敌百虫 1 克。

(3) 百万浓度表示（微升/升或毫克/升）　表示每立方米（1 米^{3}等于 1 百万毫升）溶液中含有效成分药品的毫升数或克数。

药物不同种类浓度可以换算，换算公式如下：

① 百分浓度与百万分浓度的换算

$$百万分浓度(毫克/千克)=百分浓度\times 10000$$

$$百分浓度(\%)=百万分浓度\div 10000$$

② 稀释倍数与百分浓度的换算

$$稀释后百分浓度(\%)=\frac{原药浓度}{稀释倍数}$$

$$稀释倍数=\frac{原药浓度}{稀释后的百分浓度}$$

2. 药液稀释计算方法

（1）稀释浓度计算方法　按药物总含量在稀释前与稀释后其绝对值不变，可以列出两个公式。

①　$$浓溶液容量=\frac{稀溶液浓度}{浓溶液浓度}\times 稀溶液容量$$

【例】若配 0.2％过氧乙酸溶液 3000 毫升，问需要 20％过氧乙酸原液多少？

解：$20\%过氧乙酸原液用量=\frac{0.2}{20}\times 3000=30(毫升)$

答：需要 20％过氧乙酸原液 30 毫升。即用 20％过氧乙酸原液 30 毫升，用水稀释至 3000 毫升即可。

②　$$稀溶液容量=\frac{浓溶液浓度}{稀溶液浓度}\times 浓溶液容量$$

【例】现有 20％过氧乙酸原液 30 毫升，欲配成 0.2％过氧乙酸溶液，问能配多少毫升？

解：$能配\ 0.2\%过氧乙酸溶液的毫升数=\frac{20}{0.2}\times 30=3000(毫升)$

答：能配 0.2％过氧乙酸溶液 3000 毫升。

（2）稀释倍数计算方法　稀释倍数是指原药或加工剂型同稀释剂的比例，它一般不能直接反映出消毒、杀虫药物的有效成分含量，只能表明在药物稀释时所需稀释剂的倍数或份数。如高锰酸钾 1∶800 倍稀释；辛硫磷 1∶500 倍稀释等。稀释倍数计算公式有如下两种。

① 由浓度比求稀释倍数

$$稀释倍数=\frac{原药浓度}{使用浓度}$$

【例】50％辛硫磷乳油欲配成 0.1％乳剂杀虫，问需稀释多少倍？

解：$稀释倍数=\frac{50}{0.1}=500(倍)$

答：需稀释 500 倍，即取 50％辛硫磷乳油 1 千克，加水 500 升。

稀释剂的用量：如稀释在 100 倍以下，等于稀释倍数减 1；如稀释倍数在 100 倍以上，等于稀释倍数。如稀释 50 倍，则取 1 千克药物加水 49 升（即 50－1＝49）。

② 由质量比求稀释倍数

$$稀释倍数=\frac{使用药物质量}{原药物质量}$$

【例】用双硫磷锯末防治牛舍附近稻田内的蚊子幼虫，需 50％双硫磷乳油 1 千克，加水 9 升，加入 50 千克锯末中浸渍搅匀制成，求双硫磷的稀释倍数是多少？

解：$稀释倍数=\frac{1+9+50}{1}=60(倍)$

答：双硫磷的稀释倍数是 60 倍。即制成双硫磷锯末后，50％双硫磷稀释 60 倍。

（3）简便计算法（十字交叉法）　如下面画出两条交叉的线，把所需浓度写在两条线的交叉点上，已知浓度写在左上端，左下端为稀释液（水）的浓度即为 0，然后，将两条线上的两个数字相减，差数（绝对值）写在该直线的另一端。这样，右上端的数字即为配制此溶液时所需浓度溶液的份数，右下端的数字即为需加水的份数。

【例】用 95％的甲醛溶液配制成 46％的福尔马林溶液，按此法画出十字交叉图：

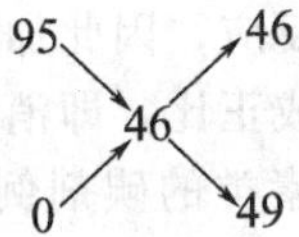

由图得知，用 95％的甲醛溶液 46 份，加水 49 份，混匀，即成 46％的福尔马林溶液。

【例】用 95％的酒精及 50％的酒精配制成 75％的酒精，问需要 95％及 50％的酒精各多少？

按此法画出十字交叉图，将三种浓度填入图中。

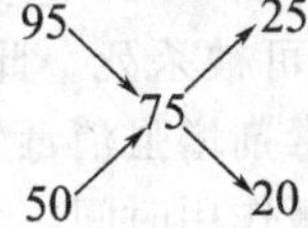

由图得知，需 95％的酒精 25 份加 50％的酒精 20 份，便可配成 75％的酒精。

另外，计算准确的药物稀释时要搅拌均匀，特别是黏度大的消毒剂在稀释时更应注意搅拌成均匀的消毒液，否则，计算得再准确，也不能保证好的效果。

(二) 药物的量充足

单位面积的药物使用量与消毒效果有很大关系，因为消毒剂要发挥效力，须先使欲消毒表面充分浸湿，所以如果增加消毒剂浓度 2 倍，而将药液量减成 1/2 时，可能因物品无法充分湿润而不能达到消毒效果。通常牛舍的水泥地面消毒 3.3 $米^2$ 至少要 5 升的消毒液。

消毒液量要充足这不仅限于畜禽舍消毒，对脚踏消毒槽（池）、饲养用具以及其他物品的消毒也应该如此。消毒剂的性质、有机物的污染程度和消毒液的液量，三者之间的关系是影响消毒力的主要因素。有机物少，消毒液量多，则消毒力降低得少。反之，有机物量多，消毒液量少，则消毒力降低得多。有人在牛舍做实验，被牛粪污染的水泥床面，用 500 倍液碘制剂，每平方米喷洒 600 毫升，约在 1 小时干燥后取样检查实验结果，尚有多数细菌存活。而在相同条件下的床面，用 500 倍液阳离子表面活性剂，每平方米喷洒 1500 毫升，竟取得了好的消毒效果。

(三) 保持一定的温度

消毒作用也是一种化学反应，因此加温可增进消毒杀菌率。大部分消毒液的温度常与消毒力成正比，即消毒液温度高，消毒力也随之增强，尤其是戊乙醛类（卤素类的碘剂例外）。若加化学制剂于热水或沸水中，则其杀菌力大增。在寒冷季节用热水稀释消毒剂，比用冷水稀释的效力强。例如，通常以 20℃ 为基准的消毒液温度，升高到 30℃时，虽然仅升高 10℃，但是杀菌力可提高 2 倍。对仅靠加热很难杀死的细菌，如果添加消毒剂，就能很容易地将其杀死。例如，巨杆菌（芽孢杆菌属巨芽孢杆菌）芽孢，在 60℃ 热水中长时间处理几乎无效果，如果在上述热水中加入 10 毫克/升（10 万倍）的阳离子表面活性剂，15 分钟芽孢即可被杀死。此外，提高消毒液温度，可使在常温下杀菌效力弱的消毒剂增强消毒效力，在常温下杀菌效力强的消毒剂，可降低浓度、缩短作用时间。

但是，并非所有的消毒液提高温度后都能增强消毒力，如卤（族元）素消毒剂（含氯剂、碘剂），温度高反而会降低消毒作用。这是因为卤素消毒剂具有容易蒸发的性质。特别是碘剂，可不经固体变成液体的过程，而是直接成为气体（升华），所以在常温下放置一定时间后，便由于蒸发（分子逸失）而降低了杀菌力。

对许多常用的温和消毒剂而言，在接近冰点的温度是毫无作用的。在用甲醛气体熏蒸消毒时，如将室温提高到24℃以上，会得到较好的消毒效果。但须注意的是，真正重要的是消毒物表面的温度，而非空气的温度，常见的错误是在使用消毒剂前极短时间内进行室内加温，如此不足以提高水泥地面的温度。

消毒剂稀释液的温度可影响消毒效果。有人用酒精、阳离子表面活性剂、碘伏、次氯酸钠、两性离子表面活性剂及福尔马林等消毒剂，在常温（20℃）和低温（5℃）两种液温条件下，对伤寒杆菌、大肠杆菌、金黄色葡萄球菌、绿脓杆菌、荚膜杆菌（肠道细菌的一种）、念珠菌（霉菌的一种）的杀菌效果做了对照实验，结果显示：在常温（20℃）下，酒精和阳离子表面活性剂对上述细菌均在30秒钟以内杀死；碘伏对绿脓杆菌、念珠菌为30秒钟至2分钟，大肠杆菌为2～5分钟，荚膜杆菌为5～10分钟。可以看出，碘伏与酒精、阳离子表面活性剂相比，其杀菌速度比较迟缓。两性离子表面活性剂对金黄色葡萄球菌、绿脓杆菌、荚膜杆菌为30秒钟至2分钟，对念珠菌为10～30分钟；次氯酸钠对金黄色葡萄球菌为2～5分钟，对其他细菌为20秒钟至2分钟；福尔马林对念珠菌为5～15分钟，对其他细菌为10～30分钟。在低温（5℃）条件下，酒精对金黄色葡萄球菌为5～10分钟；阳离子表面活性剂对绿脓杆菌为30秒钟至2分钟；碘伏对伤寒杆菌、金黄色葡萄球菌为5～10分钟，对其他细菌为10～30分钟；两性离子表面活性剂对伤寒杆菌以外的细菌表现迟缓，如荚膜杆菌、念珠菌，在30分钟以内均不能杀死；次氯酸钠对伤寒杆菌为5～10分钟，对念珠菌为10～30分钟；福尔马林对以上各种细菌，在30分钟以内均不能杀死。

（四）接触时间充足

消毒时，至少应有30分钟的浸渍时间以确保消毒效果。有的人在消毒手时，用消毒液洗手后又立即用清水洗手，是起不到消毒效果的。细菌与消毒剂接触时，不会立即被消灭。细菌的死亡，与接触时间、温度有关。消毒剂所须杀菌的时间，从数秒到几个小时不等，例如氧化剂作用快速、醛类则作用缓慢。检查在消毒作用的不同阶段的微生物存活数目，可以发现在单位时间内所杀死的细菌数目与存活细菌数目是常数关系，因此起初的杀菌速度非常快，但随着细菌数的减少杀菌速度逐步缓慢下来，以致到最后要完全杀死所有的菌体，必须要有显著较长的时间。此种现象在现场常会被忽略，因此必须要特别强调，消毒剂需要一段作用时间（通常指24小时）才能将微生物完全杀灭，另外须注意的是，许多灵敏消毒剂在液相时才能有最大的杀菌作用。

（五）注意配伍禁忌

不要把两种或两种以上消毒剂或把消毒剂与杀虫剂等混合使用，否则会影响消毒效果。把两种以上消毒剂或杀虫剂混合使用可能很方便，但却可能发生一些肉眼可见的沉淀、分离变化或肉眼见不到的变化，如pH值的变化，而使消毒剂或杀虫剂失去其效力。但为了增大消毒药的杀菌范围，减少病原种类，可以选用几种消毒剂交替使用，使用一种消毒剂1～2周后再换用另一种消毒剂，因为不同的消毒剂虽然介绍是广谱的，但都有一定的局限性，不可能杀死所有的病原微生物或对某些病原杀灭力强，而对另一些杀灭力弱，多种消毒剂交替使用能起到互补作用，能更全面、更彻底地杀灭各种病原微生物。

（六）注意使用上的安全

许多消毒剂具有刺激性或腐蚀性，例如强酸性的碘剂、强碱性的石炭酸剂等，因此切勿在调配药液时用手直接去搅拌，或在进行器具消毒时直接用手去搓洗。如不慎沾到皮肤上应立即用水洗干净。使用毒性或刺激性较强的消毒剂或喷雾消毒时，应穿着防护衣服，戴防护眼镜、口罩、手套。有些磷制剂、甲苯酚、过氧乙酸等，具可燃性和爆炸性，如40%以上浓度的过氧乙酸加热至50℃可引起爆炸，因此在保存和使用消毒剂时应提防火灾和爆炸的发生。

七、消毒后的废水处理

消毒后的废水含有化学物质，不能随意排放到河川或下水道，必须进行处理。在养殖场应设有排水处理设施，用来对消毒后的废水进行无害化处理。

第四章　牛的免疫接种

第一节　疫苗种类及常用疫苗

一、疫苗的种类及其特点

由细菌、病毒、立克次氏体、螺旋体、支原体等完整微生物制成的疫苗，称为常规疫苗。常规疫苗按其病原微生物的性质分为活疫苗、灭活疫苗、类毒素；利用分子生物学、生物工程学、免疫化学等技术研制的疫苗，称为新型疫苗，主要有亚单位疫苗、基因工程疫苗、合成肽疫苗、核酸疫苗等。

（一）传统疫苗

1. 活疫苗

活疫苗是指用通过人工诱变获得的弱毒株，或者是自然减弱的天然弱毒株（但仍保持良好的免疫原性），或者是异源弱毒株所制成的疫苗。例如布氏杆菌病活疫苗、牛巴杆菌弱毒菌苗、牛瘟兔化弱毒疫苗、牛传染性胸膜肺炎活疫苗等。

（1）活疫苗的优点

① 免疫效果好。接种活疫苗后，活疫苗在一定时间内，在动物机体内有一定的生长繁殖能力，机体犹如发生一次轻微的感染，所以活疫苗用量较少，而机体所获得的免疫力比较强，而且持久。

② 接种途径多。可通过滴鼻、点眼、饮水、口服、气雾等途径，刺激机体产生细胞免疫、体液免疫和局部黏膜免疫。

（2）活疫苗的缺点

① 可能出现毒力返祖。一般来说，活疫苗弱毒株的遗传性状比较稳定，但由于反复接种传代，可能出现病毒返祖现象，造成毒力增强。

② 贮存、运输要求条件较高。一般冷冻干燥活疫苗，需在－15℃以下贮藏、运输，因此必须具有低温贮藏、运输设施，才能保

证疫苗质量。

③ 免疫效果受免疫动物用药状况影响。活疫苗接种后，疫苗菌毒株在机体内有效增殖，才能刺激机体产生免疫保护力，如果免疫动物在此期间用药，就会影响免疫效果。

2. 灭活疫苗

灭活疫苗是选用免疫原性良好的细菌、病毒等病原微生物经人工培养后，用物理或化学方法将其杀死（灭活），使其传染因子被破坏而仍保留其免疫原性所制成的疫苗。灭活疫苗根据所用佐剂不同又可分为氢氧化铝胶佐剂（如牛巴杆菌铝胶灭活疫苗、牛沙门菌灭活疫苗）、油乳佐剂（牛口蹄疫灭活疫苗）、蜂胶佐剂灭活疫苗等。

（1）灭活疫苗的优点

① 安全性能好，一般不存在散毒和毒力返祖的危险。

② 一般只需在2～8℃下贮藏和运输，贮藏和运输条件易于满足。

③ 受母源抗体干扰小。

（2）灭活疫苗的缺点

① 接种途径少。主要通过皮下或肌内注射进行免疫。

② 产生免疫保护所需时间长。由于灭活疫苗在动物体内不能繁殖，因而接种剂量较大，产生免疫力较慢，通常需2～3周后才能产生免疫力，故不适于用作紧急预防免疫。

③ 疫苗吸收慢，注射部位易形成结节，影响肉的品质。

3. 类毒素

将细菌在生长繁殖中产生的外毒素，用适当浓度（0.3%～0.4%）的甲醛溶液处理后，其毒性消失而仍保留其免疫原性，称为类毒素。类毒素经过盐析并加入适量的磷酸铝或氢氧化铝胶等，即为吸附精制类毒素，注入动物机体后吸收较慢，可较久地刺激机体产生高滴度抗体以增强免疫效果。如破伤风类毒素，注射一次，免疫期1年，第二年再注射一次，免疫期可达4年。

（二）新型疫苗

1. 微生物亚单位疫苗

微生物亚单位疫苗是将病原体用理化方法处理，除去其无效的毒性物质，提取其有效的抗原部分制备的一类疫苗。病原体的免疫原性结构成分包含细菌的荚膜和鞭毛、病毒的囊膜和衣脘蛋白，以及一些寄生虫虫体的分泌物和代谢产物等，经提取纯化，或根据这些有效免疫成分的分子组成，再通过化学合成，制成不同的亚单位疫苗。如口蹄疫亚单位苗，是将病毒浓缩裂解，使核酸和衣壳分开，除去核酸提纯蛋白质而制成的疫苗。此类疫苗的优点是没有病原微生物的遗传信息，无感染力，使用安全，免疫效果好；缺点是生产技术指标要求高，价格昂贵。

2. 基因工程疫苗的分类

根据基因工程疫苗研制的技术路线和疫苗组成的不同，分为如下疫苗。

（1）基因工程亚单位苗　基因工程亚单位苗是将编码某种特定蛋白质的基因组，经与适当质粒或病毒载体重组后导入受体（细菌、酵母或动物细胞），使其在受体中高效表达，提取所表达的特定多肽，加佐剂即制成亚单位苗。

基因工程亚单位苗制备程序大致如下。

第一步：取得目的基因。方法有三：从供体细胞中分离；利用反转录酶，以 mRNA 为模板合成 cDNA；人工合成。

第二步：选择合适载体。

第三步：目的基因与载体结合（重组），载体质粒与基因分子均用内切酶处理，形成黏性末端，重组后形成重组 DNA。

第四步：将重组 DNA 导入受体细胞，如大肠杆菌及酵母菌等。

第五步：在受体菌（细胞）中高效表达。

第六步：提取表达产物多肽。

第七步：加佐剂，制苗。

① 利用原核细胞表达保护性抗原制备亚单位苗。原核生物包括单细胞的细菌和蓝藻，其主要特征是没有明显的细胞核，没有核膜；DNA 分子是裸露的，不与蛋白质相结合。在兽医基因工程亚单位苗中，研究得较早的是口蹄疫病毒。口蹄疫病毒属微 RNA 病毒科，其主要结构蛋白有四种：VP1、VP2、VP3 和 VP4。一般认为，VP1 是激发中和抗体的主要多肽，即主要的保护性抗原，并且与病毒株的变异有关。

② 利用真核细胞作为表达载体制备亚单位疫苗。利用真核细胞（酵母菌、动物细胞等）作为表达载体比原核细胞优越。用酵母合成

的蛋白质可能被糖基化，最终构型更接近于正常构型。

总之，不论原核生物表达系统还是真核生物表达系统，只有重组蛋白质的结构与原始蛋白质的结构一致，其所引起的免疫学反应才能对病原发挥免疫抑制作用。此外，外源性抗原（如蛋白质类疫苗）在机体内主要是通过 MHCⅡ途径递呈给免疫应答系统的，所激发的免疫应答多趋向于体液免疫应答，而且需要很强的免疫佐剂。

（2）DNA 质粒型疫苗（核酸疫苗） 人们在发现直接注射含有抗原基因的 DNA 表达质粒也能获得特异性的抗感染免疫后，各种 DNA 疫苗和虫苗的研究快速发展起来，且在以小鼠为模型的免疫及功能试验中都取得了令人振奋的保护效果。很多人认为，DNA 疫苗可以解决疫苗研究过程中存在的很多问题，如免疫原性低，疫苗成分稳定性差，需要冷藏保存环境及成本过高等。然而，经过近 20 多年来的探索，人们逐渐认识到 DNA 质粒疫苗的免疫原性还远不如蛋白质和重组病毒疫苗。其中的一个关键技术问题就是纯净的 DNA 分子不能主动进入细胞，而且质粒 DNA 必须从细胞浆传输到细胞核内才能被转录成 mRNA，进而进行表达。因为在正常的高等生物的生命活动过程中并不存在质粒 DNA 的主动传输过程。目前 DNA 质粒疫苗具有用量大（多在毫克水平）、表达时间短及免疫原性低等特点。尽管人们对 DNA 疫苗免疫原性的研究还在进行大量的投入，在取得关键性技术突破之前，DNA 质粒型疫苗（包括虫苗）还不能取代蛋白质和重组病毒类疫苗。

核酸疫苗与重组亚单位疫苗一样，都是利用单一蛋白质抗原分子来诱导免疫反应，因此首先要明确编码具有免疫活性的特定抗原的 DNA；其次是选择合适的质粒载体，虽然病毒载体曾经被用作抗原基因载体，但无论是用腺病毒载体还是反转录病毒载体，总体上达到的免疫效果都不如用质粒载体。而且，细菌质粒本身没有很强的免疫原性，这对保证质粒在体内长期稳定地表达有重要意义。

核酸疫苗大多采用质粒作载体。常用的质粒载体启动子多为来源于病毒基因组的巨细胞病毒（CMV）早期启动子，具有很强的转录激活作用；另外，疫苗 DNA 中还可包含一些合适的增强子、终止子、内含子、免疫激活序列及多聚腺苷酸信号等。

核酸疫苗导入动物体的方法和途径主要有注射、粒子轰击技术和口服、鼻内滴注等。核酸疫苗能引起多种免疫反应：体液免疫反应，细胞毒T淋巴细胞免疫反应和辅助T细胞反应。

核酸疫苗的独特优点如下。

① 抗原合成和递呈过程与病原的自然感染相似，通过MHCⅠ类和Ⅱ类分子直接递呈免疫系统，特别是特异性CD8＋淋巴细胞(CTL)的免疫反应，这是灭活疫苗和亚单位疫苗不能比拟的。

② 免疫原的单一性，只有编码所需抗原基因导入细胞得到表达，载体本身没有抗原性，而重组的病毒活载体疫苗除了目的基因表达外，还有庞大而复杂的免疫蛋白。

③ 易于构建和制备，稳定性好，成本低廉，适于规模化生产。

核酸疫苗的潜在危险性如下。

① 被注射的、可由宿主吸收的DNA有可能被整合到宿主的染色体中，并引起插入突变。在理论上，外源DNA引入体内敏感细胞中可能通过插入活化致癌基因，插入激活宿主细胞原致癌基因或插入灭活抑制基因引起肿瘤细胞形成，尽管这种概率很低。

② 外源抗原的长期表达可能导致不利的免疫病理反应。

③ 使用编码细胞因子或协同刺激分子的基因可能具有额外的危害。

④ 有可能形成针对注射DNA的抗体和出现不利的自身免疫紊乱。

⑤ 所表达的抗原可能产生意外的生物活性。

解决这些安全问题是研究核酸疫苗的焦点。

(3) 重组病毒型疫苗

① 重组DNA病毒疫苗　重组DNA病毒疫苗主要是将抗原基因克隆到经过遗传学修饰的痘病毒和腺病毒载体上而制备的重组DNA病毒疫苗。由于痘病毒在消灭天花病毒的免疫预防过程中发挥了决定性和高效的免疫激活作用，人们随后开始利用痘病毒作为载体进行其他传染病的预防。

② 重组RNA病毒型疫苗　与重组DNA病毒疫苗相比，该系统的生物安全性高于其他DNA疫苗系统。此外，由于RNA复制酶和大量抗原的表达，细胞的其他自身蛋白质合成系统都被关闭，在抗原被表达20小时以后，被感染的细胞开始进入细胞凋亡的过程（这是

SFV 疫苗被称作自杀疫苗的主要原因)。抗原合成细胞凋亡后很快被巨噬细胞吞噬，因而非常有利于将抗原决定簇递呈给免疫系统。

对重组病毒活载体疫苗的研究非常活跃，其优点是：①活载体疫苗可同时启动机体细胞免疫和体液免疫，避免了灭活疫苗的免疫缺陷；②尤为重要的是活载体疫苗可以同时构成多价以至多联疫苗，例如以鸡痘病毒为载体的鸡马立克病＋新城疫＋鸡痘三联疫苗等既能降低生产成本，又能简化免疫程序，还能克服不同病毒弱毒疫苗间产生的干扰现象；③疫苗用量少，免疫保护持续时间长、效果好，不需添加佐剂，降低了成本；④不影响该病的监测和流行病学调查。

然而其缺点也是不能忽视的：①痘苗病毒能在哺乳动物体内复制，而与天花病毒类似的痘苗病毒在动物机体内的应用会进化出对人类有致病性的新病毒，引起未种痘病毒疫苗人群的感染，并使极少数感染者发病，因而重组痘病毒疫苗难以商品化；②活载体疫苗在二次免疫时还会诱发针对载体的排斥反应等。

(4) 重组活细菌类疫苗　早在 1884 年人类就尝试了用弱毒伤寒菌进行免疫。起初的活菌疫苗如 BCG 和弱毒伤寒菌疫苗都是利用弱毒活菌免疫后产生对该病原菌的特异性免疫反应进行研制的。近年来，随着分子生物学技术的不断成熟，人们开始利用弱毒菌或无毒菌作为载体制备多价免疫或治疗性疫苗。目前用于研制活菌疫苗的细菌主要有以下两类。

① 弱毒菌　主要有牛结核杆菌 BCG、减毒沙门杆菌、减毒单核细胞李氏杆菌、减毒霍乱弧菌和减毒志贺菌等。利用这些弱毒或减毒菌所制备的疫苗具有很大的优越性。首先，活菌免疫多经口腔、鼻腔或其他黏膜途径接种，免疫的途径更接近于自然感染过程，在操作上较其他疫苗更容易进行。其次，在免疫过程中不需要非常专业的技术人员，操作程序简单而经济。缺点是有些弱毒菌有可能重新恢复毒力。此外，这类疫苗不适用于免疫功能低下的动物。

② 食用菌类　主要有乳酸球菌、芽胚乳酸杆菌和高氏链球菌等。这类细菌的优点是对人和动物没有任何危害，多年来一直用于制备各种食品（如奶酪等）。此外，这些细菌具有完整的分泌系统，可以将所表达的蛋白质分泌到细胞外，因而可以将这类细菌开发成预防和治疗兼备的生物反应器，如将具有分泌单链抗体功能的细菌接种到肠道

或生殖道，可以达到治疗和预防特殊疾病感染的目的。这类疫苗的缺点是免疫原性较低，主要是由于食源性细菌的抗原递呈功能较弱。口服疫苗的另外一个缺点是重组细菌可能会不断地经消化道排放到自然环境，可导致自然环境中的基因（耐药基因和抗原基因）的污染。这也是目前还没有一种活菌疫苗被正式批准使用的一个主要原因。随着分子生物学技术的不断完善，制备出不具有耐药性基因甚至在离开机体就失去活力的重组细菌必将使这个问题得以解决。

(5) 基因突变疫苗及基因缺失疫苗　这类疫苗是人为地使病毒的某一基因完全缺失或发生突变，从而使该病毒的野毒株毒力减弱，不再引起临床疾病，但仍能感染宿主并诱发产生保护性免疫力。最具代表性的例子是猪伪狂犬病毒（PRV）糖蛋白 E 基因缺失（gE）及胸腺核苷酸激酶基因突变失活（TK）株的活疫苗，gE 和 TK 基因产物的缺失，使野毒 PRV 的致病性显著减弱。其免疫力不仅与常规的弱毒疫苗相当，而且由于其 gE 基因的缺失，使其成为一种标记性疫苗。即用该疫苗免疫的猪在产生免疫力的同时不产生抗 gE 抗体，而自然感染的带毒猪具有抗 gE 抗体。正是因为它具有这一特殊的优点，所以正在实施根除伪狂犬病计划的欧洲国家，只允许用这种 gE 基因工程伪狂犬病活疫苗，而不再允许使用常规的伪狂犬病活疫苗。虽然，到目前为止这类疫苗中成功的例子还不多，但的确是研制疫苗的一个重要方向。

但有研究表明，猪 PRV 基因缺失疫苗株可能会与野生型强毒株进行基因重组，从而使重组病毒毒力增强。而猪 PRV 基因缺失疫苗株和野生型强毒株均可在非靶动物浣熊体内存活并繁殖，这就为两个毒株间的基因重组进而导致毒力增强提供了先决条件。

(6) 合成肽疫苗　合成肽疫苗也称为表位疫苗，是用化学合成法人工合成类似于抗原决定簇的小肽（20～40 个氨基酸）。合成肽疫苗分子是由多个 B 细胞抗原表位和 T 细胞抗原表位共同组成的，大多需与一个载体骨架分子相偶联。合成肽疫苗的研究最早始于口蹄疫病毒（FMDV）合成肽疫苗，主要集中在对 FMDV 的单独 B 细胞抗原表位或与 T 细胞抗原表位结合而制备的合成肽疫苗的研究。虽然取得了一定的进展，但仍未获得一种具有理想保护作用的合成肽疫苗。

(7) 转基因植物可食疫苗　转基因植物可食疫苗是利用分子生物学技术，将病原微生物的抗原编码基因导入植物，并在植物中表达出活性蛋白，人或动物食用含有该种抗原的转基因植物，激发肠道免疫系统，从而产生对病毒、寄生虫等病原菌的免疫能力。

与常规疫苗相比较，转基因植物可食疫苗具有独特的优势：①可食用性，使用方便，将表达抗原的植物直接饲喂给动物，给药过程非常方便，避免了烦琐的免疫程序；②生产成本低廉，易大规模生产，只需适宜的场地、水、肥和少量农药，不需严格的纯化程序；③使用安全，没有其他病原污染，其他疫苗在大规模细胞培养或繁殖过程中，很容易发生病原微生物特别是支原体的污染，而转基因植物可食疫苗不存在这一问题，植物病毒不感染人和动物；④转基因植物能对蛋白质进行准确的翻译，然后加工修饰，使三维空间结构更趋向于自然状态，表达的抗原与动物病毒抗原有相似的免疫原性和生物活性；⑤投递于胃肠道黏膜表面，进入黏膜淋巴组织，能产生较好的免疫效果。传统的非经肠道疫苗几乎不能产生特异的黏膜免疫。尽管转基因植物生产基因工程疫苗有许多优点，但就目前的技术而言，仍存在疫苗在植物中的表达水平较低、提纯困难、口服时有被消化可能等问题。

(8) 抗独特型疫苗　抗独特型疫苗是免疫调节网络学说发展到新阶段的产物。抗独特型抗体可以模拟抗原物质，刺激机体产生与抗原特异性抗体具有同等效应的抗体，由此制成的疫苗称为抗独特型疫苗或内影像疫苗。

抗独特型疫苗有许多优点：①可以不接触活的病原微生物及其组成成分，因而很安全；②用杂交瘤细胞在体外产生大量单克隆抗独特型抗体比较容易，花费小，生产周期短，浓缩纯化简单方便；③抗独特型疫苗较非活化病毒能诱导更多的活性 T 细胞、B 细胞反应；④抗独特型疫苗对新生儿的免疫有特殊价值；⑤抗独特型疫苗仅启动其携带内影像抗原决定簇的抗体反应；⑥能模仿选择性抗原决定簇使其被工程化。

同时，抗独特型疫苗也存在许多问题：①最困难的是在很多可能的抗独特型抗体中选择特异的抗独特型抗体；②很难与抗独特型疫苗产生免疫反应或免疫耐受；③抗独特型抗体是异种蛋白，重复免疫可致血清病；④抗独特型疫苗免疫还不能提供完全的保护；⑤由于抗独特型网络的复杂性，当一些抗独特型抗体活化保护性免疫时，另一些抗独特型抗体可能会启动病理性反应。

目前已有许多研究工作表明，用抗独特型抗体制作的实验室疫苗接种动物能抵抗病原的感染，如伪狂犬病病毒、牛疱疹病毒Ⅰ型、新城疫病毒和弓形虫等。抗独特型抗体疫苗目前尚处于实验室研究阶段，达到临床使用的研究目标依然任重道远。

(9) 微胶囊疫苗　微胶囊疫苗也称为可控缓释疫苗，是使用微胶囊（用丙交酯和乙交酯的共聚物制成）技术将特定抗原包裹后制成的疫苗。其优点是：①以微胶囊包裹的疫苗，由于两种酯类的比例不同，颗粒大小和厚薄不同，注入机体后，可在不同时间有节奏地释放抗原，释放的时间持续数月，高抗体水平可维持2年；②微胶囊在注射部位可被巨噬细胞吞噬，并携带至淋巴结附近和免疫系统其他部位，具有更强的免疫效果，且因微胶囊的保护作用，母源抗体不能使抗原失活；③微胶囊疫苗不需稳定剂和冷链运输保存，在肠道内不受酸和酶的影响，可用于口服。但其注入机体内，目前尚不能排除有不良反应的可能性。

(10) 治疗性疫苗　治疗性疫苗是用高度纯化的微生物抗原及能提高机体免疫力的其他成分组合而成的，通过不同途径把微生物抗原递呈给免疫系统，诱导机体免疫力的产生，调动机体免疫应答，增强天然免疫力。根据作用机理不同，可将治疗性疫苗分为非特异性治疗性疫苗和特异性治疗性疫苗。

非特异性治疗性疫苗是以非特异性的作用方式提高机体的免疫力，达到治疗的目的。如用卡介苗（BCG）辅助治疗黑色素瘤和膀胱癌时，BCG发挥的就是非特异性的免疫增强剂的作用，它是通过激活T淋巴细胞、B淋巴细胞和M中细胞，以及促进NK细胞的杀伤活力，去杀伤癌细胞的。

特异性治疗性疫苗主要是以特异性的作用方式发挥治疗作用，当疫苗与辅助因子协同配合作用以后，可双重调动机体特异性及非特异性免疫力，共同发挥抵御病原微生物侵袭的作用，特别是对一些尚无有效药物治疗方法的慢性病，如慢性乙型肝炎及肿瘤等，具有治疗效果。

治疗性疫苗在应用上有其局限性，而对慢性感染、持续性感染、周期性复发性疾病、肿瘤等的治疗还是有着广阔的发展前景的，但人们对其治疗效果褒贬不一，对其免疫机理也有争议。

3. 副免疫及其制品

虽然许多动物烈性传染病得到了控制，但是越来越多的新疾病却不断出现。动物养殖者要想解决这个问题，最有效的办法就是免疫预防接种，如此却导致一只鸡或一头猪短短一生要接种几次甚至十几次疫苗。尽管出现了各种各样的多价联苗，仍避免不了多次接种，不但增加了劳动量，也增加了生产费用。此外，许多因条件性微生物所致的呼吸道疾病、消化道疾病、生殖道疾病、乳腺感染和非微生物因素引起的应激（stress）反应性疾病，发生没有规律，潜在的经济损失巨大，预防治疗又无从下手，常规特异性免疫又不能解决问题，这不得不促使研究人员重新考虑其他办法。

免疫学把没有特异性作用于特定病原微生物的机体防卫组织、细胞、体液和小分子活性物质所构成的免疫力称为非特异性免疫。然而，在现代免疫学中许多非特异性免疫成分参与了特异性免疫反应，而特异性免疫通常是靠非特异性免疫作用来实现的。实验研究表明，特异性免疫可通过提高非特异性免疫而增强。为此，人们一直在努力寻找各种免疫增强剂来提高动物整体免疫力，人们把由免疫增强剂刺激动物体产生特异性和非特异性免疫后提高的免疫力称为副免疫(para-immunity)，而把这类增强剂统称为副免疫制品。这类制品包括脂多糖、多糖、缓释特异性免疫原和增强免疫原的佐剂产品，如油乳剂、脂质体、无机化合物、免疫刺激复合体、缓释微球等。

二、牛场常用的疫苗

（一）口蹄疫O型、A型活疫苗

【性状】呈暗赤色液体，静置后瓶底有部分含毒组织沉淀，振摇后成为均匀混悬液。本疫苗是我国20世纪80年代研制成功的。将口蹄疫O型Ⅱ系鼠化弱毒、A型Ⅲ系鼠化弱毒分别经皮下注射3～5日龄或4～6日龄乳兔，每只注射1∶(20～50）倍稀释液1～3毫升，采集在一定时间内出现明显麻痹症状的濒死或死亡乳兔的含毒组织，称重后磨碎，根据配苗种类的不同要求加入适量的磷酸盐缓冲液浸毒，并加入适量的抗生素，在2～8℃处理4～16小时，充分振荡4～

5次，然后过滤或取上清液，混合后制成疫苗。疫苗用乳鼠测定毒价，O型苗 $LD_{50} \geqslant 10^{5.5}/0.1$ 毫升，A型苗 $LD_{50} \geqslant 10^{6.5}/0.1$ 毫升。免疫动物除产生循环抗体外，还可引起局部免疫。使用剂量小，价格低。

【适应证与规格】用于预防牛O型、A型口蹄疫。疫苗注射后14天产生免疫力，免疫持续期为4～6个月；10头/瓶、50头/瓶、100头/瓶。

【用法与用量】注苗前应充分摇匀，肌内或皮下注射。成年牛每头注射4毫升，1岁以下犊牛注射2毫升。经常发生疫情的易感动物，每年注射2次，以后每年注射1次。

【接种反应】①新注射地区的牛，注射后有20%～30%的牛口腔产生烂斑，约有10%在蹄部出现水疱烂斑，少数奶牛可出现奶头烂斑及减奶数日，但一般不影响食欲及使役，经常注射地区的牛反应较少较轻。②O型疫苗注射于水牛，在注射后4～5天平均有30%的牛能在舌面口唇出现水疱烂斑，10%～15%的牛能在蹄部出现水疱，仅少数牛蹄踵边缘溃裂，有轻度跛行，但一般不影响吃草及使役。

【注意事项】①疫苗注射前应充分摇匀。②注射疫苗的牛在14天内，不得随意移动，以便进行观察，也不得与猪同居接触。本疫苗不用于猪；免疫接种后，如有多数牛群产生严重反应，则应严格封锁隔离，加强护理治疗，并检查原因，进行适当处理。③如果是在注射前已经感染或在注射后产生免疫前感染上强毒出现口蹄疫症状的，按病牛处理，进行封锁隔离。④经常发生疫情的地区的易感动物，第一年注射2次，以后每年注射1次即可。⑤在疫区注射疫苗后，防疫人员的衣物、交通工具及器械等应经严格消毒处理后，才能参加其他地区的预防注射工作，以免机械性带毒传染与注射反应混淆不清，注射疫苗用过的注射器及疫苗瓶，应煮沸消毒。⑥苗在-12℃以下保存，不超过12个月，2～6℃保存，不超过5个月，20～22℃保存，限7天内用完。运输途中应避免阳光直接照射，冬季应防止疫苗结冻，如果结冻，须放在15～20℃条件下自行融化，不允许用火烤或热水融化。

（二）AsiaI型灭活疫苗

【性状】疫苗为乳白色或淡粉红色乳剂。本疫苗含灭活的AsiaI

型病毒（Asia I AKT/03）。

【适应证与规格】本疫苗主要用于预防猪、牛、羊的亚洲-Ⅰ型口蹄疫；10头/瓶、50头/瓶。

【用法与用量】牛颈部肌内注射。成年牛每头2毫升，犊牛每头1毫升。

【接种反应】一般无不良反应。

【注意事项】①2～8℃避光保存保存，有效期为12个月。②疫苗不宜冻结，冻结后的疫苗严禁使用。运输和使用过程中，应避免日光直接照射。③每瓶疫苗在使用前及每次吸取时，均应仔细振荡。瓶口开封后，最好当日用完。④有病以及瘦弱的牛则不予注射，怀孕后期的母牛慎用。⑤注苗用具和注射局部应严格消毒，每注射1头牛应更换1次灭菌针头。注射时，进针要达到适当深度（肌肉内）。⑥接种后其注射用具、盛苗容器及稀释后剩余的疫苗必须消毒处理；注苗应从安全区到受威胁区，最后再注射疫区内安全群和受威胁群。⑦在非疫区，注苗后21天方可移动或调运；注苗过程中，须有专人做好记录，写明省（区）、县、乡（镇）、自然村、畜主姓名、家畜种类、大小、性别、注苗头数和未注苗头数等。在安全区注苗后，对注苗牛安全性观察7～10天，详细记录有关情况。

（三）口蹄疫A型活疫苗

【性状】疫苗为暗赤色液体，静置后瓶底有部分含毒组织沉淀，振摇后成为均匀混悬液。

【适应证与规格】用于预防牛、羊A型口蹄疫。疫苗注射后14天产生免疫力，免疫持续期为4～6个月；100毫升/瓶。

【用法与用量】肌内或皮下注射。2～6个月的牛0.5毫升，6个月以上的牛1毫升。

【接种反应】个别动物有反应。

【注意事项】①疫苗注射前应充分摇匀。②经常发生疫情的地区，第一年注射2次，以后每年注射1次即可；已经发生疫情的地区，注射疫苗时应从疫点周围开始向疫点实行包围注射。③疫苗注射后个别动物有反应，如果是注射前已经感染或者注射后产生免疫力前感染强毒出现口蹄疫时，应按病牛处理。④－18～12℃保存，有效期为24个月；2～6℃保存，有效期为3个月；20～22℃保存，有效期为5

天；运输途中应避免阳光直接照射，疫苗冻结时，应在 15～20℃下自行融化，不得加热。⑤防疫人员的衣物、器械、交通工具应严格消毒后才能参加其他地区的预防接种工作；本疫苗限在牧区使用。

（四）牛口蹄疫灭活疫苗（O 型，NMXW-99、NMZG-99 株）

【性状】疫苗为乳白色或淡粉红色乳剂。本疫苗系采用口蹄疫 O 型病毒 NMXW-99 株和 NMZG-99 株的细胞毒分别接种 BHK-21 细胞系培养，收获病毒培养物经 BEI 灭活，加矿物油佐剂乳化制成。

【适应证与规格】本疫苗主要用于预防牛 O 型口蹄疫。免疫期为 6 个月；10 头/瓶、50 头/瓶。

【用法与用量】肌内注射，牛每头 3 毫升。

【接种反应】个别动物有反应。

【注意事项】①疫苗不宜冻结，冻结后的疫苗严禁使用。运输和使用过程中，应避免日光直接照射。②每瓶疫苗在使用前及每次吸取时，均应仔细振荡。瓶口开封后，最好当日用完。③有病以及瘦弱的牛则不予注射，怀孕后期的母牛慎用。④注苗用具和注射局部应严格消毒，每注射 1 头牛应更换 1 次灭菌针头。注射时，进针要达到适当深度（肌肉内）。⑤接种后其注射用具、盛苗容器及稀释后剩余的疫苗必须消毒处理。⑥注苗应从安全区到受威胁区，最后再注射疫区内安全群和受威胁群。⑦在非疫区，注苗后 21 天方可移动或调运。⑧注苗过程中，须有做人做好记录，写明省（区）、县、乡（镇）、自然村、畜主姓名、家畜种类、大小、性别、注苗头数和未注苗头数等。在安全区注苗后，对注苗牛安全性观察 7～10 天，详细记录有关情况。⑨2～8℃保存，有效期为 12 个月。

（五）牛口蹄疫 O 型灭活疫苗

【性状】本品为略带粉红色或白色的黏滞性液体，久置后疫苗上部可能有少量油相，底部有部分水相析出，摇之呈均匀乳状液。本品系用免疫原性良好的牛源强毒 OA/58 株接种 BHK-21 细胞培养增殖，病毒液经反复冻融 3 次后滤过，毒液的毒价应为乳鼠 $LD_{50} \geqslant 10^{6.5}$/0.1 毫升，$TCID_{50} \geqslant 10^{7.5}$/0.1 毫升，然后经二乙烯亚胺灭活后，加油佐剂混合乳化而成。疫苗具有安全、稳定、不散毒等优点。

【适应证与规格】适用于各种年龄的黄牛、水牛、奶牛、牦牛，用于预防牛 O 型口蹄疫。注苗后 2～3 周产生免疫力，免疫期为 6 个月；20 毫升/瓶、50 毫升/瓶。

【用法与用量】注苗前应充分摇匀，肌内注射。成年牛注射 3 毫升，1 岁以下犊牛注射 2 毫升。

【接种反应】对各年龄的黄牛、水牛、奶牛、牦牛均安全有效，有的动物接种后可能出现不良反应。

【注意事项】①疫苗应防止冻结，避免高温和阳光照射。②凡疫苗色泽等与说明书不一致或疫苗中含有异物、无标签、标签模糊不清、疫苗瓶有裂缝、封口不严以及变质者不得应用。③2～8℃保存，有效期为 1 年。疫苗宜冷藏运输。

（六）口蹄疫 O 型、亚洲Ⅰ型二价灭活疫苗（OJMS＋JSL 珠）

【性状】淡粉红色或乳白色略带黏滞性乳状液。含有灭活的口蹄疫 O 型 JMS 株和亚洲Ⅰ型 JSL 株病毒。

【适应证与规格】预防牛、羊 O 型、亚洲Ⅰ型口蹄疫，免疫期为 6 个月；20 毫升/瓶、50 毫升/瓶、100 毫升/瓶。

【用法与用量】肌内注射，牛每头 3 毫升。首次接种 4 周后，采用相同接种途径和剂量再接种 1 次。

【接种反应】①一般不良反应。注射部位肿胀，一过性体温反应，减食或停食 1～2 日，奶牛可出现一过性泌乳量减少，随着时间的延长，症状逐渐减轻，直至消失。②严重不良反应。因品种、个体的差异，个别牛接种后可能出现急性过敏反应，如焦躁不安、呼吸加快、肌肉震颤，可视黏膜充血、瘤胃鼓气、鼻腔出血等，甚至因抢救不及时死亡；少数怀孕母畜可能出现流产。

【注意事项】①疫苗应冷藏（但不得冻结），并尽快运往使用地点。运输和使用过程中避免日光直接照射；使用前应仔细检查疫苗。疫苗中若有其他异物、瓶体有裂纹或封口不严、破乳、变质者不得使用。使用时应将疫苗恢复至室温并充分摇匀。疫苗瓶开启后限当日用完。②本疫苗仅接种健康牛。病畜、瘦弱、怀孕后期母畜及断奶前幼畜慎用；严格遵守操作规程。注射器具和注射部位应严格消毒，每注射完一头牛应更换一次针头。曾接触过病畜的人员，在更换衣服、鞋帽和进行必要的消毒之后，方可参与疫苗注射。③疫苗对安全区、受威胁区、疫区牛均可使用。疫苗应从安全区至受威胁区，最后再注射疫区内安全群和受威胁畜群。大量使用前，应先小试，在确认安全后，再逐渐扩大使用范围。④在非疫区，注苗后21日方可移动或调运。在紧急防疫中，除用本品紧急接种外，还应同时采用其他综合防制措施。⑤个别牛出现严重过敏反应时，应及时使用肾上腺素等药物进行抢救，同时采用适当的辅助治疗措施。⑥用过的疫苗瓶、器具和未用完的疫苗要进行消毒处理。⑦2～8℃保存，有效期为12个月。

（七）牛口蹄疫O型、A型二价灭活疫苗

【性状】乳白色或淡红白黏滞性均匀乳状液。

【适应证与规格】预防牛、羊O型、A型口蹄疫；20毫升/瓶。

【用法与用量】肌内注射。6月龄以上牛，每头2毫升。

【接种反应】一般情况下，注射部位肿胀、体温升高、减食1～2天。严重情况下，个别动物发生急性过敏反应，甚至因抢救不及时而死亡，妊娠母畜流产。建议用肾上腺素等药物治疗。

【注意事项】2～8℃避光保存，有效期为1年。

（八）牛瘟兔化弱毒疫苗

【性状】成品疫苗为暗红色、海绵状疏松团块，易与瓶壁脱离，加稀释液后可完全溶解。本品系用牛瘟兔化弱毒经耳静脉接种体重1.5～2千克的健康家兔，采集检验合格家兔的淋巴结和脾脏组织，按淋巴结和脾脏组织1份加心血9份的比例混合，用生理盐水制成100倍稀释液，并加入适量抗生素，经细铜网或3层灭菌纱布过滤后，加适当稳定剂，定量分装，然后冷冻真空干燥，每头份疫苗不少于0.1克组织。

【适应证与规格】除牦牛、朝鲜牛外，其他品种的牛均可用本疫苗预防牛瘟。免疫效果比较理想，牛注射疫苗14天后产生免疫力，免疫期为1年；10头份/瓶、40头份/瓶。

【用法与用量】注射前按注明头份，用生理盐水稀释为每头份1毫升，不分年龄、体重、性别，一律皮下或肌内注射1毫升。

【接种反应】疫苗安全性不高，对某些品种牛可能有轻微反应。

【注意事项】①牦牛、朝鲜牛不宜使用。②个别地区易感性强的牛种应先做小区试验，证明疫苗安全有效后，方可在该地区推广应用。③临产前1个月的孕牛和分娩后尚未恢复健康的母牛不宜注射。④－15℃以下保存，有效期为10个月；2～8℃下保存，有效期为4个月。疫苗应冷藏运输。

(九)牛瘟山羊化(绵羊化)兔化弱毒疫苗

【性状】疫苗为暗红色或浅红色、海绵状疏松团块,易与瓶壁脱离。加稀释液后,如疫苗用蔗糖脱脂乳作稳定剂,应在5分钟内溶解成均匀混悬液;如疫苗用血液作稳定剂,应在10～20分钟内完全溶解。本品系用牛瘟山羊化兔化弱毒或绵羊化兔化弱毒,分别经耳静脉接种1～3岁健康山羊或绵羊,10毫升/只,采集检验合格的羊淋巴结和脾脏组织,研碎后加适当稳定剂制成乳剂,经细铜网或3层灭菌纱布过滤,弃去残渣,最终按实际组织量的3倍,补足稳定剂,同时加入适量的抗生素,摇匀,在2～8℃作用一定时间后,定量分装,每头份含毒组织不少于0.025克,然后经冷冻真空干燥制成。免疫效果比较理想。

【适应证与规格】山羊化兔化弱毒疫苗用于预防蒙古黄牛牛瘟;绵羊化兔化弱毒疫苗用于预防牦牛、犏牛、朝鲜牛和一般黄牛的牛瘟。疫苗免疫期均为1年;10头份/瓶、40头份/瓶。

【用法与用量】注射前按说明书要求,用生理盐水稀释为每头份1毫升。根据各地情况,每1～2年注射1次。

【接种反应】疫苗安全性不理想,有的免疫牛出现不良反应。牦牛注射后,多有体温反应(50%左右有高热反应),个别牛在数天内可能表现为精神委顿、减食、便干或便软,但无口腔溃烂等牛瘟症状。泌乳牦牛、犏牛注苗后3～10天内可能发生泌乳量减少或暂时性无乳,一般注苗后10～15天可恢复。

【注意事项】①应根据牛的品种严格选用疫苗。②山羊化兔化弱毒疫苗与绵羊化兔化弱毒疫苗应区别使用,严防互相混淆。③临产前1个月的孕牛、分娩后尚未恢复健康的母牛、可疑病牛、瘦弱牛及未满6个月的牦牛、犏牛不宜注射。④使用绵羊化兔化弱毒疫苗时,在有易感性牛种的地区,应根据当地牛种感染性及效力试验结果,证明安全有效后,方可推广应用。⑤－15℃以下保存,有效期为10个月;2～8℃下保存,有效期为4个月。在使用和运输中应注意冷藏保存,避免阳光直射。

(十)伪狂犬病活疫苗(伪克灵)

【性状】本品为淡黄色海绵状疏松团块,易与瓶壁脱离,加稀释液后迅速溶解。本品系用伪狂犬Bartha-K-基因缺失弱毒株接种易感细胞培养，收获细胞培养物，加适宜稳定剂，经冷冻真空干燥制成。

【适应证与规格】用于预防牛的伪狂犬病。注射后6天，即可产生坚强免疫力，免疫期为1年；2头/瓶、4头/瓶、10头/瓶、20头/瓶、50头/瓶。

【用法与用量】用法按瓶签注明的头份加PBS或特定稀释液稀释，肌内注射；1岁以上牛用3头份；5～12月龄牛用2头份；2～4月龄犊牛第一次用1头份，断乳后再注射2头份。

【接种反应】一般无临床反应。

【注意事项】①用于疫区及受到疫病威胁的地区，在疫区、疫点内，除已发病的家畜外，对无临床表现的家畜亦可进行紧急预防注射。②疫苗稀释后须2小时内用完。③用过的疫苗瓶、器具和未用完的疫苗等应进行消毒处理；要特别重视畜舍的消毒卫生管理，1%石炭酸15分钟可杀死伪狂犬病毒，1%～2%火碱溶液可立即杀死本病毒。④－15℃以下保存，有效期为18个月。

（十一）牛羊伪狂犬病疫苗

【性状】本品系用伪狂犬病毒A株（CVCCAV1211株）病毒接种于SPF鸡胚或纤维细胞培养，收获病毒培养物，经甲醛溶液灭活后制成。为浅红色液体，静置时上层为浅红色透明液体，下层为淡乳白色的氢氧化铝沉淀物。振摇后成为均匀的淡红色混悬液。

【适应证与规格】专供预防牛、羊伪狂犬病。免疫期，牛为12个月；2头/瓶、4头/瓶、10头/瓶、20头/瓶、50头/瓶。

【用法与用量】2～4月龄犊牛每头臀部肌内接种1毫升，断奶后再接种2毫升；5～12月龄牛每头接种2毫升；12月龄以上牛每头接种3毫升。

【接种反应】一般无临床反应。

【注意事项】①在贮藏和运输过程中，应注意避光、冷藏。－20℃以下保存，有效期为18个月；2～8℃保存，有效期为9个月。②疫苗稀释前如发现潮解变形，应废弃。稀释后的疫苗应放在冷暗处保存，须当日用完。③接种时，应执行常规无菌操作，每接种1头牛更换1个针头；患病、瘦弱和刚阉割的牛不宜接种。④剩余的疫苗及空瓶不能随意丢弃，经加热或消毒灭菌后方可废弃。⑤用于疫区及受到疫病威胁的地区，在疫区、疫点内，除已发病的家畜外，对无临床表现的家畜亦可进行紧急预防接种。

（十二）兽用乙型脑炎疫苗

【性状】本品静置后为红色透明液体，瓶底有少量细胞碎片。本疫苗系 2～8 减毒株经地鼠肾单层细胞培育而成。

【适应证与规格】专供防止避免牲畜乙型脑炎用。注射 2 次（间隔 1 年），有效期暂定 2 年；2 头/瓶、5 头/瓶、10 头/瓶、20 头/瓶。

【用法与用量】应在盛行前 1～2 个月注射，不分畜别、性别一概皮下或肌内注射 1 毫升。当年幼畜注射后，第 2 年必须再注射 1 次。

【接种反应】通常无不良反应。

【注意事项】假如疫苗保存有疑问或注射疫苗不准确则每年均需注射；为确保疫苗质量，在运输、使用进程中均应一直保存于有冰环境中，并避免阳光照射；应保存在 2～6℃冷暗处，自疫苗收获之日起可保存 2 个月。

（十三）无荚膜炭疽芽孢苗

【性状】本菌苗静置时为白色或微黄色透明液体，瓶底有少量灰白色沉淀（芽孢），振摇后成为微浑浊淡乳白色混悬液。本品系用无荚膜炭疽弱毒菌株，经培养繁殖形成芽孢后，加 304 甘油蒸馏水（或铝胶馏水）制成的芽孢混悬液，每毫升约合 2000 万个芽孢。

【适应证与规格】预防炭疽，可用于除山羊以外的各种动物。被接种动物要健康；100 毫升/瓶、250 毫升/瓶。

【用法与用量】大动物注射于颈部或肩胛后缘的皮下，1 岁以上的大动物注射 1 毫升，1 岁以下的大动物注射 0.5 毫升。

【接种反应】注射后，可能有 1～3 日的体温升高反应，也有的在注射局部引起核桃大小的肿胀。这些均属正常现象，3～10 日即可消失。

【注意事项】①天气骤变时，不能使用；体质虚弱，食欲或体温异常，或有其他异常表现者，均不能注射。②注射后 7 日内，不可过度使役，并要加强饲养管理。③不可与抗炭疽血清同时注射，也不要与其他菌苗、疫苗、血清等混合注射，以免影响其免疫效果或引起不良反应。但是，在预防接种前，畜群或毗邻地区有炭疽爆发时，应先注射抗炭疽血清，待疫情平息后，再注射此疫苗。④使用之前应仔细检查。如发现苗瓶破裂、药液渗漏、无瓶签或字迹不清、没有检验号码、瓶内生长霉菌、混有杂质异物、色泽异常、有振摇不散的片状或絮状物以及贮存条件不合格者，均禁止使用；临用时用力振摇，使沉于瓶底的芽孢充分混悬，以保证含量均匀、用量准确。⑤预防注射的家畜，经 14 日后方可屠宰。14 日内死亡者，尸体不得食用，须查明原因（含对原封的同批芽孢苗送检），妥善处理。⑥本品应于 2～15℃下干燥、凉暗处保存，有效期为 2 年。

（十四）Ⅱ号炭疽芽孢苗

【性状】本品静置时液体透明，瓶底有少量灰白色的芽孢沉淀，振荡后稍显混浊，为乳白色或淡黄色的混悬液。本品系用无荚膜炭疽杆菌Ⅱ号弱毒株，经培养繁殖形成芽孢后，悬浮于灭菌甘油注射用水或氢氧化铝胶注射用水中制成。

【适应证与规格】预防各种动物的炭疽病。注射 14 日后产生坚强的免疫力，牛免疫期为 1 年；100 毫升/瓶、250 毫升/瓶。

【用法与用量】各种动物的皮内注射 0.2 毫升或皮下 1 毫升（使用浓菌苗时，需用 204 氢氧化铝胶或蒸馏水，按瓶签规定的稀释倍数稀释后使用）。

【接种反应】本苗较安全，2 月龄以上的幼畜即可注射，一般没有反应。个别家畜注射后可出现 1～2 日体温升高，无需治疗即能自行消退。

【注意事项】均与无荚膜炭疽芽孢苗相同。

（十五）布氏杆菌活疫苗

【性状】为黄褐色海绵状疏松团块，易与瓶壁脱离。加稀释液后迅速溶解。本品系用羊种布氏杆菌 M5 或 M5-90 弱毒菌株，接种于适宜的培养基中培养，将培养物加适当稳定剂，经冷冻真空干燥制成。

【适应证与规格】预防牛、羊布氏杆菌病，免疫持续期 36 个月；10 头/瓶、20 头/瓶、40 头/瓶、80 头/瓶、160 头/瓶。

【用法与用量】皮下注射、滴鼻、气雾法免疫及口服法免疫。牛皮下注射应含 250 亿个活菌，室内气雾 250 亿个活菌，室外气雾 400 亿个活菌。

【接种反应】本疫苗对人有一定致病力，制苗及预防接种工作人员，应做好防护，避免感染或引起过敏反应。

【注意事项】免疫接种时间在配种前1～2个月进行较好，妊娠期母畜及种公畜不进行预防接种；接种时要作局部消毒处理，接种后疫苗瓶、剩余疫苗、用具等进行消毒处理；本品冻干苗在2～8℃下保存，有效期为1年。

(十六) 布氏杆菌猪型2号活疫苗

【性状】为黄褐色海绵状疏松团块，易与瓶壁脱离。加稀释液后迅速溶解。本品系用猪种布氏杆菌2号弱毒株接种于适宜的培养基中培养，收获培养物加适当稳定剂，经冷冻真空干燥制成。

【适应证与规格】预防牛、羊布氏杆菌病，免疫持续期为3年；10头/瓶、20头/瓶、40头/瓶、80头/瓶、160头/瓶。

【用法与用量】本疫苗最适于作口服免疫，亦可作肌内注射。口服对怀孕母畜不产生影响，畜群每年服苗一次，持续数年不会造成血清学反应长期不消失的现象；口服免疫，每头一律口服500亿活菌。

【接种反应】本疫苗对人有一定致病力，制苗及预防接种工作人员应做好防护，避免感染或引起过敏反应。

【注意事项】①注射法不能用于孕畜。②疫苗稀释后应当天用完。③拌水饮服或灌服时，应注意用凉水，若拌入饲料中，应避免用含有抗生素的饲料、发酵饲料或热饲料，免疫动物在服苗的前后3天，应停止使用抗生素添加剂饲料和发酵饲料。④用过的用具须煮沸消毒，木槽可以用日光照射消毒；本品冻干苗在0～8℃下保存，有效期为1年。

(十七) 布氏杆菌病活疫苗(M5株)

【性状】本品为微黄色海绵状疏松团块，易与瓶壁脱离，加稀释液后迅速溶解。本品系用羊种布氏杆菌弱毒M5株接种于适宜的培养基中培养，收获培养物，加适宜稳定剂，经冷冻真空干燥制成。

【适应证与规格】预防牛、羊布氏杆菌病。免疫期为3年；100头/瓶。

【用法与用量】可采用皮下注射、滴鼻免疫，也可口服免疫。牛皮下注射250亿活菌。

【接种反应】对人有一定致病力，制苗及预防接种工作人员，应做好防护，避免感染或引起过敏反应。

【注意事项】①在配种前1～2个月免疫接种较好，妊娠母畜及种公畜不能进行接种。②接种时要做局部消毒处理，接种后疫苗瓶、剩余疫苗、用具等须消毒处理。③在2～8℃下保存，有效期1年。

（十八）气肿疽菌苗

【性状】两种疫苗静置后，上层均为棕黄色或淡黄色澄清液体，下层有少量的灰白色沉淀。疫苗振摇后，呈均匀混悬液。

本品包括牛气肿疽甲醛菌苗和牛气肿疽明矾菌苗两种，两种疫苗菌株均系免疫原性良好的牛气肿疽梭菌C54-1和C54-2菌株。制备甲醛灭活苗时，将菌种分别接种蛋白胨肉肝汤，在37～38℃下静置培养36～48小时，培养物纯检合格后，按培养基总量的0.5%加入甲醛溶液，37～38℃灭活72～96小时，灭活检验合格后即为甲醛灭活苗。制备明矾灭活苗时，将菌种分别接种厌气肉肝汤，在37～38℃下静置培养36～48小时，培养物纯检合格后，按培养基总量的0.5%加入甲醛溶液，37～38℃灭活72～96小时。灭活检验合格后，加入10%钾明矾，使钾明矾的终浓度为1%，充分搅拌，混合均匀即成。疫苗免疫效果理想。

【适应证与规格】用于健康牛、羊的免疫接种，预防牛、羊气肿疽。注射14日后产生可靠的免疫力，免疫期约为6个月；10头/瓶、20头/瓶。

【用法与用量】不论年龄大小，牛颈部或肩胛后缘皮下注射5毫升/头，对6月龄以下经过免疫的犊牛，在6月龄时应再免疫1次。

【接种反应】疫苗安全性较好，但有时会出现一定的副作用，如免疫牛可能有体温升高和注射部位出现局部肿胀等不良反应。

【注意事项】①本苗严禁冻结，冻结后的疫苗严禁使用。②被免疫动物一定要健康，患病、初产、去势、创伤未愈合及体温不正常的动物不宜注射。③注射后可能有体温升高反应和注射局部出现手掌大小的肿块，3～4天后可恢复正常。④注苗后7天内不要使役，应加强饲养管理。⑤注射前要将菌苗用力振摇，使之成为均匀的混悬液，以免菌体分布不均匀影响免疫效力。⑥如有疫苗瓶封口不严、疫苗混有异物或有摇不散的絮状物等情况时，均不能使用。⑦用时使疫苗温度升至室温，并充分摇匀。⑧接种时，应作局部消毒处理。⑨接种后其注射用具、盛苗容器及稀释后剩余的疫苗必须消毒处理。

（十九）牛巴氏杆菌-气肿疽（干粉）菌苗

【性状】本品为淡黄色或黄褐色粉末。

【适应证与规格】用于预防牛出血性败血病和气肿疽病。注射15天后产生免疫力，免疫期为1年；10头/瓶、20头/瓶。

【用法与用量】临用时以20%氢氧化铝稀释液稀释，使每毫升中含有1头份，摇匀，每头牛肌内或皮下注射1毫升。

【接种反应】疫苗安全性较好，但有时会出现一定的副作用，如免疫牛可能有体温升高和注射部位出现局部肿胀等不良反应。

【注意事项】①本疫苗只限于健康牛的免疫。②稀释好的菌苗液应当天用完。③注射器、针头、瓶塞及注射部位应严格消毒。④保存于－15℃以下的冷暗处，有效期为3年。20%氢氧化铝稀释液应避免冰冻。

（二十）牛传染性胸膜肺炎活疫苗（C88003株）

【性状】湿苗为淡黄色的澄清液体，底部有少许沉淀。冻干苗为微白色或微黄色，海绵状疏松团块，易与瓶壁脱离，加稀释液后迅速溶解。牛传染性胸膜肺炎活疫苗是用牛肺疫兔化弱毒C88004株或兔化绵羊化弱毒C88001、C88002、C88003株接种体重1.5～2千克的健康家兔，或年龄2～4岁，体重20千克的绵羊，收获胸水，胸水活菌滴度应在10^9 CCU（细菌的菌落数）/毫升以上。取检验合格的胸水作制苗种子，将种子接种绵羊左右侧腹腔各100～150毫升或家兔5毫升。接种后每天测温2次，在接种后60～72小时扑杀，采集胸水即为原苗，然后用3号筛滤去纤维素混合物，分装即成为湿苗。若加适当稳定剂，经冷冻干燥即制成冻干苗。疫苗活菌滴度应在10^9 CCU/毫升以上。疫苗免疫效果较好。

【适应证与规格】用于预防牛肺疫。注射本疫苗的牛能产生良好的免疫力，免疫期为1年；50头/瓶。

【用法与用量】C88004株专用于黄牛，C88001株用于内蒙古黄牛（河套地区除外），C88002株用于牦牛、犏牛和关中黄牛，C88003株用于黄牛、奶牛、牦牛和犏牛。液体苗与冻干苗均用20%铝胶生理盐水稀释，液体苗按原苗胸水量稀释成500倍，冻干苗按冻干前装量稀释成50倍，成年牛臀部肌内注射2毫升，6～12个月小牛肌内注射1毫升。

【接种反应】因疫苗苗株尚残存一定毒力，其安全性并不十分理想。注射后应注意观察，如出现不良反应，可用土霉素治疗。

【注意事项】①湿苗于2～8℃下保存，有效期为10天；冻干苗于－15℃以下保存，有效期为21个月，在2～8℃下保存，有效期为1年；冻干苗在运输途中，必须采用冷藏包装，箱内温度要求在10℃以下。使用单位收到疫苗后，应立即置于10℃以下保存。②未使用过本苗的地区（尤其是农区），在开展大规模预防接种之前，应先用100～200头牛做安全性试用试验，观察1个月，证明安全后，再逐步增大接种数量。接种后应加强观察，如出现不安全反应，可用土霉素治疗。③6月龄以下的犊牛、临产孕牛、瘦弱或有病的牛，均不得接种。④随用随稀释，经稀释后，疫苗应保存在冷暗处，限当日用完；接种时，应作局部消毒处理。⑤不同菌株对不同品种牛的安全性和免疫源性有所差异，因此，选购疫苗要注意疫苗所适用牛的品种。⑥用过的疫苗瓶、器具和未用完的疫苗等应进行消毒处理。

（二十一）牛巴氏杆菌病氢氧化铝菌苗

【性状】本品静置时，菌苗液上层为淡黄色澄明液，下层为灰白色沉淀，振摇后即成为均匀乳浊液。本品系用抗原性良好的荚膜B群多杀性巴氏杆菌，即牛源多杀性巴氏杆菌C45-2、C46-2、C47-2强毒株或现地分离株，接种营养琼脂，选取典型菌落接种琼脂斜面，纯检合格后接种营养肉汤作种子，然后接种含0.1%裂解血的马丁肉汤，在37℃下培养12～24小时，将培养物经甲醛溶液灭活后，加氢氧化铝胶制成。疫苗免疫效果较为理想。

【适应证与规格】用于健康牛的免疫接种，预防牛巴氏杆菌病。注射后21日产生可靠的免疫力，免疫期为9个月；25头/瓶、50头/瓶。

【用法与用量】皮下或肌内注射，体重100千克以下的牛注射4毫升，体重100千克以上的牛注射6毫升。

【接种反应】①疫苗安全性不高，免疫牛常出现不良反应。注苗后，个别牛可能出现变态反应，应注意观察，以采取抢救措施。②轻微反应：在注射局部可能出现肿胀，体温升高，呼吸加快，流涎，哀鸣，减食或停食症状，随时间的推移会逐渐减轻至消失。③严重反应包括呼吸急促、卧地不起、肌肉震颤、废食等症状，此时应及时用

0.1%肾上腺素4～8毫升急救。

【注意事项】①免疫前应详细了解动物的品种、健康状况、免疫史及病史。患病、瘦弱、怀孕后期的母畜（产前1.5个月）、断乳前的幼畜禁用。②使用疫苗前应将疫苗摇匀，注射时应消毒和更换针头。③因为疫苗含有氢氧化铝胶，注入机体后，可能经数月不能完全吸收而成硬结，但不影响免疫牛的健康。④首次使用本疫苗的地区，应选择一定数量（30头）进行小范围试验，确认无不良反应后，方可扩大接种面积，接种后应加强对动物的饲养管理，并仔细观察。⑤面临疫病爆发时，免疫接种应先从安全区到受威胁区，然后到疫区。⑥对怀孕母畜注射疫苗时，应注意保定，动作应轻微，以免影响胎儿，防止造成机械性流产。⑦疫苗启封后最好当天用完，未用完的疫苗封好后放于2～8℃下保存，超过24小时的疫苗不能再使用。⑧严寒季节，应注意防冻，因疫苗含有氢氧化铝胶，冻结后影响疫苗效力。⑨接种疫苗的同时，应防止出现拥挤等应激因素，注意通风。⑩2～8℃冷暗处保存，有效期为12个月；28℃以下暗处贮存，有效期为9个月。疫苗应冷藏运输。

（二十二）牛巴氏杆菌病油乳剂疫苗

【性状】本品静置后，上层为黄色透明液，下层为灰白色沉淀，经充分振摇后成为均匀混悬液。本品采用的菌液培养方法与铝胶苗相同。制苗时取等容积的矿物油与菌液混匀，加入5%羊毛脂乳化，乳化10分钟后过夜，第二天再搅拌乳化1次，然后分装即可。免疫效果较好。

【适应证与规格】用于健康牛的免疫接种，预防牛巴氏杆菌病。免疫期较长，在注射疫苗21天后产生免疫力，免疫期为9个月；25头/瓶、50头/瓶。

【用法与用量】肌内注射，犊牛4～6月龄初免，3～6个月后再免疫1次，每头牛注射3毫升。

【接种反应】有时疫苗可引起个别免疫牛出现变态反应，应注意观察。

【注意事项】①免疫前应了解动物的健康状况。②使用疫苗前应将疫苗摇匀，注射疫苗时应消毒和更换针头。③怀孕母畜注射疫苗时，应注意保定，防止造成机械性流产。④疫苗启封后最好当天用完，未用完的疫苗可用蜡封住针孔后，于2～8℃下保存，超过24小时的疫苗不能再使用。⑤2～8℃冷暗处保存，有效期为6个月。疫苗应冷藏运输。

（二十三）牛巴氏杆菌病弱毒菌苗

【性状】本品为乳白色或淡黄色的疏松固体，加入稀释液后，迅速溶解成均匀的混悬液。本品系用牛巴氏杆菌弱毒菌种的新鲜培养物，经真空冻干而制成。

【适应证与规格】用于预防牛出血性败血病（牛巴氏杆菌病）。接种后21天产生免疫力，免疫期为1年；25头/瓶、50头/瓶。

【用法与用量】本疫苗注射时用20%氢氧化铝胶生理盐水稀释，气雾免疫时用蒸馏水稀释，稀释后应充分振摇均匀。注射免疫时每头周岁以上牛，皮下或肌内注射1毫升（含2亿活菌），周岁以下犊牛减半注射；室内气雾免疫，不论大小牛每头8亿活菌（每平方米面积用苗量按1头份计算）。

【接种反应】个别牛使用本疫苗后可能会有过敏反应，应小心使用，特别是从未使用过此苗的地区更应注意。

【注意事项】①本疫苗只限于健康牛的免疫。②疫苗稀释后必须当天用完。③本疫苗应低温保存，切忌高温和阳光照射。在－15℃以下保存，有效期可达1年。

（二十四）牦牛沙门菌病活疫苗

【性状】疫苗为乳白色或灰白色海绵状疏松团块，易与瓶壁脱离，加稀释液迅速溶解。本品系用免疫原性良好的都柏林沙门菌弱毒S8002-550弱毒株，接种含1%～1.5%蛋白胨的普通肉汤培养，将培养菌液离心，用灭菌生理盐水稀释至适当浓度，加稳定剂冻干制成。每头份小牛用疫苗含活菌数应不少于15亿个，成年牛用疫苗应不少于30亿个。冻干后，菌苗活菌率应不低于50%。疫苗免疫效果较为理想。

【适应证与规格】用于预防牦牛沙门菌病（疫苗仅适用于牦牛）。免疫期12个月。

【用法与用量】临用时按瓶签注明头份，加入20%氢氧化铝胶生理盐水，稀释为每头份1～2毫升，于臀部和颈部浅层肌内注射，在每年5～7月份注射1次。

【接种反应】可引起免疫牛出现变态反应。注苗后，有些牛可引起轻微的体温升高、减食、乏力等症状，一般1～2天后可自行恢复。极个别牛可出现流涎、发抖、喘息、卧地等症状，一般在注射后20～120分钟出现，轻微者可自行恢复，较重者应及时注射肾上腺素。

【注意事项】疫苗随用随稀释，稀释后放阴凉处，限6小时用完。2～8℃保存，有效期为12个月。疫苗应冷藏运输。

（二十五）牛沙门菌病灭活疫苗

【性状】疫苗静置后，上部为灰褐色澄清液体，下部为灰白色沉淀，振荡后为均匀混浊液体。本品系用免疫原性良好的肠炎沙门菌都柏林变种和病牛沙门菌2～3个菌株，接种肉肝胃膜消化汤培养，菌液经检验合格后，加入终浓度为0.8%的甲醛溶液，灭活脱毒3天后，加氢氧化铝胶制成。

【适应证与规格】疫苗可用于不同品种、不同年龄的牛的免疫，用于预防牛沙门菌病。疫苗免疫期较短，为6个月；100毫升/瓶。

【用法与用量】1岁以下牛肌内注射1毫升，1岁以上牛肌内注射2毫升。为增强免疫力，对1岁以上牛在首免后10天，可用相同剂量的疫苗再免疫1次；在已发生牛沙门菌病的牛群中，应对2～10日龄犊牛肌内注射1毫升；怀孕牛应在产前45～60天在兽医监护下注射1次，所产犊牛应在30～45日龄免疫1次，剂量均为1毫升。

【接种反应】注苗后可能会引起变态反应，反应通常于注苗后半小时开始出现，症状为呆立、瞪视、震颤、流泪、流涕垂涎、呼吸加快、精神委顿等，应立即注射肾上腺素1～2次，予以缓解，否则可能导致死亡。初用该苗的畜群，变态反应较为多见，常用苗地区反应率明显降低。

【注意事项】①在严寒季节注意防冻，因疫苗中含有氢氧化铝胶，冻结后影响其效力。②注射剂量应严格按规定用量执行。③瘦弱牛、患病牛不宜注射。于2～8℃保存，有效期12个月。疫苗应冷藏运输。

（二十六）牛副结核病弱毒疫苗

【性状】本品采用的菌株是副结核菌316F菌株，该菌株是一株致弱的无毒副结核菌株，将该菌接种适宜液体培养基，37℃培养3～4周，收获菌体，取5毫克湿苗悬浮于0.75毫升橄榄油和0.75毫升液体石蜡中，再加入10毫升浮石粉制成疫苗。吉林省兽医研究所已引进该菌株，并研制出牛副结核病疫苗，试验结果证实，疫苗免疫效果良好，免疫效力较理想。

【适应证与规格】用于预防牛副结核病。适用于各年龄、品种的牛。免疫期为4年。

【用法与用量】在牛胸垂皮下或颈部皮下接种。犊牛出生后7日内注射1毫升。

【接种反应】注射疫苗1个月后，在接种部位形成胡桃形炎性肿块，然后逐渐形成纤维干酪化结节。

【注意事项】2～8℃保存，有效期为1年。疫苗应冷藏运输。

（二十七）牛副结核病灭活疫苗

【性状】本品系用副结核菌P18、Tepse和P10菌株接种于适宜培养基，37℃培养2周，将培养物经100℃水浴1小时湿热灭活后，浓缩菌体，然后加入液体石蜡、樟脑油、植物血细胞凝集素等组成的佐剂，制成疫苗。疫苗安全性良好，免疫效力也较理想，是目前临床上具有实际应用价值的疫苗。本品为乳白色乳剂，久置后底部有少许沉淀，振荡后呈均匀混悬液。

【适应证与规格】有效预防牛副结核病的发生，适用于各年龄、品种的牛。免疫期为2年；1毫升/瓶。

【用法与用量】犊牛在出生后7天内，于胸垂皮下注射，1毫升/头。

【接种反应】一般无临床反应。

【注意事项】2～8℃保存，有效期为1年。疫苗应冷藏运输。

（二十八）牛副结核病亚单位灭活疫苗

【性状】本品采用制备亚单位疫苗的方法，即将副结核菌灭活后，用超声玻璃微珠或Ribi压榨装置将其破碎，经差速离心，除去细胞壁，然后加入弗氏不完全佐剂，制成疫苗，使每毫升疫苗含25毫克细胞成分；或是用含有3%氢氧化钾的80%乙醇溶液浸泡菌体，60℃热1小时，破坏细胞壁，离心后，收集沉淀，加入弗氏不完全佐剂，使每毫升疫苗含沉淀抗原50毫克。

【适应证与规格】该苗对预防副结核病有较好的效果，安全性也较理想。适用于各年龄、品种的牛；1毫升/瓶。

【用法与用量】牛胸垂皮下注射，1毫升/头。

【接种反应】一般无临床反应。

【注意事项】2～8℃保存，有效期为1年。疫苗应冷藏运输。

（二十九）牛流行热弱毒疫苗

【性状】本品是将传代适应BHK-21细胞的YHL弱毒株接种细胞培养，待细胞产生合格病变后收集培养物，加入等量的聚乙烯吡咯烷酮乳糖保护剂，混匀分装，经冷冻真空干燥后制成。疫苗安全，免疫牛无异常反应，并产生中和抗体，免疫效果较为理想。

【适应证与规格】用于预防牛流行热。适用于各品种的不同年龄牛；100毫升/瓶。

【用法与用量】使用时用氢氧化铝胶稀释，间隔4周皮下接种疫苗2次，每次注射5毫升。

【接种反应】一般无临床反应。

【注意事项】4～8℃保存，有效期为6个月。疫苗应冷藏运输，防止高温和阳光直射。

（三十）牛流行热灭活疫苗

【性状】本品为乳白色乳剂。本疫苗系用牛流行热病毒北京JB76K毒株接种于生长良好的BHK-21细胞培养，在接毒后48～72小时，当细胞致病作用（CPE）达到75%以上时，收获细胞病毒液。检验合格的细胞病毒液反复冻融2次，然后按100毫升病毒液加10%的Triton X-100溶液1毫升，在4℃条件下搅拌2小时进行灭活，按100毫升灭活的病毒液加1%的硫柳汞溶液1毫升混匀。上述灭活的病毒液与等量的白油司盘佐剂混合、乳化，即为油包水型疫苗。疫苗价格适宜，安全性好，免疫效果理想。

【适应证与规格】可用于不同年龄、不同性别的健康奶牛、黄牛以及妊娠牛，预防牛流行热。在第二次免疫接种后21天产生免疫力，免疫期为6个月左右；100毫升/瓶。

【用法与用量】牛颈部皮下间隔21天注射2次疫苗，每次4毫升/头，6月龄以下的犊牛注射剂量减半。

【接种反应】接种本疫苗后，有少数牛可能出现一过性热反应，于接种部位出现轻度肿胀，3周以后基本消退。

【注意事项】①本疫苗切勿冻结，冻结后的疫苗严禁使用。②用时使疫苗温度升至室温，并充分摇匀。③给妊娠奶牛注射时要注意保定，避免引起机械性流产。④接种疫苗时，接种部位、所用注射器和针头需严格消毒。针头要经常更换。⑤在牛流行热爆发流行时，可用本疫苗对牛群进行紧急预防接种。⑥本品如出现破损、异物或破乳分层等异常现象切勿使用。⑦接种后其注射用具、盛苗容器及稀释后剩余的疫苗必须消毒处理。⑧4℃保存，有效期为4个月。疫苗应冷藏运输。

（三十一）牛流行热亚单位油乳剂疫苗

【性状】本品系用牛流行热病毒JB76H毒株接种于BHK-21细胞培养，当CPE达到75%以上时，收获细胞病毒液，检验合格的细胞病毒液反复冻融3次，然后100000转/分钟离心1小时，弃上清。每100毫升病毒液的离心沉淀物加0.5%的Triton X-100溶液2毫升悬浮，超声裂解，将裂解物在4℃条件下搅拌1小时后，再以100000转/分钟离心1小时，上清液即为病毒裂解的可溶性抗原。将抗原用RPM11640营养液适当稀释，与等量白油佐剂混合、乳化，即为油包水型疫苗。用557双波长、双光束分光光度计测定疫苗抗原蛋白含量，应为3.9~5.02毫克/毫升。疫苗安全性好，免疫效果理想。

【适应证与规格】可用于不同年龄、不同性别的健康奶牛、黄牛以及妊娠牛，预防牛流行热。在第二次免疫接种后21天产生免疫力，免疫期为6个月左右；100毫升/瓶。

【用法与用量】颈部皮下间隔21天注射2次疫苗，每次4毫升，6月龄以下的犊牛注射剂量减半。

【接种反应】一般无临床反应。

【注意事项】2～8℃保存，有效期为4个月。疫苗应冷藏运输。其他同牛流行热灭活疫苗。

（三十二）牛流行热结晶紫灭活疫苗

【性状】本品采用反应原性与免疫原性良好的毒株接种牛体复壮，选取典型发热期的血毒作为种子，静脉接种敏感健康牛，采取发热高峰期病牛（40℃以上）的血液，立即脱纤，将800毫升血液与含有0.25%结晶紫的乙基甘醇或甘油200毫升混合，置于37℃下培养灭活7天，每天振荡2次，检验合格后分装即成。疫苗安全，免疫效果较好。由于制苗成本较高，临床上很少使用。

【适应证与规格】适用于各年龄、品种的牛。用于预防牛流行热。

免疫期为 6 个月；100 毫升/瓶、250 毫升/瓶。

【用法与用量】牛颈部皮下注射 10 毫升，3～7 天后再注射 15 毫升，未满 6 个月的犊牛按体重将全量 15～20 毫升分两次注射。疫苗多在流行季节前 1 个月注射。

【接种反应】接种疫苗后，有少数牛于接种部位出现轻度肿胀，三周后基本消退，还有极少数牛有一过性热反应。

【注意事项】①本疫苗在运输过程中应防止高温和日光照射。②给妊娠牛注射时要注意保护和固定，避免引起机械性流产。③接种疫苗时接种部位、所用注射器和针头需严格消毒。④接种过程中，应不断振摇疫苗瓶。⑤疫苗瓶启封后应于当日用完。⑥在牛流行热爆发地区，可用本疫苗对牛群进行紧急预防接种。⑦剩余的疫苗及空瓶不能随意丢弃，经加热或消毒灭菌后方可废弃。⑧2～5℃保存，有效期为 3 个月。疫苗应冷藏运输。

（三十三）牛乳房炎 J5 灭活疫苗（Colicure-J5 疫苗或 Coilmast-J5 疫苗）

【性状】本品为白色乳剂。本疫苗是由美国学者研制成功的，由法玛西亚公司生产，1993 年在美国使用。制苗菌株为 J5 菌株，该菌株是不完全 O-多糖的突变株，其核心抗原和脂 A 层抗原是裸露的，裸露的核心抗原可刺激产生抗脂多糖内毒素的抗体，从而抵御革兰阴性肠杆菌性乳房炎。疫苗是将大肠杆菌 J5 菌株接种适宜培养基于 37℃下培养，将培养物经甲醛灭活后，加免疫增强剂配制而成。疫苗菌体含量为 109 个/毫升。疫苗安全、高效。

【适应证与规格】用于预防由大肠杆菌及其他革兰阴性菌引起的乳房炎，牛大肠杆菌引起的腹泻、肺炎及内毒素血症；100 毫升/瓶。

【用法与用量】皮下注射，最佳接种部位是乳房上方与牛体结合处。成年牛在干奶时、干奶中期和产犊后 7～14 天各皮下注射疫苗 2 毫升，免疫期为 1 年。妊娠青年母牛在妊娠的 6 月、7 月、8 月各皮下注射疫苗 2 毫升，免疫期为 1 个泌乳期。

【接种反应】有时可能引起变态反应。如果出现变态反应，可注射肾上腺素。

【注意事项】①用前摇匀，疫苗瓶打开后应一次用完。②2～8℃保存，有效期为 3 年。应冷藏、避光运输。

（三十四）MASTIVVAC 牛乳房炎多联灭活疫苗

【性状】本品为白色乳剂，久置后上部为澄清液体，底部为乳白色沉淀。本品是由西班牙研制生产的一种乳房炎疫苗，系用金黄色葡萄球菌、大肠杆菌、化脓性放线菌、无乳链球菌、化脓性链球菌等菌株分别接种适宜培养基培养，将培养物经甲醛灭活后，并辅以免疫佐剂制成，含菌量为 6×10^9 个（灭活菌）/毫升。疫苗安全，免疫效果好。

【适应证与规格】可防治多种革兰阳性、阴性菌引起的乳房炎。免疫期为 1 个泌乳期。

【用法与用量】疫苗皮下接种，免疫两次，间隔 15 天，5 毫升/次。

【接种反应】有时疫苗可能引起变态反应。

【注意事项】2～8℃保存，有效期为 2 年。应冷藏、避光运输。

（三十五）牛乳房炎多联灭活疫苗

【性状】本品是近年来我国学者从乳房炎病原菌优势菌株中筛选出毒力强、免疫原性好的菌株，如金黄色葡萄球菌、无乳链球菌和停乳链球菌作苗株，接种适宜培养基培养，菌液经灭活后，辅以免疫佐剂，制成牛乳房炎多联灭活疫苗。疫苗较为安全，但免疫期较短，免疫牛抗体水平在注苗后 90 天降至免疫前水平，在免疫后 4 个月内临床型乳房炎发病率可降低 40％左右。

【适应证与规格】用于由金黄色葡萄球菌和链球菌引起的乳房炎；50 毫升/瓶、100 毫升/瓶。

【用法与用量】疫苗应在夏季乳房炎多发季节之前注射，免疫牛于臀部肌内注射 10 毫升/头。

【接种反应】免疫牛在注苗后体温可能会略有升高，有的牛注射部位出现肿胀，但症状一般在 3 天内自行消失。

【注意事项】2～8℃保存，有效期为 1 年。疫苗应冷藏、避光运输。

（三十六）肉毒梭菌中毒症灭活疫苗（C 型）

【性状】本品静置后，上层为橙色澄明液体，下层为灰白色沉淀，振摇后呈均匀混悬液。本品含 C 型肉毒梭菌（C62-4）菌株，经甲醛溶液灭活脱毒后，加氢氧化铝胶制成。

【适应证与规格】用于预防牛、羊、骆驼及水貂的 C 型肉毒梭菌中毒症。免疫期为 12 个月；100 毫升/瓶、250 毫升/瓶。

【用法与用量】皮下注射。每头牛 10.0 毫升。

【接种反应】一般无可见的不良反应。

【注意事项】切忌冻结，冻结后的疫苗严禁使用；使用前，应将疫苗恢复至室温，并充分摇匀；接种时，应作局部消毒处理；用过的疫苗瓶、器具和未用完的疫苗等应进行消毒处理；2～8℃保存，有效期为 36 个月。

（三十七）破伤风类毒素

【性状】本品静置后，上层为淡黄色澄明液体，下层为灰白色沉淀，振荡后呈均匀混悬液。本品系用产毒能力强的破伤风梭菌，接种于适宜培养基培养，产生外毒素，经甲醛溶液灭活脱毒、过滤除菌后，加钾明矾制成。

【适应证与规格】用于预防家畜破伤风。注射后 1 个月产生免疫力，免疫期为 1 年。第 2 年再注射 1 毫升，免疫期为 4 年；100 毫升/瓶。

【用法与用量】皮下注射。牛 1 毫升，幼畜 0.5 毫升，6 个月后再注射 1 次。

【接种反应】注射后数小时，在注射部位发生直径 5～15 厘米的炎性肿胀，经 5～7 日炎症逐渐消退，但遗留一个硬结，需再经多日才能消散。

【注意事项】在 2～8℃，有效期为 3 年。期满后，经效力检验合格，可延长1年。

（三十八）犊牛腹泻疫苗（Lactovac）

【性状】疫苗中含牛轮状病毒灭活苗（1005/78 株和荷兰株），牛冠状病毒（株 800），大肠杆菌 K99 和 F41。

【用法与用量】5 毫升/头，皮下注射。怀孕母牛和初产母牛注射两次，两次间隔 4～5 周，第二次在产前 2～3 周内注射。每年加强免疫一次，时间为产前 2～6 周。

（三十九）牛环形泰勒虫病疫苗

【性状】在 4℃左右保存条件下为粉红色或淡黄色半透明胶冻状，在 38～40℃水浴融化后，无絮状物，无沉淀。牛环形泰勒虫病活疫苗是用环形泰勒虫裂殖体接种繁殖在牛淋巴样细胞中，收获培养液，加明胶制成。

【适应证与规格】本品用于预防牛的环形泰勒虫病。注射后，由于裂殖体繁殖，而不能成为成虫，以刺激产生免疫力。免疫期12个月；20毫升/瓶、50毫升/瓶、100毫升/瓶。

【用法与用量】将疫苗瓶放在38～40℃水浴中融化5分钟后摇匀，每头牛肌内注射1～2毫升（含有100万～200万个活细胞）。

【注意事项】①疫苗只限在疫区内使用。凡已经冻结的疫苗，使用后无效。②接种时，应作局部消毒处理。③接种后其注射用具、盛苗容器及稀释后剩余的疫苗必须进行消毒处理。④2～8℃保存，有效期为60天。在室温下保存，不超过3天。

第二节　疫苗的基本要求及管理

一、疫苗的基本要求

（一）安全

疫苗的安全性直接关系到动物安全和免疫接种效果。所有的疫苗均用于健康动物的免疫接种，这就要求灭活疫苗必须彻底灭活，无热原和过敏原，弱毒活疫苗遗传性状稳定，不能返祖，接种给动物后不会出现毒力增强。这样才能保证所接种的疫苗不能引起动物发病或出现严重的不良反应。

（二）高效

高效的疫苗是机体产生高浓度的抗体来抵抗疫病感染的基础。高效的疫苗接种后能很快引起机体免疫系统的全面应答，而且抗体水平能维持很长时间。当然，疫苗免疫效果是否理想，除与疫苗本身有关外，还与免疫途径、免疫时间、免疫剂量等因素有关。

（三）实用

规模化养殖生产需要大量的疫苗来预防控制疫病的发生，这就要求疫苗必须实用，即免疫效果好、接种方法简便、无不适反应，同时要便于贮藏和运输，价格适宜。

二、疫苗的运输和保存

（一）疫苗的运输

疫苗需要低温（活疫苗需冷藏）运输保存，所以，不论使用何种运输工具运送疫苗，都应注意防止高温、暴晒和冻融。运送时，疫苗要逐瓶包装，衬以厚纸或软草，然后装箱。如果是活苗，需要低温保存的，可先将药品装入盛有冰块的保温瓶或保温箱内运送。在运送过程中，要避免阳光直射和高温。北方寒冷地区要避免液体制品冻结，尤其要避免由于温度高低不定而引起的反复冻结和融化。切忌把药品放在衣袋内，以免由于体温较高而降低药品的效力。大批量运输的疫苗应放在冷藏箱内，有冷藏车者用冷藏车运输更好，要以最快的速度运送疫苗。

选购疫苗时应注意参照说明书查看疫苗的生产厂家、生产日期、有效期，观察疫苗的性状，检查是否密封，是否有破损和吸湿，不能购入过期或变质的疫苗；另外，应根据家禽的日龄和免疫水平选用疫苗，比如传染性支气管炎 H52 弱毒疫苗和鸡新城疫Ⅰ系疫苗不能用于首免（基础免疫）。疫苗在运输或携带过程中，首先要保证适宜的温度，尤其要避免高温和阳光直射。冻干疫苗和非冻干的弱毒活疫苗应放在加有冰块的密封的保温瓶或泡沫盒中，并尽量缩短运输时间；油乳剂苗短时间内可在常温下运输，但在运输过程中应避免剧烈振荡；细胞结合苗应存放在液氮罐中运输。

（二）疫苗的保存

疫苗保存的温度直接关系到疫苗的保存期和质量。冷冻真空干燥的疫苗，多数要求放在－15℃下保存，温度越低，保存时间越长。如猪瘟兔化弱毒冻干苗，在－15℃可保存 1 年以上，在－8℃只能保存 6 个月，若放在 25℃左右，最多 10 天即失去效力。实践证明，一些冻干苗在 27℃条件下保存 1 周后有 20％不合格，保存 2 周后有 60％不合格。需要说明的是，冻干苗的保存温度与冻干保护剂的性质有密切关系。一些国家的冻干苗可以在 4～6℃保存，因为用的是耐热保护剂。多数活湿苗，只能现制现用，在 0～8℃下仅可短时期保存。灭活苗在 2～15℃条件下保存，不能过热，也不能低于 0℃。冻结苗应在－70℃以下的低温条件下保存。工作中必须坚持按规定温度条件保存，不能任意放置，防止高温存放或温度忽高忽低，以免损害疫苗的活性。

不同类型的疫苗对贮存条件的要求不一样，应分辨清楚，区别对待。一般情况下，灭活油乳剂苗或蜂胶苗要求保存在 2～15℃的阴暗处，绝对不能结冰保存；冻干的弱毒疫苗和湿苗应保存在－20～0℃

以下的低温条件的冰箱内，一般情况下温度越低，保质期越长，免疫效果越好，并且在保存过程中应避免反复冻融或温度波动太大，以免降低疫苗的效价；弱毒活细菌疫苗最好保存在2～8℃的冰箱中，但不宜结冰保存；对细胞结合疫苗来说，保存条件要求很高，应将疫苗原液的安瓿置于液氮罐中保存，疫苗一经取出应尽快用完，不得再放回液氮罐中。

总之，不论何种疫苗，均应尽量保持疫苗抗原的一级结构、二级结构和立体构型，保护其抗原决定簇，才能保持疫苗的良好免疫原性。

三、疫苗的使用及注意事项

（一）疫苗的应用

疫苗是用于免疫预防的生物制品。疫苗的预防接种可以分为以下几种情况。①有组织的定期预防接种。将疫苗强制或有计划地反复投给，是以易感动物全群为目标，此种接种多为全国性的，如我国的猪瘟疫苗和鸡新城疫疫苗接种、法国及德国的口蹄疫疫苗接种、日本的猪瘟疫苗接种均属此类。②环状预防接种（包围预防接种）。是以疾病发生地点为中心，划定一个范围，对范围内所有易感动物全部免疫。③屏障（国境）预防接种。是以防止病原体从污染地区向非污染地区侵入为目的而进行的，对接触污染地区边界的非污染地区的易感动物进行免疫。土耳其在其国境的东部及南部沿着国境进行口蹄疫预防接种。南非的国家公园是口蹄疫常在地，所在公园周围约30千米内对所有易感动物投给疫苗以形成屏障，控制疾病，避免扩散。④紧急接种。紧急接种是在发生传染病时，为了迅速控制和扑灭疫病的流行，对疫区和受威胁区尚未发病的动物进行的应急性接种，与环状接种近似，只要是受到威胁的地区均应接种，接种地区不一定呈环状。疫苗应用时要掌握以下要点。

1. 制订科学的免疫程序

根据本地动物传染病流行种类、流行范围、流行特点（季节、畜别、年龄）、危害程度、动物的用途（种用、肉用、乳用、蛋用等）、存留抗体水平（包括母源抗体水平和上次免疫接种后的存留抗体水平）、疫苗性质、动物本身状态（年龄、营养、健康状况等）等因素，制订适合本地区或本场实际情况的免疫程序，有计划、有目的地开展免疫接种。对当地未发生过，并且没有从外地传入可能性的传染病，就没有必要进行免疫接种了，尤其是毒力较强的活疫苗更不要轻率地使用。

2. 选择相应血清型的疫苗或多价疫苗

有些疫病病原体有多种血清型，如口蹄疫、禽流感、大肠杆菌、链球菌等，各血清型之间的交叉保护作用弱或无交叉保护作用，免疫接种时，一定要选择与所要预防的传染病同一血清型的疫苗或多价苗。

3. 认真阅读使用说明书

疫苗的种类不同，其性能、用法、用量、接种反应、注意事项各不相同，要详细阅读说明书，全面了解所用疫苗的性能、用途、用法等。

4. 仔细检查核对

使用前应对所用疫苗进行仔细检查，核对疫苗的名称、规格是否与免疫程序相一致，如果发现疫苗瓶有破损、封口不严、无标签或标签不清楚，疫苗有异物或变质、破乳分层、颜色改变、已过有效期、未在规定条件下保存等现象，均不能使用。

5. 接种途径的选择

免疫接种的途径有滴鼻、点眼、饮水、气雾、刺种、皮下注射、肌内注射、穴位注射、气管内注射和肺内注射等，应根据疫苗的类型、性质和疫病特点及免疫程序，选择正确的免疫接种途径。

6. 正确稀释疫苗

不同疫苗的稀释液不尽相同，病毒性活疫苗一般使用灭菌的生理盐水稀释，细菌性活疫苗一般使用20%氢氧化铝胶生理盐水稀释，必须按照说明书的规定稀释，才能保障免疫效果。对需要作特殊稀释的疫苗，应用指定的稀释液，而其他的疫苗一般可用生理盐水或蒸馏水稀释。大群饮水或气雾免疫时应使用蒸馏水或去离子水稀释，注意通常的自来水中含有消毒剂，不宜用于疫苗的稀释；稀释液应是清凉的，这在天气炎热时尤应注意。稀释液的用量在计算和称量时均应细心和准确；稀释过程应避光、避风尘和无菌操作，尤其是注射用的疫苗应严格执行无菌操作；稀释过程中一般应分级进行，对疫苗瓶一般应用稀释液冲洗2～3次，疫苗放入稀释器皿中要上下振摇，力求稀释均匀；稀释好的疫苗应尽快用完，尚未使用的疫苗也应放在冰箱或冰水桶中冷藏。

7. 注意无菌操作

免疫接种前，应将使用的器械（如注射器及针头，疫苗和稀释瓶等）认真清洗、消毒；免疫接种人员的指甲应剪短，用消毒液洗手，穿消毒工作服、鞋；吸取疫苗时，先用酒精棉球擦拭消毒瓶盖，再用注射器抽取疫苗；如一次吸取不完、不要把插在疫苗瓶上的针头拔出，以便继续吸取疫苗，并用酒精棉球盖好，严禁用给动物接种疫苗的针头吸取疫苗，以防被污染；注射部位用2%～5%的碘酊棉球由内向外螺旋式消毒接种部位，最后用挤干的75%的酒精棉球脱碘；注射一头畜/禽更换一次针头，防止疫病交叉传染。

8. 接种剂量要准确

一定要按规定的接种剂量使用，不要过大或过小，免疫剂量不足，群体产生的低水平抗体无法抵抗野毒的侵袭，会造成免疫失败；免疫剂量过大，应激反应严重，容易造成免疫麻痹。经常观察注射器刻度，确保每头畜（禽）都接种上剂量相同的疫苗，避免少注、漏注，禁止打“飞针”。

9. 防止散毒

使用活疫苗时，要特别注意防止散毒。在吸取疫苗排除注射器内的空气及注射疫苗时，严防疫苗外溢，凡疫苗沾染之处，均须进行严格消毒。

10. 接种时间要求

使用疫苗最好在早晨，应避免在气候突变、过冷或过热的情况下进行免疫接种，在使用过程中应避免阳光照射和高温环境。疫苗瓶开启和稀释后要立即使用，一般弱毒疫苗应在2～4小时内用完；灭活苗从冰箱中取出后，不要当即注射，应将疫苗恢复至常温；使用前和使用过程中均应充分摇匀；当天用完，未使用完毕的疫苗应废弃，并进行无害化处理。

11. 免疫前后不要滥用药物

使用弱毒菌苗前后1周不要使用抗生素及磺胺类药物（包括饲料中添加的药物）；使用病毒性活疫苗前后1周不要使用抗病毒性药物、干扰素及免疫抑制剂，以免影响免疫效果。

12. 注意自身防护

防疫人员在使用疫苗的过程中，要加强自身的防护，特别是使用人畜共患病疫苗和活疫苗时，应谨慎小心，严格遵守操作规范，及时做好自身的消毒、清洁工作。

13. 加施畜禽标识，建立防疫档案

免疫接种时，应按农业部的规定在猪、牛、羊左耳中部加施二维码电子耳标，实行一头一标，猪、牛、羊、鸡、鸭、鹅、犬等因免疫项目不同，应分别签发农业部统一印制的“动物免疫证”，按要求填写“畜禽养殖场防疫档案”或“畜禽散养户防疫档案”，做到耳标、免疫证、防疫档案等免疫标识“三对照”。动物一经加挂二维码标识耳标后，防疫员应及时将标识编码和有关信息输入移动智能识读器，并上传至畜禽标识信息数据库。这样，以后在动物的饲养、运输、流通等各个环节通过识读器读取动物的二维码标识耳标，即可获得该动物防疫等的相关信息，从而实现对动物及动物产品的有效追踪和溯源。

14. 提高疫苗免疫效果

为提高疫苗的免疫效果，应加强饲养管理，提供优质全价饲料，确保畜禽营养需要，特别是蛋白质、维生素、微量元素等。也可适当使用黄芪多糖、亚硒酸钠、左旋咪唑等有增强免疫效果的药物。

15. 定期监测抗体水平

评价畜禽的免疫接种效果，实践经验固然重要，但不能代替实验室的监测，免疫后要及时采血到当地动物疫病预防控制机构实验室进行抗体监测，评价免疫效果，对于抗体水平不合格的畜禽，要立即进行补免补防。定期监测抗体水平的变化，做到有的放矢，及时修订免疫计划。

16. 兽用疫苗的废弃与处理

(1) 废弃　兽用疫苗具有下列情况时应予以废弃：无标签者；无批准文号者；疫苗瓶破损或瓶塞松动者；瓶内有异物者；有腐败气味或已发霉者；颜色等性状异常者；超过有效期者。

(2) 处理　对不能使用而废弃的疫苗，为了防止散毒，应进行必要的处理，灭活疫苗应倾倒于小口坑内，加上生石灰或消毒液，加土掩埋；未用完的活疫苗、用过的活疫苗瓶，应先采用高压蒸汽消毒或煮沸的方法消毒，然后再掩埋；凡被活疫苗污染的衣物、物品、用具等，应当用高压蒸汽灭菌消毒和煮沸消毒；用过的酒精棉球、碘酊棉球等废弃物应收集后焚烧或深埋处理；污染的场所应用消毒液喷洒消毒。

（二）注意事项

1. 准确稀释

稀释疫苗应按使用说明规定，准确无误。对于需要使用特殊稀释液的疫苗，一定要用配套的专用稀释液；其他的疫苗最好采用灭菌生理盐水或蒸馏水进行稀释，若无条件，可用煮沸放冷的洁净地下水代替，但效果不如前者好。由于自来水含有消毒剂，因而绝对不要直接使用自来水稀释疫苗，万不得已也应将自来水煮沸后放置过夜再使用。

2. 严格管理

稀释过程中应避光、避风和无菌操作，注射用疫苗尤应严格进行无菌操作，并使用灭菌的注射器。所有疫苗一经开启应在 2～4 小时内用完。稀释好但尚未使用的活疫苗应放在冰箱或浸在冰水中，并在 2 小时内用完。不能随意将不同的疫苗混合使用；液氮保存的疫苗其使用操作技术严格，为确保人身安全和疫苗的免疫效果，应由经过培训的专业人员负责管理和应用。

3. 妥善处置

在发生疫情紧急接种时，应按先注射健康群，再注射可疑群，最后接种发病群的顺序进行；操作人员不小心将油乳剂灭活苗注入自己身体时，可能引起局部反应。应立即请医生处理，并告诉医生是油乳剂灭活苗；接种完毕，双手应立即洗净并消毒，剩余的药液、疫苗瓶及所有用过的器械应煮沸处理。

第三节　免疫接种途径

一、皮下注射法

皮下注射法是将疫苗注入皮下结缔组织内的注射方法。皮下注射的药物可由皮下结缔组织内丰富的毛细血管吸收入血，皮下有脂肪层，药物吸收慢，药效维持时间长。药液吸收比口服给药快，剂量准确，比血管内给药安全易操作。皮下注射可大量注入药物，易导致注射部位肿胀疼痛。

（一）注射部位

多在皮肤较薄，富有皮下组织，活动性较大的部位注射。牛多采用颈侧部位。

（二）注射方法

动物保定，局部剪毛消毒。术者左手中指和拇指捏起注射部位的皮肤，同时用食指尖下压使其呈皱褶陷窝，右手持连接针头的注射器，针头斜面向上，从皱褶基部陷窝处与皮肤呈 30°～40°角，刺入针头的 2/3（根据动物体型适当调整），此时感觉针头无阻抗，且能自由活动针头时，左手把持针头连接部，右手抽吸无回血，即可推压针筒活塞，注射药液。如需注射大量药液，应分点进行。注射完毕，用左手持酒精棉球压迫针孔部，迅速拔出针头。必要时可对局部轻轻按摩，促进吸收。

（三）注射注意事项

刺激性强的药物不能做皮下注射；药量多时，可分点注射，注射后最好对注射部位轻度按摩或温敷。

二、肌内注射法

肌内注射法是将疫苗注入肌肉内的注射方法。药物吸收缓慢，药效维持时间长。肌肉皮肤感觉迟钝，因此不宜注射刺激性药物。因肌肉致密，只能注射少量药液。由于动物的骚动，操作不熟练者易导致针头折断。

（一）注射部位

牛多在颈部及臀部。

（二）注射方法

保定动物，局部剪毛消毒处理。术者左手固定于注射局部，右手持连接针头的注射器，使针头与皮肤垂直，迅速刺入肌肉内，一般刺入 2～3 厘米；而后用左手拇指与食指握住针头结合部分，以食指指节顶在皮肤上，再用右手抽动针管活塞，无回血，即可缓慢注入药液。如有回血，可将针头拔出少许再行试抽，见无回血后方可注入药液。注射完毕，用左手持酒精棉球压迫针孔部，迅速拔出针头。有时也可先以右手持注射针头，直刺入局部，接上注射器，然后以左手把住针头和注射器，右手推动活塞手柄，注入药液。

（三）注意事项

为防止针头折断，刺入时应与皮肤呈垂直的角度并且用力的方向与针头方向一致；注意不可将针头的全长完全刺入肌肉中，一般只刺入全长的 2/3 即可，以防折断时难以拔出；对强刺激性药物不宜采用肌内注射；注射针头如接触神经，使动物骚动不安，应变换方向后再注射药液。

第四节　免疫接种程序

一、概念

免疫程序是指根据一定地区、养殖场或特定动物群体内传染病的流行状况、动物健康状况和不同疫苗特性，为特定动物群体制订的免疫接种计划，包括接种疫苗的类型、顺序、时间、方法、次数、时间间隔等规程和次序。科学合理的免疫程序是获得有效免疫保护的重要保障。

二、制订免疫程序考虑的因素

根据本场的实际情况，考虑本地区牛的疫病流行特点，结合饲养管理、母源抗体的干扰以及疫苗的性质、类型等各方面因素和免疫监测结果，制订适合本场的免疫程序。其中下列几点是需要我们重点考虑的因素。

（一）牛场发病史

在制订免疫程序时必须考虑本地区牛病疫情和该牛场已发生过什么病、发病日龄、发病频率及发病批次，确定疫苗的种类和免疫时机。如果是本地区、本场尚未证实发生的疾病，必须证明确实已受严重威胁时才计划接种。

（二）母源抗体干扰

免疫接种还要考虑母源抗体。尤其是犊牛初次免疫，应按母源抗体的消长情况选择适宜的时机进行接种。如果接种得早，则受到母源抗体的干扰而影响免疫效果，如果接种时间过晚，没有保护力的时间过长，牛群发生传染病的危险性较大，这个时机最好通过免疫监测，依抗体的水平来确定。

（三）不同疫苗之间的干扰

在接种疫苗时，要考虑疫苗之间的相互影响。如果疫苗间在引起免疫反应时互不干扰或有相互促进作用可以同时接种；如果相互有抑制作用，则不能同时接种，否则会影响免疫效果。因此，在不了解情况时，不要几种疫苗同时免疫接种。可联合使用的疫苗最常见的是牛瘟、牛丹毒、牛肺疫三联苗。

（四）季节性预防疫病

在可能流行口蹄疫的地区，每年春、秋两季各用同型的口蹄疫弱毒苗接种一次，肌内或皮下注射，1～2 岁牛 1 毫升，2 岁以上牛 2 毫升；经常发生炭疽或受威胁地区的牛，每年春季应做炭疽菌苗预防接种一次；在春季或秋季定期预防接种牛巴氏杆菌病 1 次等。

三、参考的免疫程序

牛参考的免疫程序见表 4-1 和表 4-2。

表 4-1 肉牛免疫程序

疫苗名称	用途	免疫时间	用法用量
牛气肿疽灭活疫苗	预防牛气肿疽。免疫期 6 年	犊牛 1～2 月龄和 6 月龄各免疫一次	颈部或肩胛部后缘皮下注射，5 毫升/头。生效期 14 天左右
口蹄疫疫苗	预防牛口蹄疫。免疫期 6 个月	犊牛 4～5 月龄首免；以后每隔 4～5 个月免疫一次	皮下或肌内注射，犊牛 0.5～1 毫升/头，成年牛 2 毫升/头。生效期 14 天
牛出血性败血病氢氧化铝菌苗	预防牛出血性败血病；免疫期 9 个月	犊牛 4.5～5 月龄首免；以后每年春、秋各一次	皮下或肌内注射；犊牛 4 毫升/头，成年牛 6 毫升/头。生效期 21 天
无毒炭疽芽孢苗	预防牛炭疽。免疫期 1 年	每年 5 月或 10 月全群免疫一次	皮下注射，成年牛 2 毫升/头；犊牛 0.5 毫升/头。生效期 14 天
布氏杆菌猪型 2 号	预防布氏杆菌病。免疫期 1 年	一年一次（3～4 月或 8～9 月）	皮下或肌内注射，5 毫升/头。生效期 30 天
传染性胸膜炎	预防传染性胸膜炎。免疫期 1 年	一年一次（3～4 月或 9～10 月）	臀部肌内注射，成年牛 2 毫升/头，小牛 1 毫升/头。生效期 21～28 天

表 4-2　牛场免疫程序

年龄	疫苗(菌苗)	接种方法	备　注
1月龄	第Ⅱ号炭疽芽孢苗(或无毒炭疽芽孢苗)	皮下注射1毫升(或皮下注射0.5毫升)	免疫期1年
	破伤风明矾沉淀类毒素	皮下注射5毫升	免疫期6个月
	气肿疽甲醛明矾菌苗	皮下注射5毫升	免疫期6个月
6月龄	狂犬病弱毒苗	皮下注射25～50毫升	免疫期1年
	布氏杆菌19号苗	皮下注射5毫升	免疫期1年
	气肿疽牛出血性败血病二联苗	皮下注射1毫升,用20%氢氧化铝盐水溶解	免疫期1年
12月龄	第Ⅱ号炭疽芽孢苗(或无毒炭疽芽孢苗)	皮下注射1毫升(或皮下注射0.5毫升)	免疫期1年
	破伤风明矾沉淀类毒素	皮下注射1毫升	免疫期1年
	狂犬病疫苗	皮下注射25～50毫升	免疫期6个月
	口蹄疫弱毒苗	皮下注射5毫升	免疫期6个月
18月龄	狂犬病疫苗	皮下注射25～50毫升	免疫期6个月
	布氏杆菌19号苗	皮下注射5毫升	免疫期1年
	牛痘苗	皮内注射0.2～0.3毫升	免疫期1年
	气肿疽牛出血性败血病二联干粉苗	皮下注射1毫升,用20%氢氧化铝盐水溶解	免疫期1年
	口蹄疫弱毒苗	皮下或肌内注射2毫升	免疫期6个月
	魏氏梭菌灭活苗	皮下注射5毫升	免疫期6个月
20月龄	第Ⅱ号炭疽芽孢苗(或无毒炭疽芽孢苗)	皮下注射1毫升	免疫期1年
	破伤风类毒素	皮下注射1毫升	免疫期1年
	狂犬病疫苗	皮下注射25～50毫升	免疫期6个月
	口蹄疫弱毒苗	皮下或肌内注射2毫升	免疫期6个月
	魏氏梭菌灭活苗	皮下注射5毫升	免疫期6个月
成年牛	气肿疽甲醛明矾菌苗	皮下注射5毫升	每年春季接种一次
	炭疽菌苗	皮下注射1毫升	每年春季接种一次
	破伤风类毒素	皮下注射1毫升	每年定期接种一次
	口蹄疫弱毒苗	肌内注射2毫升	每年春、秋季各接种一次
	狂犬病疫苗	皮下注射25～50毫升	每年春、秋季各接种一次
	魏氏梭菌灭活苗	皮下注射5毫升	免疫期6个月
妊娠牛	犊牛副伤寒菌苗	见疫苗生产标签	分娩前4周
	犊牛大肠杆菌菌苗	见疫苗生产标签	分娩前2～4周
	魏氏梭菌灭活苗	皮下注射5毫升	分娩前4～6周

第五节　免疫效果的检测和评价

一、免疫效果检测的意义

(一) 检验免疫接种效果

动物体内的抗体水平（先天获得的母源抗体和后天免疫所获得的抗体）与免疫效果有直接关系。免疫接种后，是否已在动物机体产生效果，是否产生足够高的抗体水平，必须通过实验室进行检测，检测结果证实已产生均匀度好且达到保护水平的抗体，方可证明免疫是有效的。某些免疫抑制病的存在、疫苗质量低下、疫苗保存运输不当、操作稀释不科学等多种原因，均可能导致免疫失败。因此，在免疫前和免疫后 3～4 周对被免疫动物采血进行抗体检测，并将免疫前、后的抗体水平进行对比，可以确认免疫效果。减少因疫苗质量、免疫抑制病等因素导致的免疫失败，做到心中有数。如果发现免疫没能达到预期效果，则要检查疫苗质量、免疫程序和管理措施，并及时进行补免。

(二) 掌握抗体消长变化

疫苗初次进入动物机体后，需要经历一定的潜伏期才能形成抗体。抗体水平免疫初期为阴性，经过一段时间逐渐升高，到达峰值，再逐渐消失，形成一次抗体消长曲线。在首次抗体曲线的末段，再次接种疫苗，当机体再次受到抗原刺激时，体内残留的抗体迅速地和新引入的抗原结合，反而使原来的抗体水平降低，但抗体随后开始显著上升，在短时间内达到高峰，并且保持较长时间，然后才逐渐下降。如果免疫时机选择不当，体内抗体水平过高，再次免疫时，由于新进入的疫苗（抗原）与过高的抗体发生中和反应，使部分抗原失效，有效刺激抗原量减少，从而刺激机体产生抗体能力变弱，抗体水平和含量均下降，易发生免疫失败。因此通过实验室检查，监控机体免疫状况，可以选择最佳的时机进行免疫，提高免疫效果。另外，可以根据仔动物母源抗体既监测结果，确定首免时间。由于种牛场在种牛产犊前要对其进行加强免疫，因此犊牛体内都含有母源抗体，母源抗体既能保护犊牛免受强毒侵袭，也能中和疫苗使免疫失败。如果首免时间过早，则疫苗被中和；如果首免时间过晚，则母源抗体水平太低，免疫抗体出现保护空当儿，不能保护犊牛。因此，对于免疫程序不合理的养殖场，给幼龄动物接种前，应当进行母源抗体检测，当母源抗体水平下降到临界值时，进行免疫接种效果最好。

（三）科学制订免疫程序

根据疫病存在情况，结合抗体检测结果，有助于最佳免疫程序的制订。动物整个养殖周期中要接种多种疫苗，由于各种传染病的易感日龄不同，且各种疫苗间又存在着相互干扰的作用，每一种疫苗接种后其抗体消长规律不同，这就要求养殖场要制订出适合本场情况的免疫程序。准确选择免疫时机是制订恰当免疫程序的关键。免疫时机的选择就是要考虑母源抗体和残余抗体的影响。所以，监控抗体的消长状况，选择恰当的免疫时机，制订适合本场的免疫程序是非常重要的。选择了合适的免疫时机，就会大大增加免疫成功的概率。不根据实际情况，忽视免疫监测而盲目地、千篇一律地推荐和套用某种免疫程序是极不科学的。初次使用的免疫程序应定期测定免疫动物群的免疫水平，发现问题要及时进行调整并采取补救措施。

二、免疫监测的主要方法

（一）血清学检测

免疫监测的主要方法有血清学方法，包括血清中和试验(SNT)、血凝抑制试验（H1）、琼脂凝胶扩散试验（AGP）、快速血清平板凝集试验、酶联免疫吸附试验（ELISA）等。

（二）免疫监测的频率

养殖场建立某种病的抗体监控程序要充分考虑本场的饲养管理情况和免疫程序等因素，不同的养殖场应建立适合自己的监控程序，但要注意采用正确的采样方法和样品数量，同时还要保证一定的频率。一般疫苗免疫后 3～4 周开始检测免疫效果，以后每隔 4～5 周检测一次。母源抗体的监测，以猪瘟为例，猪瘟母源抗体半衰期为 10～14 天，一般延续到 2 个月，不同免疫程序、不同的猪群母源抗体消长时间差异较大。母源抗体监测宜在仔猪 10～15 日龄左右进行，以确定首免时间；对于种用动物至少每半年进行一次抗体检测，评估其健康状态和抵抗力，并预测其后代的母源抗体水平；对预备种用的动物，要先进行抗体检测以确保其状态和抗体水平。

（三）采样数量

进行免疫效果监测时，根据猪群大小确定采样量，一般每群血清样品应采集 20～30 份。送样者送样时要与检测单位做好沟通，要将自己检测的目的告之检测单位，是诊断疫病还是评价免疫效果，是测一种病还是多种病，这样检测者就能够按要求开展检测。当送样者拿到检测报告单后，应仔细阅读。一般报告都清楚地列有检测结论。

管理良好的养殖场选用固定的疫苗和免疫程序，加上采用重复性和稳定性良好的诊断试剂检测，其群体的抗体应当有一定的规律可循，也就是有一个基准线。抗体一旦偏离这个基准线，如大幅度升高或降低，都会提示兽医人员要检查其免疫状况和野毒感染状况。一旦发现抗体水平低于保护值，要及时进行补免，补免效果仍然不好的，就要从疫苗质量、免疫抑制病、疫苗剂量等方面查找原因，及早采取措施。对于有问题的养殖场或规模小的养殖户，应通过抗体检测来检验疫苗质量和免疫程序，不断改善动物的抗体状况，同时加强生物安全方面的管理，使牛群免疫状况始终处于理想状态，最终达到控制疫病的目的。

如果检测出送检牛场流行某种动物疫病，应当立即采取针对性的无害化处理病死畜、紧急免疫、消毒等综合防控措施。对试验筛选出的敏感药物，应当优先使用，以提高治疗效果。

三、疫苗免疫效果的评价

疫苗免疫接种的目的是为了提高动物对疫病的抵抗力，免疫后到底效果如何，免疫效果的好与不好如何评判，是否能达到抗病的目的，需要对疫苗免疫效果进行评价。免疫效果评价的方法主要包括动物流行病学方法、血清学方法和人工攻毒试验。

（一）流行病学评价

通过对免疫动物和非免疫动物的生长表现、生产性能、病死率等临床指标进行广泛的调查统计，进行统计分析比较，评价疫苗的免疫效果。常用的免疫效果评价指标包括：

效果指标＝对照组患病率/免疫组患病率

保护率＝(对照组患病率－免疫组患病率)/免疫组患病率

当效果指数＜2 或保护率＜50％时，则认为该疫苗无效。

（二）血清学评价

利用血清学方法检测体内抗体含量，以某种传染病发生时保护性抗体的最低值（保护性抗体临界值）作为依据进行免疫效果评价。经常应用的评价指标是抗体的转阳率和抗体的平均滴度。抗体转阳率（是指被接种动物免疫接种后抗体转为阳性者所占的比例）是衡量疫苗接种效果的重要指标之一。如牛口蹄疫疫苗的免疫效果，以免疫14天后，抗体阳性转化率以70%为合格。另外，也可通过测定免疫动物群血清抗体的平均滴度，比较接种前后滴度升高的幅度及其持续时间，来评价疫苗的免疫效果。如果接种14天后的平均抗体滴度比接种前升高4倍以上，则认为免疫效果良好；如果小于4倍，则认为免疫效果不佳或需要重新进行免疫接种。另外，更直观的方法是检查免疫后14～21天达到免疫保护临界值的血清样品占总样品的百分率，70%的动物在免疫保护临界值（如口蹄疫O型抗体滴度达到25）以上，即可认为免疫合格，可以有效抵御野毒的侵袭。对保护期内的动物，每月进行一次抗体检测，绘制抗体曲线，动物在免疫期内的抗体效价在保护线之上，则认为免疫效果较好。

（三）攻毒试验

在疫苗研制中，经常需要对免疫动物进行攻毒试验确定保护率、开始产生免疫力的时间、免疫保护期和保护抗体临界值等指标，用以评价疫苗的免疫效果，并制订其免疫程序。

第六节　免疫接种后的异常反应及控制措施

随着养殖业的规模化、集约化发展，疫病发生频率极大增加，免疫接种对有效预防、控制动物疫病发挥了至关重要的作用，但是，随着免疫种类、免疫次数的不断增多，畜禽在免疫过程中发生不良反应的比例明显增加。动物免疫接种不良反应的发生，特别是免疫注射引起的死亡，不仅给养殖场（户）造成了一定的经济损失，而且影响到动物防疫工作的正常开展。

一、免疫接种的不良反应类型

免疫接种的目的是刺激机体产生针对某些特异性抗原的免疫反应，提高机体特异性抗病能力。但是，由于疫苗对动物机体来说是一种异源物质，免疫后受多种因素影响，在动物体内产生一系列与免疫无关的不良反应，这种不良反应统称为免疫副反应。在免疫接种过程中，出现不良反应的强度和性质与疫（菌）苗的种类、质量（疫苗贮藏、运输等不当，质量不高）、毒性以及动物个体和品种差异［忽视品种和个体差异或过早接种疫（菌）苗］、接种时操作方法（如免疫接种途径错误，操作不规范及注射剂量过大，部位不准确）、被免疫动物健康状况（接种前临床检查不细，带病接种疫苗）等因素有关。根据不良反应的强度和性质可分为以下 3 种类型。

（一）正常反应

是指疫苗本身的特性引起的反应。大多数动物在接种疫苗后不会出现明显的不良反应，少数动物在接种疫苗后，发生一过性的精神沉郁、食欲下降、注射部位出现短时轻度炎性水肿等局部或全身性异常表现。

（二）严重反应

是指与正常反应在性质上相似，但反应的程度重或出现反应的动物数量较多。引起严重反应的原因通常是由于疫苗的质量低劣、毒（菌）株的毒力太强、注射剂量过大、操作错误、接种途径或使用对象不准等。

（三）过敏反应

是指疫苗本身或其培养液中存在某些过敏源，导致动物在接种疫苗后迅速出现过敏反应。发生过敏反应的动物表现为缺氧、黏膜发绀、严重的呼吸困难、呕吐、腹泻、虚脱或惊厥等全身反应甚至过敏性休克。根据反应的程度和临床表现，可分为最急性过敏、急性过敏和慢性过敏 3 种类型。

1. 最急性过敏型

被接种的动物在接种疫苗后 10 分钟之内，迅速出现呼吸困难，口吐白沫，呕吐，无意识排便，鸣叫呻吟，站立不稳，倒地抽搐，体温降低，可视黏膜、皮肤苍白，心跳快而弱，脉沉细数，虚脱或惊厥等全身反应甚至过敏性休克。整个过程短则几秒钟，长者不超过 1 小时，若抢救不及时，则很快休克或死亡。

2. 急性过敏型

呆立不动，精神萎靡，呼吸急促，口流涎沫，全身肌肉颤抖，出汗，呕吐食物，拒食，强迫行走则步态不稳或突然倒地，大小便失禁，瞳孔散大，反射减弱，四肢冰凉，偶尔有鼻腔出血，猪有时可见皮疹，体温升高 1～2℃，心率增快，脉沉细数。

3. 慢性过敏型

1～3 天表现临床症状，慢食或不食，蹄部疼痛，注射部位肿胀或炎性水肿，有急性型症状，但较轻微，自然或稍微对症治疗即可痊愈。

二、动物疫苗接种后不良反应的主要表现

（一）局部症状

1. 炎症反应

接种部位及周边组织充血，局部出现红肿热痛炎症反应。一般情况为手触可感觉肿胀或眼观可见肿胀，严重时可致感染破溃，甚至引起全身性反应。

2. 结节

接种部位出现结节，多数能够逐渐吸收，个别形成无法吸收的硬结。

3. 坏死

接种部位发生出血、瘀血，使周边组织物质代谢紊乱，逐渐出现坏死。

4. 局部过敏反应

个别动物接种疫苗后，出现瘙痒、皮疹等局部过敏反应症状。

（二）全身症状

1. 一般反应

一些动物出现沉郁或不安，体温升高，食欲下降、腹泻、跛行等症状。

2. 急性反应

一般由接种疫苗后引起的过敏反应所致。一些动物出现急性全身性荨麻疹症状；还有个别动物出现精神萎靡，独处呆滞，结膜充血，皮肤发紫，呼吸短促，口鼻流涎，呕吐拒食，强迫行走步态不稳或突然倒地等症状。最急性反应可见：体温降低，可视黏膜、皮肤苍白，呼吸困难，口吐白沫，呕吐反食，肌肉震颤，冷汗淋漓，大小便失禁，鸣叫呻吟，躯体强直，站立不稳，倒地抽搐，瞳孔散大，反射减弱，四肢冰凉，鼻腔出血等。

3. 其他反应

产奶、产蛋量减少：畜禽在疫苗接种后的一段时间里，出现精神不振，食欲缺乏，生长发育减缓，产乳量减少，产蛋率下降和产软壳蛋等。繁殖性能下降：接种疫苗后，可能出现母畜不发情，孕畜早产、流产、死胎，胎儿脑及其他组织产生病变，甚至出现先天性畸形或公畜短期精子活力下降、种禽所产种蛋不能入孵等。

（三）激发发病

处于潜伏感染期的动物，在临床症状没有表现或表现不明显的状态下，一旦接种同病疫苗后，可能发生偶合反应，激发急性发病，随即表现出这一疫病的临床症状或引起死亡。在进行紧急免疫接种时常有此现象发生。

（四）引发感染

一些动物在接种弱毒疫苗后，可能会出现该病的轻微感染症状，个别也会急性发病或死亡，医学上称为疫苗合并症，主要与动物机体免疫功能缺陷有关。此外，一些动物接种某些弱毒活疫苗可能引起暂时的免疫抑制，从而在几天或十几天内机体抵抗能力降低，易受到病原的侵袭引发感染。

三、免疫接种发生不良反应的原因

（一）疫苗因素

疫苗是用于人工自动免疫的生物制品，其主要成分为微生物、寄生虫、类毒素等抗原和佐剂、保护剂、培养物等化学物品，其本身就是一个致敏原。已有研究证实，疫苗中的致敏原能刺激机体产生 IgE 抗体，IgE 致敏周围的肥大细胞，释放组胺、5-羟色胺、迟缓反应物质、过敏毒素以及激肽、血清素等过敏介质，介质能够引起肺血压和全身血压下降、炎症反应，表现出支气管平滑肌痉挛，呼吸困难，肺淤血、水肿，肠痉挛，腹痛腹泻，全身瘀血，可视黏膜发绀等一系列临床症状。

每次免疫接种对动物来说都是一次应激，除机械性刺激外，疫苗本身要产生免疫保护力，必须刺激动物机体产生免疫反应。在此过程中，在注射部位和全身必然会有一些轻微的免疫刺激反应，表现出温和的局部或全身的反应，这是疫苗免疫所固有的一种正常反应。弱毒疫苗产生免疫保护力，必须感染细胞并在其中大量增殖，这一基本反应可能会引起可见的临床症状。疫苗抗原、防腐剂、佐剂等组成的免疫预防制剂，对动物机体来说是一种异体或大分子物质，动物机体在获得保护的同时，也必然会产生一些不利于机体的反应。由于上述原因，一些疫苗在正常使用情况下即可出现较重的不良反应。如无毒炭疽芽孢苗皮下注射可能引起局部核桃大的肿胀，伴有1～3天的体温反应；禽痘弱毒疫苗翼膜刺种会造成局部组织炎性红肿，部分出现局部组织坏死；传染性喉气管炎疫苗在进行滴眼免疫时，会造成部分禽出现一定程度的眼结膜炎及食欲缺乏，其中眼结膜炎严重的会造成失明，因此在该苗接种时仅在单侧眼点一滴即可，否则一旦引起两眼失明，后果严重。

其他因素还有：灭活疫苗抗原灭活不完全，弱毒疫苗毒力返强，疫苗抗原不纯，对某些菌苗在生产过程中产生的外毒素脱毒不完全，疫苗被外源病原污染，疫苗杂质过多，防腐剂、佐剂使用不当或质量较差等。

疫苗的种类不同，所含致敏原不同，且不同的免疫途径与接种剂量、接种次数与间隔、两种以上疫苗同时接种产生干扰等都会影响疫苗接种的不良反应的发生。再加上疫苗生产质量及其监督管理不过关、疫苗供应混乱、疫苗选择不合理、稀释液使用不合适、疫苗保存不适当、免疫程序不科学等都会引起疫苗接种的不良反应。

免疫接种的操作不当，如接种前临床检查不仔细，操作程序不规范，消毒不严格，注射针头选择不合理、更换不及时，接种部位选择不合适，接种剂注射深浅不适当，接种后观察不认真等也是产生不良反应的原因。

（二）被接种动物因素

动物营养不良，体质虚弱，抵抗力低下，感染慢性疾病，妊娠后期，过敏性体质，精神易高度紧张的品种或个体，自身存在免疫缺陷等；或动物在免疫接种前已经受到该病原感染，处于潜伏期，没有表现临床症状。

（三）应激因素

应激可能使机体呈现过敏体质状态。饲料的改变、气候的突变、并群分群、长途运输、环境卫生条件差（如通风不良、尘粉飞扬、氨与硫化氢等有毒有害有味气体熏蒸、惊吓、拥挤、寒冷或高温等）等不良刺激。尤其是粗暴操作、追赶着给牲畜注苗，都会给牲畜造成强烈的应激。给处在这些应激状态下的牲畜接种疫苗是最容易发生不良反应的。

四、免疫接种不良反应的控制

（一）做好接种前的健康检查

接种前应当了解当地动物疫病流行情况，认真进行动物群体和个体健康检查。对确认健康状况良好、无疫病感染的动物实施疫苗接种；对患病或疑似患病、体温升高、精神萎靡、食欲缺乏、营养不良、体弱年老、外伤未愈、产仔不久、哺乳、幼小的动物不予或暂缓疫苗接种；对怀孕后期的动物应当慎用或不用反应较强的疫苗。一般情况下，预产前 2 个月内的牛暂不进行免疫接种；怀孕早期的牛免疫接种时，要保定牢固，最好同时注射黄体酮 100 毫克进行保胎，防止流产。

（二）强化免疫接种期间的饲养管理

健全完善生物安全体系建设，推行精细化饲养管理，提高牛的整体健康水平和非特异抗病力，减少牛生存环境中病原微生物的数量和传入的概率，减少牛的应激刺激，是预防免疫接种不良反应发生的根本措施。建议在免疫接种的前后 10 天特别注意提高营养水平（主要是提高饲料中的能量和蛋白质水平，适当增加维生素 E、维生素 A、矿物质硒、铁、锌等），面对当前牛病复杂的局面，同时在饲料中添加免疫增强剂，并供应充足添加了电解质多维（如信得纳维）的饮水让免疫期牛自由饮用。

（三）科学使用疫苗

选择疫苗以及选择疫苗的接种途径，应当考虑动物的种类、年龄、饲养方式以及周围环境动物疫病发生等情况，避免可能引起的不良反应。如牛、羊弱毒口蹄疫疫苗严禁给猪使用，否则会引起猪只死亡；鸡新城疫Ⅰ系疫苗对 20 日龄之前的鸡仍有致病力；传染性支气管炎 H52 疫苗错用于 7 日龄之前的雏鸡时，会出现严重的呼吸道症状并发生大批死亡；鸡新城疫和传染性支气管炎等活疫苗，在饮水、滴鼻或点眼接种时，对接种鸡是安全的，但是如果进行气雾接种，则常会出现呼吸道症状；大动物会对矿物油佐剂过度敏感；要按照规定条件保管和运输疫苗。不使用过期、变色、污染、发霉、有杂质、瓶裂、失真空、封口不严、稀释不全、(液体疫苗)受过冻结的疫苗。

要使用质量信誉有保障的正规疫苗。使用前应当认真阅读疫苗使用说明书，详细了解疫苗的用途、用法、用量及注意事项等。需稀释的疫苗按照使用要求，选择相应的稀释液，并严格按照规定的方法和倍数正确稀释疫苗。配备稀释液的，要使用专用稀释液进行稀释；没有配备稀释液的，一般使用蒸馏水或凉开水稀释，最好使用灭菌生理盐水进行稀释，以尽量减少热源反应。

制订科学的免疫程序，并严格遵照执行。免疫程序应当针对当地疫病流行情况和自身特点，并随着条件的改变而随时合理调整，要避免盲目照搬和墨守成规。使用两种以上疫苗时，每种疫苗接种的时间应当间隔 7 天以上；病毒性活疫苗和灭活疫苗同时使用时，也应当将接种部位分开进行。

当对一定区域内饲养的动物首次集中接种某一种疫苗时，往往会由于动物群体对这一疫苗缺乏识别信息，而出现动物个体不良反应比例偏高或反应较大的现象。此时，应当在先进行小范围接种试验证明安全的基础上，注重做好不良反应救治的准备工作。

使用弱毒活疫苗，应当考虑疫苗残余毒力的影响，尤其对首次使用的动物群体或种用动物，可能引起严重反应。因此，在首次全面使用某批次弱毒活疫苗时，要先选择少量动物，进行安全试验，并观察 14 天，确认安全后，再大批量应用。

在炎热的季节，应当避开中午和下午高温时段，在清晨或傍晚进行免疫接种。

(四) 严格执行操作规范

针头、针管、稀释瓶、容器、喷雾器等接种器械，在使用前要进行认真清洗和严格消毒；疫苗瓶开启或疫苗稀释后，要立即使用，并在规定时间内用完。疫苗在每次抽取使用前都要充分摇匀。严禁使用给动物注射过的针头再抽取疫苗。冷藏的疫苗，在使用前要在室温中预温一段时间，避免低温注射产生不良影响；正确选择接种部位，注射部位要严格按程序进行消毒。需皮内注射的疫苗必须接种在皮内；需肌内注射的疫苗，接种深浅要适度，没有特殊要求的一般不能过浅或过深；保证接种剂量准确。通过饮水、气雾或口服途径接种时，在保证动物不过于拥挤，能够均匀接受免疫的前提下，要根据动物数量、容器、空间等条件，合理计算和稀释疫苗。通过注射、点眼、滴鼻或刺种途径接种时，更应当对接种剂量准确把握。疫苗用量过大既易引起不良反应，也会使机体免疫应答减弱。

注射接种要做到注射一头动物更换一个针头；应当根据动物种类、个体大小选择适合的注射针头；注意检查针头质量，按照正确方法操作，防止针头折断于动物肌肉组织中。抓捕、保定过程应当使用专用器械、用具，避免造成机械性损伤，减少应激反应的发生。保定要切实到位，禁止不加保定“打飞针”。

在集中开展免疫接种时，应当注意将种类或年龄（日龄）存在违忌的动物区分隔离开来，防止失误接种或产生不良影响。

（五）注意接种后的观察

动物免疫接种后，不能立即驱赶和使役，要仔细观察5～10分钟，以保证对急性反应及时救治。在对各户饲养的畜禽进行集中免疫接种时，应当要求畜主认真进行观察，说明应当注意的事项，发现异常立即向防疫人员报告；同时，应当向畜主告知防疫人员去向和通信方式，保证能够及时沟通信息，有利于不良反应的及时救治。

（六）认真作好记录备案

应当健全免疫档案，并在每次免疫接种过程中详细填写相关内容，以备查验分析。记录包括动物种类、年龄、特征、数量、状态和疫苗名称、类型、规格、厂家、批号、有效期以及接种时间、途径、剂量、防疫人员姓名等内容。在集中免疫或大群体免疫中，应当将同批次疫苗保留1～2瓶，以备一旦出现多发不良反应时追查原因。

（七）出现不良反应的应对措施

1. 作好应急救治准备

应当在免疫接种前，事先备好备足急救药品，如肾上腺素、地塞米松和抗组胺药物等，以便随时处理动物可能出现的急性不良反应。

2. 加强接种后的饲养管理

注意做好动物免疫接种后的饲养管理，对减少动物不良反应的发生十分重要。一些局部、轻度的不良反应，只要饲养管理到位，很快就会自行恢复；严重的不良反应，也可通过加强饲养管理，促进身体康复；相反，动物接种后因饲养管理欠缺，很可能引发本不该出现的不良反应，或进一步加重不良反应的影响。

3. 局部症状的处置

局部轻度反应一般无需特殊处理，2～3 天可自行康复。对炎性肿胀严重的家畜，可用 0.3%普鲁卡因封闭，1 次/天；水杨酸氧化锌软膏涂敷或鱼石脂软膏涂擦，2 次/天；当炎性渗出停止后，改用湿温疗法，促进炎症产物的消化吸收。若有局部破溃，可涂龙胆紫，以防感染。对于浅表脓肿，在挑破排脓后可自行愈合，一般不需抗菌治疗。对深部出现的脓肿，可行外科手术治疗。术部消毒，低位切开排脓，用 0.2%高锰酸钾或 3%双缸或 0.2%利凡诺反复冲洗后，撒布碘仿磺胺粉。

4. 全身症状的处置

(1) 轻微全身反应　如发生微热、精神沉郁、食欲缺乏或不食等轻微反应时，一般无需做特别治疗，保持安静，避免惊扰，喂适口饲料，多数在 1～3 天后症状自然缓解或消失。疫苗反应出现的食欲缺乏、反刍停止，可给予一些辅助消化的消食健胃类药物，即可很快痊愈。

(2) 较重全身反应　如发生较重全身反应，应当视病情用药。如发热可使用 30%安乃近或复方氨基比林等解热镇痛药，并配合应用长效广谱抗生素；呕吐严重的，可用甲氧氯普胺（胃复安）等止吐剂；呼吸衰竭时，可使用尼克刹米等呼吸兴奋剂；心脏衰竭、皮肤发绀的，可注射 10%樟脑磺酸钠或安钠咖，注意保温；严重脱水时，用 5%葡萄糖生理盐水、维生素 C、复合维生素 B、复方盐水等输液；瘤胃膨气的，用套管针进行瘤胃放气；跛行歪颈的，用水杨酸钠等解热镇痛抗风湿药及维生素 B_1 等抗神经炎类药物和钙（镁）等神经兴奋调节类药物；产奶量下降时，乳房按摩、热敷 2～3 次/天，在饲料中添加维生素 A、维生素 E 或口服生乳中草药制剂。

有的牛注射疫苗后出现突然倒地，角弓反张，瞳孔散大，口吐白沫，来不及抢救即死亡。有的牛注射疫苗后过几分钟或十几分钟，最长不超过半小时，全身出汗，全身肌肉震颤，呼吸困难，站立不稳，心率加快，似醉酒样，有的牛高度兴奋，向前猛冲，不躲避障碍物，乱冲乱撞，极度兴奋。抢救措施：及时注射肾上腺素 5 毫升、地塞米松 25 毫克，连续两次注射可见效，必要时，加速效救心丸 30 粒。小牛用速效救心丸效果更好。

（3）孕牛疫苗反应流产　有些怀孕母牛在注射疫苗后，1～2小时出现流产症状，表现出不安，哞叫，呼吸困难，出汗，回头顾腹，弓腰，努责，阴道流出分泌物。抢救措施：可注射肾上腺素5毫升、黄体酮100毫克，间隔6小时，再注射肾上腺素5毫升、黄体酮100毫克；也可皮下注射1%的硫酸阿托品3毫升，症状可得到明显缓解。必要时可灌服中药：炒白术30克、砂仁20克、当归20克、川芎20克、白芍20克、熟地黄20克、党参20克、陈皮25克、紫苏叶25克、黄芩25克、炒阿胶25克、甘草9克、生姜15克。此方能起到固气安胎的作用。

对流产母牛要加强管理，及时应用益母草、红糖水恢复体力，1次/天，连用3天，使用补益清官净、益母生化散等中草药方剂促使胎衣恶露排出，同时子宫清洗或投放胎衣速脱（多西环素，亦称强力霉素）消炎。治疗时，必须注意药物间的拮抗作用和配伍禁忌，对可能引起较大毒副作用的药物必须按要求使用，避免因不当用药加剧不良反应或造成其他不良影响。多西环素可干扰青霉素的杀菌作用，应避免与青霉素合用；多西环素与碳酸氢钠、铁剂、氢氧化铝和镁盐制剂等含金属离子的药物合用时，亦可减少药物的吸收；与制酸药合用时使胃内pH值升高，影响药物的吸收。

（4）过敏性荨麻疹　对症使用抗组胺药物进行缓解或消除，也可使用盐酸麻黄碱注射液皮下注射，用量为牛50～300毫克/次，病畜瘙痒不安的，可用0.25%～0.5%普鲁卡因或安溴注射液静注，也可用扑尔敏注射液肌注。对慢性荨麻疹，可用自家血疗法治疗；局部可自配水杨酸酒精合剂（水杨酸0.5克，甘油250毫克，石碳酸2毫克，酒精50毫克）涂搽止痒。

（5）慢性过敏反应　采用对症治疗方法，在使用止痛消炎和助消化药物的同时，静脉注射100克/升葡萄糖酸钙，牛200～300毫升，一般3～5天痊愈。对出现眼睑水肿、腹泻及支气管痉挛等过敏症状的动物，使用盐酸苯海拉明注射液，肌内注射剂量为牛100～500毫克，隔12小时注射一次。

（6）急性过敏反应　立即皮下注射0.1%盐酸肾上腺素（20分钟后根据缓解程度，可重复同剂量再注射一次），牛2～5毫升；或肌注盐酸异丙嗪，用量为牛250～500毫克；或肌注、静脉注射地塞米松磷酸钠注射液（孕畜禁用），用量为牛 5～20 毫克。发生过敏性休克时，除使用上述方法外，还要迅速针刺耳尖、尾根、蹄头、大脉穴，放少量血；迅速将去甲肾上腺素（牛 10 毫克）加入 10%葡萄糖注射液（牛 1500 毫升），静脉滴注。待牛苏醒，脉搏逐渐恢复后，再将维生素 C（牛 5 克）、维生素 B_5（牛 3 克）加入 5%葡萄糖注射液（牛 2000 毫升），静脉滴注；然后再用 5%碳酸氢钠溶液（牛 500 毫升）静脉滴注。

第七节　提高免疫效果的措施

一、注重疫苗的选择和保管

疫苗质量是基础，要选择优质的疫苗；做好疫苗的运输和贮存工作，防止疫苗效价降低。疫苗要冷链运输。一般情况下，死菌苗、类毒素、血清及诊断液要保存在低温、干燥、阴暗的地方，温度维持在 2～8℃之间。防止冻结、高温和阳光直射。弱毒疫苗应在－15℃或更低的温度下保存，才能很好地保持其效力。在不同温度下保存的期限，不得超过该制品所规定的有效保存期。同时保存过程中的温度不得忽高忽低，马虎从事；疫（菌）苗在使用之前应逐瓶检查，盛药的玻瓶或安瓿破损、瓶塞松动、没有标签或标签不清、过期失效、制品的色泽和性状与该制品说明书不符，没有按规定的方法保存的都不能使用。

二、正确使用疫苗

应按具体要求正确使用疫（菌）苗。不同疫（菌）苗有不同的性质、组成成分和使用方法，配合使用时可能会出现疫（菌）苗间的干扰现象。因此，除生物药厂发放的联合疫苗外，所有单独发放的疫（菌）苗均不得随意配合使用，也不应随便改变用药途径。否则，可能会产生干扰现象或者难以收到免疫效果。故各种疫（菌）苗都必须按产品说明书的要求使用，不得随意改变。

三、接种前要进行健康检查

接种前，对被接种牛的状况、年龄、怀孕与否、饲养管理情况以及牛舍卫生状况都要进行了解。一般是体质健康、饲养管理及牛舍卫生条件良好的牛，注射疫（菌）苗后的异常反应较少，免疫效果也较好。反之，幼龄（特别是哺乳期内）的牛、体质较弱、患有慢性病、饲养管理和牛舍卫生条件较差的牛，注苗后往往异常反应较多、较重，且免疫效果较差。泌乳期的母牛，注苗后可能会出现一时性的产奶量下降。因此，对那些哺乳期的母牛和体弱的牛，如果不是已经受到传染威胁最好暂缓注射。对那些饲养管理和畜舍卫生条件较差的牛，在预防接种的同时，必须加强饲养管理，改善卫生条件。

四、正确的接种操作

（一）注意保定

接近前应由饲养员牵住牛绳，呼唤安抚，其他人员由侧方贴近。如牛仍骚动不安，用徒手保定法：保定者面向牛的头部，站于牛的一侧，一手握住内侧牛角，另一手拇指、食指（或中指）捏住牛的鼻中隔略向上提即可。

（二）严格消毒

进行免疫接种所需的用具，如注射器、针头、滴管等，都要洗涤干净，并经煮沸消毒后方可使用。药瓶应先除去封蜡，并用碘酊或75%酒精消毒，吸取疫（菌）苗的针头要固定，严禁用给动物注药后的针头吸药，以防污染药液。

注射部位先用碘酊，再用酒精脱碘，待挥发后再注射，注射完毕应按压少许时间以减少疫苗溢出。大批注射时，应选择专职消毒员，用0.5%碘酊先涂擦临时固定的右侧或左侧耳根后部的皮肤，然后用70%酒精脱碘，待3～5分钟后注射疫苗。禁忌用5%碘酊在注苗时局部消毒。

（三）减少接种传播

注射针头尽可能做到每头动物换一支，禁止用一支针头连续注射，以免从带菌（毒）动物把病原体通过针头传给健康动物。没有条件的，最多只能一栏牛用一个针头。

（四）避免应激

在接种疫苗前后，应尽可能避免造成剧烈刺激的操作，如转群、采血等，这些应激因素会降低牛机体的免疫机能，影响疫苗的效果。确实因科研等工作需要这些操作时，要严格注意牛群的健康状况，并对抗体水平进行监测。

五、加强接种后管理

接种后将剩余的疫苗及疫苗瓶无害化处理，使用的用具进行消毒处理。

六、注意疫苗之间的干扰作用

同时免疫接种两种或多种弱毒苗往往会产生干扰现象。产生干扰的原因可能有两个方面：一是两种病毒感染的受体相似或相同，产生竞争作用；二是一种病毒感染细胞后产生干扰素，影响另一种病毒的复制。要根据疫苗特性合理安排免疫间隔时间。

七、避免药物干扰

抗生素对弱毒活菌素的作用，吗啉胍（病毒灵）等抗病毒药对疫苗的影响，都应得到重视一些人在接种弱毒活菌苗期间，例如接种弱毒菌苗时使用抗生素，就会明显影响菌苗的免疫效果，在接种病毒疫苗期间使用抗病毒药物，如利巴韦林（病毒唑）、病毒灵等也可能影响疫苗的免疫效果。

八、保持良好的环境条件

牛体内免疫功能在一定程度上受到神经、体液和内分泌的调节。当环境过冷过热、湿度过大、通风不良时，都会引起牛体不同程度的应激反应，导致牛体对抗原免疫应答能力下降，接种疫苗后不能取得相应的免疫效果，表现为抗体水平低、细胞免疫应答减弱。多次的免疫虽然能使抗体水平很高，但并不是疾病防治要达到的目标，有资料表明，动物经多次免疫后，高水平的抗体会使动物的生产力下降。

九、疫情发生后的免疫

在传染病发生时，为了迅速控制和扑灭疫病，对疫区和受威胁区尚未发病的牛群应进行紧急接种。在外表正常的牛只中可能混有一部分带菌（毒）者，它们在接种疫苗后不能获得保护，反而会促使其更快发病，因此在紧急接种后的一段时间内，牛群中发病数有增多的可能，但由于这些急性传染病的潜伏期较短，而疫苗接种后又很快就会产生抵抗力，因此发病数不久即可下降，从而使流行很快停息。

第五章 牛的疫病控制

第一节 传染病

一、病毒性传染病

（一）口蹄疫

1. 简介

口蹄疫是由口蹄疫病毒（FMDV）引起的一种急性、发热性、高度接触性的传染病。主要侵害偶蹄动物，偶见于人和其他动物。临床特征为口腔黏膜、蹄部和乳房皮肤形成水疱和溃烂。本病有强烈的传染性，一旦发生，传播极快，往往能造成大面积流行，带来严重的经济损失。多发生于冬春季，到夏季往往自然平息。

口蹄疫的潜伏期为1～2天，病初体温升高至40～41℃，精神沉郁，食欲缺乏或废绝。口腔黏膜（舌、唇、齿龄、咽、腭）形成小水疱或糜烂。蹄冠、蹄叉、蹄踵等部出现局部发红、微热、敏感等症状，不久渐渐形成米粒大、蚕豆大的水疱，水疱破裂后表面溃疡出血，如无病菌感染，一周后痊愈。如继发感染，严重侵害蹄叶时，蹄壳脱落，患肢不能着地，常卧地不起。鼻镜、乳房也常可见到水疱破裂后形成的溃烂斑，如涉及乳腺可引起乳房炎，泌乳量显著减少，甚至停乳。口蹄疫病牛除口腔和蹄部的水疱和烂斑外，在咽喉、气管、支气管有时可见有圆形烂斑和溃疡。另外，具有诊断意义的是心脏病变，心包液浑浊，心肌色泽较淡，质地松软。心肌切面有灰白色或淡黄色斑纹或斑点，好似老虎皮上的斑纹，故称“虎斑心”。

根据急性经过、流行性传播、主要发生于偶蹄动物以及特征性的临床表现和良性转归一般不难做出初步诊断。

2. 防制

（1）增强机体抵抗力　加强饲养管理，饲料或饮水中添加黄芪多糖可溶性粉，提高饲料中维生素的含量，增强机体抵抗力。

（2）严格隔离消毒　严格执行隔离制度，场区要远离生活区、村庄，分区规划，生活区和生产区严格隔开。最好在远离牛舍的地方设置隔离舍。发现周边地区有口蹄疫流行时，应采取措施，杜绝一切带入病原的可能性；对外来车辆、人员、饲料等进行彻底消毒，对牛群和牛舍定期进行全方位消毒，对所有道路、圈舍运动场铺撒生石灰，限制牛群和人员的流动，每3天进行一次带畜消毒。

（3）免疫接种　对受威胁区的易感畜进行紧急预防接种，可选用牛O型口蹄疫灭活疫苗，成年牛3毫升/头，1岁以下的牛2毫升/头，肌内注射，注苗后第10天产生免疫力，免疫期达6个月，保护率达90%以上。

（4）发病后的措施　发现本病后，应迅速报告疫情，划定疫点、疫区，及时严格封锁。对病畜舍及受污染的场所、用具等每天应以3%火碱、0.5%过氧乙酸等进行消毒。在最后一头病牛痊愈或屠宰后14天内，未再出现新的病例，经大消毒后可解除封锁。

牛发生口蹄疫后，一般经过7天左右多能自愈，为了缩短病程，防止继发感染和死亡，应在严格隔离的条件下，及时对病牛进行支持治疗。治疗方案如下。

方案1：①局部以3%硼酸水、食醋或0.1%高锰酸钾溶液洗漱患部，口腔和乳房以碘甘油或冰硼散涂布，定时挤奶以防发生乳房炎；蹄部擦干后，以鱼石脂软膏涂布。②病牛以板蓝根注射液20～30毫升/(次·头)，肌内注射，2次/天，可获得较好效果。

方案2：①局部以3%硼酸水或0.1%高锰酸钾溶液洗漱患部，口腔和乳房以碘甘油涂布，定时挤奶以防发生乳房炎；蹄部擦干后，以鱼石脂软膏涂布。②病牛以高免血清1.5～2毫升/千克，肌内注射，1次/天，连用3天。病初使用高免血清治疗效果较好，但价格较高。③口服结晶樟脑粉，每次3～5克/(次·头)，2次/天，效果良好。

方案3：①局部治疗同方案1。②全群以中药贯众散（贯众20克、木通15克、桔梗12克、赤芍12克、生地黄7克、天花粉10克、连翘15克、大黄12克、牡丹皮10克、甘草10克）4～6千克，拌料1000千克，全群喂给，连用3～5天。③1%黄芪多糖注射液0.2毫升/[千克·次]，肌内注射，1次/天，连用3～5天。

（二）水疱性口炎

1. 简介

水疱性口炎是由水疱性口炎病毒（VSV）引起的一种急性热性传染病，发生于马、牛、猪和猴的身上，人亦有易感性。发病动物以口腔黏膜、舌、唇、乳头和蹄冠部上皮发生水疱，流泡沫样口涎为特征。

在自然情况下，以牛、马、猪和猴较为易感。水疱性口炎常呈地方性，一般呈点状散发，在一些疫区内连年发生，发病率为1.7%～7.7%，病死者极少。病的发生具有明显的季节性，多见于夏季及秋初。牛患病时，体温升高达40～41℃，精神沉郁，食欲缺乏，反刍减少，大量饮水，鼻唇镜、口腔黏膜干燥，耳根发热，在舌面、唇部黏膜上出现米粒大水疱，小水疱逐渐融合成大水疱，内含透明黄色液体，1～2天后，水疱破裂，疱皮脱落后，则遗留浅而边缘不齐的鲜红色烂斑，与此同时，病牛大量流出清亮的黏稠唾液，呈垂缕状，并发出咂嘴音，采食困难，表现出采食时痛苦。若蹄部发生溃疡，病灶扩大，重者可致蹄壳脱落，露出鲜红色出血面，乳头也可生出水疱。一般病程1～2周，转归良好，极少发生死亡。本病发病快，病程短促，除口腔及蹄部的变化外，其他部位很少有病变。根据流行病学和临床症状，即可作出初步诊断。应注意与口蹄疫等进行鉴别。

2. 防制

（1）严格消毒　发现本病后，对病畜舍及受污染的场所、用具等每天应以2%火碱、1%福尔马林等进行消毒。

（2）提高抗病能力　加强饲养管理，饲料或饮水中添加黄芪多糖可溶性粉，增强牛群的抗病毒感染能力。

（3）发病后的措施　本病病情一般不很严重，加强护理即可很快痊愈。治疗方案如下。

方案1：①口腔以3%硼酸水、食醋洗漱，涂以碘甘油或撒布冰硼散，1～2次/天，连续3～5天；蹄部以3%硼酸水洗涤干净，用脱脂棉擦干后，以鱼石脂软膏涂布，1次/天，连续3～5天。②氯唑西林钠粉针10毫克/千克（体重）、柴胡注射液20～30毫升，肌内注射，2次/天，连续3～5天。

方案2：①以3%硼酸水、食醋洗漱患部，口腔以碘甘油或青黛散涂布，定时挤奶以防发生乳房炎；蹄部擦干后，以鱼石脂软膏涂布。②全群以泻心散（黄连30克、黄芩60克、黄柏60克、大黄50克）150克/头，拌料混饲，1次/天，连用3～5天。

（三）牛痘

1. 简介

牛痘是由两种形态学极其近似的牛痘病毒和痘苗病毒引起的一种急性、接触性传染病。典型病例，初期为红色丘疹，而后变为水疱，最后变为脓疱，脓疱干结成痂，脱落后痊愈。病毒能感染多种动物，但多发于奶牛，传染源是病牛。一般通过挤奶工人和挤奶机来传播。人受感染是由于接触病牛乳房病变而发生，人到人的传播非常罕见。

潜伏期一般为4～8天。病初体温升高，精神迟钝，食欲缺乏，反刍停止，挤奶时乳房和乳头敏感，不久后在乳房和乳头（公牛在睾丸皮肤）上出现红色丘疹，1～2后形成豌豆大小的圆形或卵圆形水疱，水疱上有一凹陷，内含透明液体，逐渐转为脓疱，直径约1cm，脓疱中央凹陷呈脐状，最后干涸成棕黄色痂块，约10～15天痊愈。若病毒侵入乳腺，可引起乳腺炎。只要牛群中有牛痘病毒存在，饲养管理人员就可能发生痘病，痘疹常发生在手、臂，甚至脸部，通常可自愈。根据流行病学和临床症状不难作出诊断。

2. 防制

（1）严格检疫和消毒　奶牛场调入或调出奶牛时应逐头进行检疫，如发现病奶牛，应就地处理，不能调入或调出；定期用2%戊二醛溶液、3%石碳酸或0.5%聚维酮碘等对场区、牛舍和饲养工具进行消毒。消毒前应认真打扫、冲洗，干燥后再进行消毒。

（2）个人防护　奶牛场饲养管理人员要随时加强个人防护，挤奶前对奶牛乳房和个人手臂以0.5%聚维酮碘进行消毒。

（3）发病后的措施　目前尚无用来预防牛痘的疫苗供使用。发病后的治疗方案如下。

方案1：①以1%聚维酮碘洗涤乳房，定时挤奶以防发生乳房炎。②氯唑西林钠粉针10毫克/千克（体重）、柴胡注射液20～30毫升，肌内注射，2次/天，连续3～5天。③刺破乳房和公牛睾丸上的水疱或脓疱，排出水疱液或脓液，以0.5%聚维酮碘洗涤，然后涂抹碘甘油。

方案2：①以1%聚维酮碘洗涤乳房，定时挤奶以防发生乳房炎。②全群以五味消毒散150克/（头·次），拌料混饲，1次/天，连用3～5天。③注射用氨苄西林钠1克、0.25%盐酸普鲁卡因20～40毫升，多点环绕乳腺基部皮下注射，1次/天，连用2～3次，对继发乳腺炎有很好的疗效。

（四）牛副流行性感冒

1. 简介

牛副流行性感冒，又称运输热，是由副流感3型病毒所引起的急性接触性传染病，以侵害呼吸器官为主要特征。主要发生于集约化养牛场经过长途运输后的肥育牛群。

本病的流行有明显的季节性，多发生于天气骤变的早春、晚秋和寒冷的季节。传播极快，往往在2～3天内全群牛相继发病。体温升高到41℃以上。食欲缺乏或废绝，精神极度沉郁，鼻镜干燥，鼻孔流出黏液脓性鼻液，眼内大量流泪，有脓性结膜炎。肌肉和关节疼痛，常卧地不起、恶寒。呼吸急促，呈腹式呼吸，有时张口呼吸，阵发性痉挛性咳嗽。有的发生黏液性腹泻，机体消瘦，经2～3天死亡。怀孕母牛可发生流产。发病率为20%，死亡率为1%～4%。病程较短，如无继发感染，多数病牛可于6～7天左右康复。肺的病变部呈紫红色如鲜牛肉状，开张不完全，塌陷，其周围肺组织则呈气肿和苍白色，两者界限分明。颈淋巴结和纵隔淋巴结肿大、充血、水肿。巴氏杆菌、双球菌、链球菌等常参与混合或继发感染，而使病程复杂化。根据流行病学、临床症状以及病理解剖变化，即可做出诊断。

2. 防制

（1）加强管理　早春和晚秋季节，应特别注意牛群的饲养管理，保持牛舍清洁、干燥，注意防寒保暖。给予营养充足的饲料；牛场调入或调出牛群时应选择温暖季节，在寒冷季节调运牛群时，应注意防寒、保暖；长途运输时中途应停车休息，并给牛群饮水和补饲。定期进行消毒，可用百毒杀、过氧乙酸、漂白粉、熟石灰等消毒药对牛舍、运动场消毒，一般每2天消毒一次。消毒前应认真打扫、冲洗，干燥后再进行消毒。

（2）发病后的措施　发病时可以2%优氯净、1%过氧乙酸等对场区、牛舍和饲养工具进行消毒，一天1次。本病尚无特效治疗药物，采用对症治疗和防止继发感染常可取得良好效果。治疗方案如下。

方案1：①银翘散250～300克/头，全群拌料混饲，1次/天，连用3～5天。②板蓝根注射液20～30毫升/头，肌内注射，1～2次/天，连用3～5天。③苯唑西林钠粉针20毫克/千克（体重）、注射用水适量，肌内注射，2次/天，连续应用3～5天。

方案2：①防风通圣散250克/头，全群拌料混饲，1次/天，连用3～5天。②复方安基比林20～30毫升/头，肌内注射，1～2次/天。③头孢噻呋钠粉针0.1毫升/千克体重、注射用水适量，肌内注射，2次/天，连用3～5天。

方案3：①荆防败毒散250克/头，全群拌料混饲，1次/天，连用3～5天。②柴胡注射液20～30毫升/头，肌内注射，2～3次/天。③左旋氧氟沙星注射液5毫克/千克（体重），肌内注射，2次/天，连用3～5天。

（五）流行性乙型脑炎

1. 简介

流行性乙型脑炎又称日本乙型脑炎，是由日本脑炎病毒引起的一种急性人畜共患的传染病。家畜中，马发病后出现脑炎症状；猪则表现为流产、死胎及睾丸炎。其他家畜和家禽感染率高，但大多为隐性感染。

本病是通过蚊虫叮咬而传播的，发生有明显的季节性，一般多在夏秋季节媒介昆虫的活动期。牛多呈隐性感染，自然发病者较少见。牛感染发病后主要呈现发热和神经症状。体温升高达到40～41℃，呈稽留热。精神沉郁，食欲缺乏或废绝。呻吟、磨牙、肌肉痉挛、四肢僵硬、无目的地旋转行走或嗜睡，或后肢轻度麻痹，步态踉跄等。急性者经1～2天，慢性者10天左右死亡。剖检可见脑、脊髓和脑脊膜充血，脑脊液增多。根据流行病学、临床症状和病理变化不难做出诊断。

2. 防制

（1）消灭蚊虫　养牛场在蚊子开始出没、频繁的活动季节，应2～3周使用1∶1000的溴氰菊酯溶液对牛舍和牛体进行喷雾灭蚊，并在冬初、春末注意消灭越冬蚊。

（2）免疫接种　兽用乙型脑炎疫苗 1.0 毫升/头，在蚊虫季节到来之前 1～2 个月，肌内注射，当年犊牛注射 1 次后，次年必须再注射疫苗 1 次。

（3）人员防护　流行性乙型脑炎为人、畜共患的传染病。人感染流行性乙型脑炎后，病死率较高。故养牛场发生流行乙型脑炎时，牛场所有管理人员均应立即到医院进行疫苗接种，并加强个人防护，防止被蚊子叮咬。

（4）发病后的措施　对流行性乙型脑炎的主要治疗措施是及时应用抗血清，加强饲养管理，降低颅内压，调整大脑机能和解毒等疗法。参考治疗方案如下。

方案 1：①抗流行性乙型脑炎血清 0.1 毫升/千克（体重），1 次/天，连用 3～5 天。②全群以曲蘖散 250～300 克/头，拌料内服，1 次/天，连续应用 3～5 天。③100 升饮水添加复方黄芪多糖可溶性粉 50 克，全群混饮，1 次/天，连续应用 3～5 天。

方案 2：①抗流行性乙型脑炎血清治疗同方案 1。②山梨醇注射液 500～1000 毫升/头，静脉注射，1～2 次/天，连用 3～5 天。③鱼腥草注射液 20～30 毫升/次，肌内注射，2 次/天，连用 3～5 天。④100 升饮水添加复方黄芪多糖可溶性粉 50 克，全群混饮，1 次/天，连续应用 3～5 天。

方案 3：①木香导滞散 200～250 克/头，1 次/天，全群拌料内服，连用 3～5 天。②25％葡萄糖注射液 500～2500 毫升、10％安钠咖 20 毫升、40％乌洛托品 30～50 毫升，1～2 次/天，连用 3～5 天。③复方黄芪多糖可溶性粉 500 克加入 1000 千克饮水，全群自由饮用，连用 3～5 天。

（六）狂犬病

1. 简介

狂犬病是由狂犬病毒引起的一种人畜共患传染病。临床主要表现为脑脊髓炎等神经症状。病初表现为精神沉郁，食欲缺乏，反刍缓慢，继之表现出兴奋不安，前肢搔地，应激性增高，对环境刺激反应性加强。稍有声响立即跃起，试图挣脱缰绳，冲撞墙壁，跨踏饲槽，磨牙流涎。兴奋发作后，往往有一个间歇期，以后再次发作。逐渐发生麻痹症状，如吞咽困难、伸颈、流涎、瘤胃鼓气、里急后重等，最后倒地不起，衰竭而死，病程 2～4 天。在海马角，小脑和延脑的神经元胞质内出现嗜酸性包涵体。

2. 防制

(1) 消灭传染源 犬、猫是人类和动物狂犬病的主要传染源。因此，对患有狂犬病的犬、猫进行扑杀，给家养犬进行免疫接种，也就成了预防和消灭人类和动物狂犬病的最有效的措施。对患狂犬病死亡的动物，不应剖检，更不得剥皮食用，以免狂犬病病毒经破损皮肤、黏膜等使人发生感染，而应将病尸焚烧或深埋。

(2) 免疫接种 感染狂犬病的动物和人几乎无一例耐过，均以死亡而告终。因此，对狗尤其是牛场饲养的看门狗，要实施一例不漏的犬五联活疫苗（狂犬病、犬瘟热、犬副流感、犬细小病毒性肠炎、犬传染性肝炎）预防性接种，仔犬断奶后以 1 头份犬五联活疫苗皮下注射，以 3 周的间隔，连续注苗 3 次；成犬以 3 周的间隔，每年注苗 2 次，每次 1 头份。以免发病后咬伤人和牛而传播本病。除犬外，目前尚没有供其他他物使用的狂犬病疾苗。

(3) 发病后的措施 至今为止，还没有找到有效的治疗药物，以抗狂犬病血清进行治疗，在经济上又极不合算。因此，凡患狂犬病的牛或疑似牛均应扑杀。

（七）脑心肌炎

1. 简介

脑心肌炎是啮齿动物的一种病毒性传染病。牛和猪感染后，均表现为急性心脏病的特征。近年来证实本病可引起母猪繁殖障碍和哺乳仔猪的高死亡率。

牛感染脑心肌炎病毒的主要传染源是啮齿类动物或病尸污染的饲料和饮水。死于该病的动物体内含有大量病毒，如被其他动物采食或误食则可被感染而发病。该病毒的传播方式，一般认为是由啮齿类动物传播的。澳大利亚的几次爆发都与鼠瘟有密切联系。但不能排除感染动物在病毒的直接或间接自然传播中所起的作用，因为感染动物至少会在短时期内排毒。病毒感染的牛常无特征性的临床症状，剖检可见心肌炎、脑炎等病变。

2. 防制

(1) 加强卫生管理　牛场平常应注意卫生管理，定期以2%戊二醛或0.5%过氧乙酸进行环境消毒，以防疫病传入；采取有效措施，定期进行灭鼠，把老鼠密度控制在最低状态，使牛、饲料和饮水不得接触鼠类，在灭鼠过程中，应及时将死鼠收集起来，消毒后深埋。

(2) 发病后的措施　目前尚无疫苗供生产中使用。发病后尚无有效的治疗方法，加强饲养管理，减少应激因素可降低死亡率。

(八) 轮状病毒感染

1. 简介

轮状病毒感染是婴幼儿和幼畜（牛犊、羊羔、仔猪、马驹、仔兔、猴仔、狗仔及雏禽）共患的一种急性胃肠道传染病，是以厌食、呕吐和腹泻为特征的病毒性肠道感染。多发生于1周龄以内的新生犊牛，潜伏期一般为15～96小时。病初精神萎靡、食欲缺乏、不愿行走，常有呕吐，体温正常或略有升高。随后迅速发生严重腹泻，粪便糊状或水样，呈黄白色，有时带有黏液和血液。由于持续腹泻，可使机体迅速脱水，体重可减轻30%左右，最后多由于严重脱水而死亡，病程1～5天，病死率50%。剖检可见胃内充满凝乳块和乳汁，肠壁变薄，呈半透明状，内容物呈灰黄色液状。肠系膜淋巴结肿大，小肠绒毛短缩变干，如用放大镜检查则更清楚。组织学检查，可见小肠绒毛顶端上皮变性、溶解或脱落，固有膜内有单核细胞和淋巴细胞浸润等。根据病发生于寒冷季节、多侵害幼龄动物、突然发生水样腹泻等流行病学特征、临床症状和病理变化，一般可作出诊断。

2. 防制

(1) 加强卫生管理　牛场进入产仔季节时，要彻底清扫产房，全面检查产房的保暖设备，确保产房干燥、清洁、保暖设备良好；怀孕母牛进入产房后，应以5%聚维酮碘、2%戊二醛、1%次氯酸钠进行喷雾消毒，以杀灭轮状病毒和一些病原菌。

(2) 免疫接种　可用牛轮状病毒弱毒苗免疫母牛，通过初乳抗体保护犊牛，有一定效果。对犊牛腹泻还可应用轮状病毒活毒疫苗口服，这种口服疫苗对人工感染犊牛有保护性，并可减少自然发病率。

(3) 发病后的措施　发现病犊牛，应立即隔离到清洁、干燥、温暖的畜舍内，停止哺乳，以消毒的牛乳、奶粉、葡萄粉进行人工饲喂。治疗方案如下。

方案1：①将1份量口服补液盐中的两小袋药品同时放入1000毫升（30℃左右）的温开水中，完全溶解后，供犊牛自由饮用，连用7～10天。②5%庆大-小诺霉素注射液0.1毫升/千克（体重），肌内注射，2次/天，连用3～5天。③硫酸新霉素预混剂100～150克/次，温水调匀灌服，2次/天，连用3～5天。

方案2：①将1份量口服补液盐中的两小袋药品同时放入1000毫升的温开水（30℃左右）中，完全溶解后，供犊牛自由饮用，连用7～10天。②葡萄糖生理盐水注射液500～1500毫升、10%安钠咖5～15毫升、5%碳酸氢钠20～50毫升，1～2次/天，连用3～5天。③硫酸黏菌素预混剂（以硫酸黏杆菌素计）3～5毫克/[千克（体重）·次]，温水调匀灌服，2次/天，连用3～5天。

方案3：①将1份量口服补液盐中的两小袋药品同时放入1000毫升的温开水（30℃左右）中，完全溶解后，供犊牛自由饮用，连用3～5天。②硫酸黏菌素预混剂（以硫酸黏杆菌素计）3～5毫克/[千克(体重）·次]，温水调匀灌服，2次/天，连用3～5天。③葡萄糖生理盐水250～1000毫升、5%碳酸氢钠20～50毫升、10%樟脑磺酸钠10毫升、10%维生素C注射液10毫升，静脉或腹腔注射，1～2次/天，连用3～5天。

（九）伪狂犬病

1.简介

伪狂犬病是由伪狂犬病病毒（PRV）引起的多种家畜和野生动物以发热、奇痒及脑脊髓炎为主要症状的一种急性传染病。

携带病毒的鼠类为本病的主要传染源，病原体通过鼻液、乳汁、眼睑及阴道分泌物等排出体外污染环境，其中尤以鼻飞沫传染性最快。牛可经由各种途径感染而发病，但主要要经消化道、呼吸道及黏膜、皮肤的伤口而感染。本病多发于冬、春两季，多呈地方性流行。在同一地区往往是猪首先发病，而后传染给牛、羊，使之发病。

伪狂犬病潜伏期为3～6天，短者36小时，长的可达10天。牛发病后可出现局部奇痒，奇痒可出现于眼睑、鼻孔、口唇、面颊、肩、四肢、腹部、肛门、阴部及乳房等处。病初食欲减退，反刍缓慢，体温上升至40℃以上，精神高度沉郁。继之开始舐拭或啃咬发痒部位，使之脱毛，皮肤呈红色、增厚，并有淡黄色浆液性渗出物。剧痒发生在腹部、肛门、阴部及乳房等处时，病牛常呈犬坐姿式在地上反复滑擦。很快出现神经症状，表现出兴奋不安，头部和颈部肌肉发生痉挛，张口伸舌，口流涎沫。随着兴奋和不安的加剧，病牛强烈打喷嚏或狂鸣，共济运动失调，起卧不宁，但并不攻击人或动物。病至后期神经症状加剧，衰弱无力，呼吸、心跳加快，神志不清，全身出汗，死前咽喉麻痹，大量流涎，四肢瘫痪，卧地不起，常于发病后2～3天内死亡。犊牛则常于出现症状后1天内死亡。根据流行病学、临床症状和病理学变化一般不难作出诊断。

2. 防制

(1) 加强隔离卫生　养牛场、养羊场不得饲养猪，以防猪发生伪狂犬病时，将病传染给牛和羊，而造成重大经济损失；鼠类是引起其他动物发病的疫源动物和传播媒介。消灭牧场内及其周围的鼠类，不仅可有效地防止病毒的传入，而且可防止病毒在场内的传播，而达到预防本病的目的；牛舍要定期用2%苛性钠或20%石灰乳进行消毒。

(2) 免疫接种　伪狂犬灭活疫苗：犊牛8毫升，成牛10毫升，颈部皮下注射，免疫期1年；伪狂犬活疫苗：2～4月龄犊牛1毫升（断奶后再接种2毫升/次），5～12月龄2毫升，1岁以上牛3毫升，肌内注射，接种后6天产生免疫力，免疫期1年。

(3) 发病后的措施　发病后的治疗方案如下。

方案1：①牛伪狂犬病高免血清0.2毫升/千克（体重），肌内注射，1次/天，连用3天。②葡萄糖盐水注射液1500～2500毫升、安溴注射液50～100毫升，静脉注射，1～2次/天，连用2～3天。③头孢羟氨苄可溶性粉（以头孢羟氨苄计）30～40毫克/千克（体重），全群混饮，2次/天，连用2～3天。④0.5%盐酸普鲁卡因20～50毫升/次，奇痒处周围皮下注射，1次/天，连用2～3天。

方案2：①盐酸氯丙嗪1～2毫克/千克（体重），肌内注射，1～2次/天，连用2～3天。②0.5%盐酸普鲁卡因20～50毫升/次，奇痒处周围皮下注射，1次/天，连用2～3天。③穿心莲注射液0.2毫升/千克，1～2次/天，连续应用2～3天。④头孢羟氨苄可溶性粉（以头孢羟氨苄计）30～40毫克/千克（体重），全群混饮，2次/天，连用2～3天。

（十）恶性卡他热

1. 简介

恶性卡他热又称恶性头卡他，是由狷羚疱疹病毒Ⅰ型引起的一种致死性病毒性传染病。临床表现为以高热、呼吸及消化道黏膜的坏死性炎症，且常伴有角膜浑浊为特征。

本病一年四季均可发生，但以冬季和早春多发，多呈散发，有时呈地方性流行。现已报道的有急性型、消化道型、头型等类型。病初体温升高至41～42℃，稽留不退，食欲减退，瘤胃弛缓，泌乳停止，呼吸心跳加快，鼻镜干热，无汗，急性型者可发生死亡。第二日可见口腔与鼻腔黏膜充血、坏死及糜烂。继之鼻内排出黏稠脓样分泌物，分泌物干涸后，聚集在鼻腔内，妨碍气体流通，可引起呼吸困难；口腔黏膜广泛坏死及糜烂，流出带有臭味的涎液。双目畏光、流泪、眼睑闭合，角膜发生炎症反应，很快变得完全不透明。体表淋巴结肿大。初便秘，后拉稀，排尿频繁，有时混有血液和蛋白质。母畜阴唇水肿，阴道黏膜潮红、肿胀。根据流行病学和临床症状，一般可作出确切诊断。

2. 防制

（1）加强卫生消毒　养牛场不得饲养绵羊和山羊，以防绵羊和山羊将狷羚疱疹病毒Ⅰ型传染给牛，而造成重大经济损失；牛舍要定期用2%苛性钠、20%石灰乳或0.5%过氧乙酸进行消毒。

（2）发病后的措施　发病后的治疗方案如下。

方案1：①盐酸多西环素粉针10毫克/千克（体重）、葡萄糖生理盐水注射液1500～2500毫升、10%樟脑磺酸钠10～30毫升、10%维生素C注射液10～30毫升，静脉注射，2次/天，连用3～5天。②清瘟败毒散200～350克/头，温水调匀灌服，1次/天，连用3～5天。③注射用氨苄西林钠0.5克、0.5%盐酸普鲁卡因注射液10毫升、醋酸地塞米松注射液10毫克，以9号注射针头刺入睛明穴，缓慢注射，注意不得刺入眼球内，1次/2天。④以复方炉甘石眼膏点眼，2次/天，连用数日。

方案2：①注射用氨苄西林钠0.5克、0.5%盐酸普鲁卡因注射液10毫升、醋酸地塞米松注射液10毫克，以9号注射针头刺入睛明穴，缓慢注射，注意不得刺入眼球内，1次/2天。②以复方炉甘石眼膏点眼，2 次/天，连用数日。③注射用氨苄西林钠 20 毫克/千克(体重)、葡萄糖生理盐水注射液 1500～2500 毫升、10%樟脑磺酸钠 10～30 毫升，静脉注射，2 次/天，连用 3～5 天。④五味消毒饮 200～300 克/头，煎汤灌服，1 次/天，连用 3～5 天。

方案 3：注射用盐酸四环素 3～4 克、1%的地塞米松注射液 6 毫升、25%维生素 C 注射液 40 毫升、10%安钠伽注射液 30 毫升、5%葡萄糖生理盐水 3000～5000 毫升、25%葡萄糖注射液 1000 毫升，一次静脉注射（四环素、维生素 C、地塞米松应分别静脉注射）。

（十一）牛病毒性腹泻（黏膜病）

1. 简介

牛病毒性腹泻是由瘟病毒属的牛病毒性腹泻病毒引起的病毒性传染病，临床上以消化道黏膜发炎、糜烂、坏死和腹泻为特征。牛病毒性腹泻病毒可感染黄牛、奶牛、水牛、牦牛、绵羊、山羊、猪和鹿等，使之发病。患病动物和带毒动物是本病的主要传染源，康复牛可带毒 6 个月。主要通过消化道和呼吸道而感染，胚胎也可通过胎盘而感染。新疫区急性病例多，且多发生于 6～18 月龄牛，发病率约 5%，但病死率很高，常达 90%～100%。老疫区则急性病例很少，发病率和病死率很低，而隐性感染率很高，常在 50%以上。病的发生没有严格的季节性，但常发生于冬末和春季。潜伏期 7～14 天。

急性病牛体温突然升高至 40～42℃，持续 4～7 天，精神沉郁，食欲缺乏，前胃弛缓，鼻、眼内有浆液性分泌物，鼻镜、口腔及舌黏膜糜烂，流涎增多，呼气恶臭。继之发生严重腹泻，开始时排出水样稀粪，以后带有黏液、血液和脱落的肠黏膜碎片。一些病牛常伴发蹄叶炎及趾间皮肤坏死、糜烂，从而导致跛行。慢性病牛很少体温升高，最明显的症状是鼻镜上的糜烂，此糜烂可在鼻镜上连成一片，但口腔内很少有糜烂。眼内有浆液性分泌物。由于蹄叶炎及趾间皮肤坏死、糜烂，导致跛行很明显。可有腹泻，也可能不发生腹泻。怀孕母牛可发生流产，或产出有先天性缺陷的犊牛。

2. 防制

(1) 净化处理　以血清学方法检出阳性牛，继之再以分子生物学方法检出血清学阴性的带毒牛，全部淘汰，使牛群达到净化。文献记载可用牛病毒性腹泻弱毒疫苗或灭活疫病来预防和控制本病，但市场上尚无供应。

（2）发病后的措施　治疗方案如下。

方案1：①将1份量口服补液盐中的两小袋药品同时放入1000毫升（30℃左右）的温开水中，完全溶解后，供牛自由饮用，连用7～10天。②5%乳酸环丙沙星注射液5毫克/千克（体重），肌内注射，2次/天，连用3～5天。③白头翁散200～300克，红糖200～250克，温水调匀灌服，1次/天，连用3～5天。

方案2：①将1份量口服补液盐中的两小袋药品同时放入1000毫升（30℃左右）的温开水中，完全溶解后，供牛自由饮用，连用7～10天。②葡萄糖生理盐水注射液500～1500毫升、10%葡萄糖注射液500～1500毫升、10%安钠咖5～15毫升、10%维生素C注射液20～50毫升，1～2次/天，连用3～5天。③白头翁散200～300克，红糖200～250克，温水调匀灌服，1次/天，连用3～5天。

方案3：碱式碳酸铋片30克、磺胺甲恶唑片20克，一次内服，磺胺药一天两次，首次量加倍，连用3～5天。

（十二）牛呼吸道合胞体病毒病

1. 简介

牛呼吸道合胞体病毒感染是由肺炎病毒（有囊膜、单股不分阶段的RNA病毒。属于副黏病毒科、肺病毒亚科、肺病毒属）引起的牛的一种呼吸道疾病，给养牛业造成了很大的经济损失。在欧盟国家被列为仅次于牛黏膜病及牛传染性鼻气管炎的三大重要牛病之一。

90%以上的犊牛均可感染牛呼吸道合胞体病毒，特别是2～4月龄的犊牛更易感染，常通过直接接触传播，多在秋冬季节流行。发病率高，死亡率低，如果继发细菌性支气管肺炎，可能使死亡率增高。病程10～14天。本病常散发，爆发只限于犊牛或成年母牛。

急性型表现为突然发病，高热，流涎和流浆液性至黏液性鼻液，呼吸困难；单纯呼吸频率加快，张口呼吸，发出呻吟音；部分牛靠近肩峰的皮下可触摸到皮下气肿；肺部可听诊到支气管水泡音增强、支气管音增强、捻发音和啰音：有些急性患牛，肺部听诊呈广泛性宁静或根本听不到声音，这与患牛表现呼吸困难的外表症状形成对比；病牛可出现双相性。病变为皮下弥漫性水肿和气肿：肺的后侧和背侧有暗红色、坚实、纤维素覆盖和实变。

2. 防制

(1) 加强管理　加强饲养管理，增强牛的体质，提高牛只的抗病能力；搞好环境卫生，粪便做无害化处理；加强消毒。每两天消毒一次，每半个月全场消毒一次。

(2) 免疫接种　常用疫苗有福尔马林灭活苗、冷适应减毒苗、异源弱毒苗。其中冷适应减毒苗接种犊牛后，既不出现临床症状和排毒现象，又能抗强毒攻击，且抗体持续期长，可有效预防牛呼吸道合胞体病毒感染。

(3) 发病后的措施　为防止继发和混合感染，可用四环素、头孢噻呋、林可霉素或庆大霉素等抗生素进行治疗，有条件的可根据药敏试验结果进行合理用药。然后采用支持疗法。

方案：犊牛可用地塞米松 10～20 毫克，每日一次；盐酸扑敏宁每千克体重 1 毫克，每日两次；阿托品每千克体重 0.048 毫克，每日两次；阿司匹林 15.5～31 克，每日两次；如有肺水肿可选用速尿 250 毫克，一日一次或两次。均静注。

(十三) 牛传染性鼻气管炎

1. 简介

牛传染性鼻气管炎是由牛传染性鼻气管炎病毒（属于疱疹病毒科疱疹病毒甲亚科成员。系球形、有囊膜、双股 DNA 病毒，对乙醚、氯仿、丙酮敏感。病毒在 4℃下可保存 1 个月，37℃存活 10 天左右，零下 60℃可保存 9 个月。多种消毒剂均可使病毒灭活，如 2%～5%氢氧化钠、0.01%氯化汞、1%漂白粉、1%酚衍生物和 1%季铵盐均可在数秒内将其灭活，5%甲醛溶液 1 分钟内将其灭活）引起的牛的一种急性接触性传染病（又称牛疱疹病毒Ⅰ型感染、红鼻病或牛传染性坏死性鼻炎）。临床特征为呼吸困难和发热，有鼻炎、鼻窦炎、喉炎和气管炎。OIE（世界动物卫生组织）将其列为 B 类疫病，我国将其列为二类动物疫病。

在自然条件下，仅牛易感。各年龄和品种的牛均易感，其中以 20～60 日龄的犊牛最易感，肉用牛比乳用牛易感。病牛和带毒牛是主要传染源，隐性感染的种公牛精液带毒，也是最危险的传染源。可通过空气、飞沫、物体和与病牛直接接触、交配，经呼吸道黏膜、生殖道黏膜、眼结膜传播，但主要由飞沫经呼吸道传播。吸血昆虫（软壳蜱等）也可传播本病。本病在秋、冬寒冷季节较易流行。过分拥挤、密切接触的条件下更易迅速传播。运输、运动、发情、分娩、卫生条件、应激因素均与本病发病率有关。一般发病率为 20%～100%，死亡率为 1%～12%。

自然感染潜伏期一般为 4～6 天。《陆生动物卫生法典》规定为 21 天。临床分为呼吸道型（此型是本病最常见的一种类型，表现为鼻气管炎。病初体温高达 40～42℃，流泪、流涎及流黏脓性鼻液。鼻黏膜：高度充血，呈火红色；呼吸高度困难。病变表现为上呼吸道黏膜炎症，鼻腔和气管内有纤维蛋白性渗出物为特征）、生殖道型（又称传染性脓疱性外阴阴道炎和传染性脓疱性龟头包皮炎。母畜表现为外阴阴道炎，阴门、阴道黏膜充血，有时表面有散在的灰黄色、粟粒大的脓疱，重症者脓疱融合成片，形成假膜。孕牛一般不发生流产。公畜表现为龟头炎、包皮炎，龟头、包皮、阴茎充血、溃疡，阴茎弯曲，精囊腺变性、坏死。病变为外阴、阴道、宫颈黏膜、包皮、阴茎黏膜的炎症）、流产型（一般见初胎母牛怀孕期的任何阶段，也可发生于经产母牛）、脑炎型（易发生于 4～6 月龄犊牛，病初表现为流涕、流泪，呼吸困难，之后肌肉痉挛，兴奋或沉郁，角弓反张，共济失调，发病率低但病死率高，可达 50%以上。表现为非化脓性脑炎变化）和眼炎型（表现为结膜角膜炎，不发生角膜溃疡，一般无全身反应，常与呼吸道型合并发生。在结膜下可见水肿，结膜上可形成灰黄色颗粒状坏死膜，严重者眼结膜外翻。角膜浑浊呈云雾状。眼鼻流浆液或脓性分泌物）。

2. 防制

（1）加强管理　加强饲养管理，搞好环境卫生；注意引种时的隔离观察；加强消毒，每周带牛消毒 2 次，每半个月全场大环境消毒一次。

（2）免疫接种　未被感染的牛接种疫苗。在秋季进入肥育场之前给青年牛注射疫苗，可避免由此病所致的损失。

（3）发病后的措施　发病时应立即将病牛隔离饲养，并对症治疗。病死牛和流产胎儿要无害化处理（焚烧、深埋等）。目前没有特效治疗药物，为防止继发感染，可用四环素、长效土霉素、头孢噻呋、头孢氨苄、氨苄西林、链霉素、林可霉素等抗生素治疗，以减少死亡，牛只康复后可获有效的免疫力。

二、细菌性传染病

（一）炭疽

1. 简介

炭疽是由炭疽杆菌引起的人及动物共患的急性、败血性传染病，常呈散发或地方性流行。临床特征是突然发高热、可视黏膜发绀、天然孔出血，尸僵不全。剖检可见血液凝固不良，呈煤焦油样，脾脏显著肿大等为其特征。

炭疽病畜是本病的主要传染源，主要经消化道、皮肤伤口、呼吸道感染，其次是通过带有炭疽杆菌的吸血昆虫叮咬而感染。通常仅以散发形式出现。夏季炎热多雨，吸血昆虫增多，本病多发。潜伏期一般为1～5天。体温升高至42℃，表现为兴奋不安，吼叫或顶撞人畜、物体，继之变为虚弱，食欲、反刍、泌乳减少或停止，呼吸困难，初便秘后拉稀带血，尿赤有时混有血液，常有轻度鼓气，孕牛多流产，一般1～2天死亡。病情较缓者在颈、咽、胸、腹下、肩胛或乳房等部皮肤、直肠或口腔黏膜发生炭疽痈。

根据流行病学、临床症状的综合分析，一般可作出诊断，细菌学检查和血清学检查，可作出确切诊断。

2. 防制

（1）严格消毒　牛场应制订严格的消毒防病措施，场区及牛舍、饲养用具等应以1%聚维酮碘水溶液、2%过氧乙酸水溶液等进行喷洒消毒。屠宰厂应加强对屠宰牛只的检疫工作，屠宰厂和动物医院发现炭疽病牛时，应立即采取封锁、消毒、毁尸的坚决措施。

（2）预防接种　第Ⅱ炭疽芽孢苗1毫升/头，颈部皮下注射，免疫期为1年。

（3）发病后的措施　患炭疽病的动物一般不进行治疗，而销毁。必须治疗时，应在严格隔离的条件下进行，所有与病牛接触的人员要加强个人防护，以防感染。参考治疗方案如下。

方案1：①苯唑西林钠15～20毫克/[千克（体重）·次]，2～3次/天，肌内注射，连用5～7天。②硫氰酸红霉素可溶性粉5毫克/[千克（体重）·次]，3次/天，全群混饮，连用5～7天。

方案 2：①病初应用抗炭疽血清 50～120 毫升/(头·次)，肌内或静脉注射，1次/天，连用 3 天，必要情况下可增加用量或注射次数。②头孢曲松钠注射液 0.1 毫升/千克（体重），肌内注射，1 次/天，连用 5～7 天。③阿莫西林可溶性粉 10～15 毫克/[千克（体重）·次]，全群混饮，2 次/天，连续应用 5～7 天。

（二）破伤风

1. 简介

破伤风又名强直症，是由破伤风梭菌经伤口感染引起的急性、中毒性传染病。临床特征是畜体骨骼肌呈现持续性的痉挛，对外界刺激的反射兴奋性增高。本病是人畜共患的传染病，发病后病死率很高。

各种家畜均易感染，其中单蹄兽最易感染，猪、羊、牛次之，人对破伤风的易感性也很高。破伤风的主要传染源是土壤和粪便。动物感染最常见于各种创伤，如断脐、阉割或断尾等。本病没有季节性，但夏、秋雨水较多的季节，发病较多。本病不能由病畜直接传染给无创伤的健畜，故常呈现零星散发。潜伏期不定，最短的为 1～3 天（幼畜），最长的可达 40 天以上。牛常由于断脐、阉割而感染，一般是从头部肌肉开始痉挛，瞬膜外露、牙关紧闭、流涎、叫声尖哑、吞咽困难。应激性增高，如有声响或有人走近时肌肉痉挛加剧。病程长短不一，通常 1～2 周。根据体温正常，有创伤史等特殊临床症状，即可作出诊断。

2. 防制

（1）产房和手术消毒　产房清扫和消毒，怀孕母牛才能进入产房。清除产房内可能与母牛和牛犊接触的锐利物品以避免外伤；在断脐带、去势时，必须做好局部和器械的消毒。

（2）免疫接种　在多发地区，可用破伤风明矾沉降类毒素 1 毫升/头，颈部皮下注射，间隔 4 周再进行皮下接种 1 次，免疫期可达 1 年以上。

（3）发病后的措施　本病必须早发现、早治疗才有治愈的希望。保持环境安静，减少各种刺激。有充足的清洁饮水；不能采食者，用管给予流质食物；冬季尚应注意保暖。治疗时应采取加强护理、创伤处理和药物治疗等综合措施。治疗方案如下。

方案1：①清除创中异物、坏死组织等，以3%双氧水或1%高锰酸钾水冲洗，创内应撒布青霉素粉。②苯唑西林钠15～20毫克/[千克（体重）·次]，肌内注射，2～3次/天，连用5～7天。③破伤风抗毒素（TAT）1.5万～3万国际单位/（头·次），肌内注射，1次/天，连续应用至症状消失，早期使用疗效较好。

方案2：①清除创中异物、坏死组织等，以3%双氧水或1%高锰酸钾水冲洗，创内应撒布青霉素粉。②破伤风抗毒素（TAT）5万～15万国际单位/（头·次），蛛网膜下腔注射。方法是在牛的背正中线的寰枕关节处剪毛消毒，下压头部，即可见有一小凹，以12号长针头缓慢刺入，当刺破硬膜时有刺破窗纸的感觉，然后徐徐将针头推入少许，针尖即达蛛网膜下腔，并有淡黄色脑脊液流出，放出脑脊液10～30毫升，然后注入破伤风抗毒素，一般一次即可治愈。重症者3天后可重复一次。③苯唑西林钠15～20毫克/[千克（体重）·次]，肌内注射，2～3次/天，连用5～7天。④葡萄糖生理盐水500～2000毫升、5%碳酸氢钠100～150毫升、25%硫酸镁20～50毫升/次，静脉注射，1～2次/天，使用天数依情况而定。

（三）恶性水肿

1. 简介

恶性水肿是由以腐败梭菌为主的多种梭菌引起的多种动物的一种经创伤感染的急性传染病，病的特征是创伤局部发生急剧气性炎性水肿，并伴有发热和全身性毒血症。其传染主要是由于外伤，如去势、断尾、分娩、外科手术、各种注射等的消毒不严，污染本菌芽孢而引起感染。潜伏期一般为12～72小时。表现为食欲缺乏，体温升高，局部发生气性炎性水肿，并迅速扩散蔓延，肿胀部坚实、灼热、疼痛，渐变无热痛，触之柔软。患部皮下和肌肉间结缔组织有弥漫性水肿，含有具腐败气味的小气泡。肌肉呈灰白色或暗褐色，多含有气泡。附近淋巴结显著肿大、出血和水肿。根据临床症状，结合外伤史和流行病资料，一般不难作出诊断。

2. 防制

（1）消毒和外伤处理　在分娩、断脐带、去势时，必须做好局部和器械的消毒；当牛出现外伤时，要对外伤进行清理，然后撒布青霉素，对预防本病的发生甚为有效。

(2) 发病后的措施　治疗方案如下。

方案1：①清除创中异物、坏死组织等，以3%双氧水或1%高锰酸钾水冲洗，创内应撒布青霉素粉。②苯唑西林钠15～20毫克/[千克（体重）·次]，肌内注射，2～3次/天，连用5～7天。③葡萄糖生理盐水1500～2500毫升、5%碳酸氢钠100～150毫升、复方康福那心注射液20毫升/次，静脉注射，1～2次/天，使用天数依情况而定。

方案2：①清除创中异物、坏死组织等，以3%双氧水或1%高锰酸钾水冲洗，创内应撒布青霉素粉。②葡萄糖生理盐水1000～2500毫升、5%维生素C 30～50毫升、复方康福那心注射液20毫升/次，静脉注射，1～2次/天，使用天数依情况而定。③氨苄西林0.5～1.5克、复方氨基比林注射液5～10毫升/次，复方氨基比林注射液，肌内注射，2～3次/天，连用5～7天。

(四) 大肠杆菌病

1. 简介

大肠杆菌是人畜肠道内的正常栖居菌，一般来讲，对人和动物是有益的。但其中的某些致病菌株，可引起畜、禽，特别是幼畜、幼禽的大肠杆菌病，使患病动物发生严重腹泻或败血症，使患病动物生长停滞或死亡，从而给养殖业带来重大的经济损失。

犊牛大肠杆菌病是由大肠杆菌引起的初生犊牛（10日龄以内）急性、高度致死性的传染病。根据症状和病理变化可分成败血型和肠型两种。

(1) 败血型　潜伏期很短，仅几个小时。病犊体温高达40℃，精神沉郁，食欲缺乏或废绝，由肛门排出混有血块、血丝和泡沫的灰白色稀粪，迅速脱水，经1～2天虚脱而死亡。胃肠黏膜呈现出血性炎症变化，肠系膜淋巴结充血、肿大。

(2) 肠型　体温变化不大，主要表现为腹泻和机体脱水，如不及时治疗常发生虚脱死亡。

根据发病日龄、腹泻，排混有血块、血丝和泡沫的灰白色稀粪和急性死亡等特点，即可作出诊断。

2. 防制

(1) 产房卫生　母牛进入产房前、产房及临产母牛要进行彻底消毒；产前3～5天对母牛的乳房及腹部皮肤用0.1%高锰酸钾擦拭，哺乳前应再重复一次。

（2）药物预防　在有本病存在的牛场，在母牛产前2～3天应用大蒜素5克/（头·天），拌料内服，连续用至产后7天，可有效地防止犊牛发生感染。犊牛出生后立即喂服地衣芽孢杆菌2～5克/次，3次/天，或乳酸菌素片6粒/次，2次/天，可获良好预防效果。

（3）发病后的措施　犊牛大肠杆菌病以发病急、死亡快为特征，临床上必须采取综合治疗措施方能奏效。治疗方案如下。

方案1：①病犊以乳酸环丙沙星注射液5毫克/[千克（体重）·次]，肌内注射，2次/天。②病犊以硫酸黏菌素预混剂5～10毫克/[千克（体重）·次]（按硫酸黏菌素计），灌服，1～2次/天，连用3～5天。③口服补液盐，打开大塑料袋，将两小袋药品同时放入1000毫升（30℃左右）的温开水中，完全溶解后，供病犊饮用。④母牛以白头翁散200～250克/（头·次），加红糖100克，1次/天，灌服，连用3～5天。

方案2：①母牛以白头翁散200～250克/（头·次），加红糖100克，1次/天，灌服，连用3～5天。②病犊以硫酸黏菌素预混剂5～15毫克/[千克（体重）·次]（按硫酸黏菌素计），灌服，1～2次/天，连用3～5天。③病犊以林格液250～1500毫升、庆大-小诺霉素注射液0.5～1毫升/千克（体重）、复方康福那心注射液10～15毫升、5%维生素C 8～10毫升，静脉注射，1～2次/天，连续应用3～5天。

（五）牛沙门菌病

1. 简介

牛沙门菌病是由沙门菌属病菌（沙门菌病的病原是沙门菌属中血清学相关的一群革兰阴性菌）引起的一种传染病。本病可发生于各种年龄的牛，病牛及一些健康带菌牛是主要的传染源。病原通过粪便排泄到外环境中，污染周围环境，牛通过消化道感染发病。一年四季均可发生，但以春、冬季和多雨潮湿的秋季发生最多。

（1）牛沙门菌病　体温突然升高至40～41℃，精神不振，食欲废绝，呼吸困难，12～24小时后开始下痢，粪便带血、恶臭，含有纤维素絮片、黏膜。病牛可于发病后24小时内死亡，多数在3～5天内死亡。肠黏膜潮红、出血，大肠黏膜脱落，有局限性坏死区。脾脏肿大，呈暗红色，肠系膜淋巴结肿大、出血。

（2）犊牛副伤寒　多于出生后 2～14 天内发病，体温升高至40～41℃，精神不振，寒战，24 小时后排出灰黄色液状稀粪，混有黏液和血液。一般于症状出现后 5～7 天内死亡。病情缓和者，腕和肘关节可能肿大，有的可有支气管炎和肺炎症状。急性者心壁、腹膜、腺胃、小肠和膀胱黏膜有小出血点，脾脏肿大、出血，肠系膜淋巴结肿大、出血。肝脏色泽变淡，肺常有肺炎区，关节损害时，腱鞘和关节腔含有胶样液体。

根据临床症状及病理变化可作出初步诊断，确诊需进行实验室检查。

2. 防制

（1）改善饲养管理和卫生条件，消除发病诱因，增强仔猪的抵抗力　饲养管理用具和食槽经常洗刷，圈舍要清洁，经常保持干燥，及时清除粪便，以减少感染机会。犊牛给以优质而易消化的饲料，防止乱吃脏物，避免突然更换饲料。

（2）加强免疫　牛副伤寒氢氧化铝菌苗，1 岁以下小牛 2 毫升，1 岁以上牛 4 毫升，1 岁以上牛，肌内注射，10 天后再以同样剂量免疫 1 次。

（3）发病后病牛及时隔离和治疗　圈舍要清扫、消毒，特别是饲槽要经常刷洗干净。粪便及时清除，堆积发酵后利用。根据当时发病的具体情况，对假定健康牛可在饲料中加入抗生素进行预防，连用 3～5 天，有预防效果。治疗方案如下。

方案 1：①乳酸环丙沙星注射液 5 毫克/[千克（体重）·次]，肌内注射，2 次/天。②白头翁散 200～500 克，加红糖 100 克，温开水拌匀，灌服，1 次/天，连用 3～5 天。③将 1 份量口服补液盐放入 1000 毫升（30℃左右）的温开水中，完全溶解后，供病牛饮用。（牛沙门菌病）

方案 2：①白头翁散 200～500 克，加红糖 100 克，温开水拌匀，灌服，1 次/天，连用 3～5 天。②硫酸安普霉素注射液 20 毫克/[千克（体重）·次]（按硫酸安普霉素计），肌内注射，2 次/天，连续应用 3～5 天。③将 1 份量口服补液盐放入 1000 毫升（30℃左右）的温开水中，完全溶解后，供病牛饮用。④林格液 1000～2500 毫升、复方康福那心注射液 20 毫升、5%维生素 C 30～50 毫升，静脉注射，1～2 次/天，连续应用3～5 天。（牛沙门菌病）

方案 3：①林格尔液 250～1000 毫升、庆大-小诺霉素注射液 0.5～1 毫升/千克（体重）、复方康福那心注射液 5～10 毫升、5%维生素 C 4～10 毫升，静脉注射，1～2 次/天，连续应用 3～5 天。②以硫酸黏菌素预混剂 5～15 毫克/[千克（体重）·次]（按硫酸黏菌素计），灌服，1～2 次/天，连用 3～5 天。③将 1 份量口服补液盐放入 1000 毫升（30℃左右）的温开水中，完全溶解后，供犊牛饮用。（犊牛副伤寒）

方案 4：①林格液 250～1000 毫升、乳酸环丙沙星注射液 5 毫克/[千克（体重）·次]、复方康福那心注射液 5～10 毫升、5%维生素 C 4～10 毫升，静脉注射，1～2 次/天，连续应用 3～5 天。②犊牛以硫酸新霉素预混剂 100～150 克/次，温水调匀灌服，1～2 次/天，连用 3～5 天。③将 1 份量口服补液盐放入 1000 毫升（30℃左右）的温开水中，完全溶解后，供犊牛饮用。（犊牛副伤寒）

（六）牛巴氏杆菌病

1. 简介

牛巴氏杆菌病又称出血性败血症，是由多杀性巴氏杆菌引起的传染性疾病。本病的发生无明显的季节性，但以冷热交替、闷热潮湿的多雨季节发生较多。牛常呈地方性流行。潜伏期 2～5 天，根据病情可分为败血型、浮肿型和肺炎型。

（1）败血型　体温升高达 41～42℃，食欲废绝，病牛表现腹痛，开始下痢，粪便初为粥状，后呈液状，混有黏液、黏膜片、有恶臭，鼻孔内流出浆液性鼻液，常带有血丝。体温随之下降，迅速死亡，病程多为 12～24 小时。全身淋巴结肿大，为浆液性出血性炎，胸腹腔内有大量渗出液。

（2）浮肿型　在颈部、咽部及胸前皮下出现炎性水肿，发热，舌根部肿胀，呼吸困难，头颈伸直，舌呈暗红色伸出口外，鼻有黏性鼻漏，有时混有血液。初便秘后腹泻，食欲缺乏或废绝，往往因窒息而死，病程 24～36 小时。在颈部、咽部皮下有浆液性浸润，咽淋巴结、颈前淋巴结高度肿胀，上呼吸道黏膜潮红。肺有不同程度的肝变区，周围常伴有水肿和气肿，胸膜常有纤维素附着物与肺发生粘连。

(3) 肺炎型　呈纤维素性胸膜肺炎症状，鼻孔不时流出黏性或脓性分泌物，胸部触诊有痛感。精神不振，食欲较差，时发腹泻，进行性消瘦，终因衰竭而亡，病程 3～7 天。肺有不同程度的肝变区，周围常伴有水肿和气肿，胸膜常有纤维素附着物与肺发生粘连。

根据流行病学资料、临床症状和病理变化常可作出初步诊断。

2. 防制

(1) 加强管理　预防本病的根本措施是认真搞好饲养管理和卫生工作，消除发病的激应因素；喂给全价优质饲料，以增强牛的抗病能力。

(2) 严格消毒　牛场应制订严格的消毒防病措施，场区及牛舍、饲养用具等定期以 2%氢氧化钠水溶液、聚维酮碘 1%水溶液、1%过氧乙酸水溶液等进行消毒。

(3) 免疫接种　牛出血性败血病氢氧化铝胶菌苗，100 千克以下的牛 4 毫升/头，100 千克以上的牛 6 毫升/头，皮下或肌内注射，每年春、秋两季各免疫 1 次，免疫期半年。

(4) 发病后的措施　治疗方案如下。

方案 1：① 5%乳酸环丙沙星注射液 5 毫克/[千克（体重）·次]，肌内注射，2 次/天，连用 3～5 天。②全群以阿莫西林可溶性粉 5～10 毫克/千克（体重），混饮，1 次/天，连用 3～5 天。③清肺止咳散 250～400 克/头，温开水拌匀，灌服，1 次/天，连用 3～5 天。

方案 2：①头孢噻呋钠粉针 0.1 毫升/千克（体重），注射时用水稀释，肌内注射，2 次/天，连用 3～5 天。②全群以清肺止咳散 250 克/头，拌料混饲，1 次/天，连用 3～5 天。③全群以阿莫西林可溶性粉 5～10 毫克/千克（体重），混饮，1 次/天，连用 3～5 天。

方案 3：①头孢噻呋钠粉针 0.1 毫升/千克（体重），注射时用水 20 毫升稀释，肌内注射，2 次/天，连用 3～5 天。②葡萄糖生理盐水 500～2500 毫升、复方康福那心注射液 10～20 毫升、5%维生素 C 30～50 毫升、地塞米松 15 毫克/头，静脉注射，1～2 次/天，，连续应用 3～5 天。③全群以清肺止咳散 100 克/头，拌料混饲，1 次/天，连用 3～5 天。

（七）布氏杆菌病

1. 简介

布氏杆菌病是由布氏杆菌引起的人、畜共患传染病。在家畜中，牛、羊、猪最常发病，且可由牛、羊、猪传染给人和其他家畜。其特征是生殖器官和胎膜发炎，引起流产、不育和某些组织的局部病灶。多种动物对布氏杆菌有不同程度的易感性，但自然病例在家畜中主要见于羊、牛和猪。病畜或带菌动物（包括野生动物）是本病的主要传染源。布氏杆菌可通过任何途径传染，但消化道是主要的传染途径。牛的显著特征是流产，在怀孕期的任何时间均可发生流产，但多发生在第6～8个月，流产后常有胎衣不下，阴门流出棕红色、有恶臭的分泌物。公牛常发生睾丸炎和附睾炎。剖检可见淋巴结肿胀，有脓肿和灰黄色坏死灶。根据流行病学、临床病状较易作出诊断。

2. 防制

（1）加强隔离检疫　对未发生本病的牧场或农区养牛、羊、猪的地区，一定要保护健康动物群，杜绝本病的传入。对从未发生过布氏杆菌病的健康畜群，必须贯彻预防为主的方针和坚持自繁自养的原则，防止从外部引入病畜，若必须从外单位引进动物，应从无此病地区购买，购进后隔离观察2个月，并进行检疫，确实健康的方可并群饲养。同时，也要防止运入被污染的畜产品和饲料。每年春秋两次对畜群进行布氏杆菌病检疫，以便及时发现病畜。对流产动物做血清学检查，直到证明为非传染性流产时，才能取消隔离。

（2）培育健康动物群　对疫区定期检疫、培育健康动物群，这是净化患病动物群，更新动物群的一项重要措施。对动物每2～3个月进行一次检疫，将每次检出阳性的动物清除，实行预防管制6个月，在此期间还要做二次检疫，在获得全群阴性结果且动物群中不再发生流产时，可认为本病已清除。如多次检疫仍有阳性动物不断出现，可应用菌苗进行预防接种。

（3）定期免疫接种　疫区动物定期进行免疫注射是控制本病的有效措施。目前，我国生产有3种布氏杆菌疫苗，供生产单位使用。①布氏杆菌猪种S2号菌苗。该苗是一株减弱的布氏杆菌菌株，具有光滑型猪布氏杆菌生物Ⅰ型的特性。已广泛用于预防山羊、绵羊、猪和牛布氏杆菌病。②布氏杆菌羊种5号菌苗。预防牛、羊和鹿布氏杆菌病，是以中国分离的野毒株通过易感动物和小细胞培养方法育成的。免疫方法可采用皮下接种、气雾免疫和口服免疫。③布氏杆菌19号菌苗。适用于预防牛、绵羊布氏杆菌病，是一株减弱的布氏杆菌菌株，对牛、绵羊效果好，犊牛6个月左右接种一次，18个月左右再接种一次，免疫期可达数年之久。

(4) 加强消毒及兽医卫生措施　对疫区内隔离场所、用具、奶具等进行常规的消毒。做好产房的清洁卫生及消毒工作。妥善处理流产胎儿、胎衣、胎水及分泌物。粪便堆积发酵后利用，乳汁煮沸后利用。并加强工作人员的防护工作，特别是发生流产及产犊接犊时的防护。

(5) 发病后的措施　布氏杆菌病是一种慢性传染病，牛群一旦被感染，传染源将长期存在，当牛群更新时，带菌牛又可传染给健康牛，引起再度爆发流行。布氏杆菌是兼性细胞内寄生菌，致使化疗药物不易生效。故各养殖场对病牛和血清学反应阳性牛均不进行治疗，而采取严格隔离肥育后淘汰这种以除后患的果断措施。

(八) 李氏杆菌病

1. 简介

李氏杆菌病是由单核细胞增生李氏杆菌引起的人和动物的共患传染病。人和家畜主要表现为脑膜炎、败血症和流产。患病和带菌动物是本病的传染源，饮水和饲料可能是主要的传染媒介。本病为散发性，偶呈现地方性流行，但不广泛传播，发病率只有百分之几，但致死率很高。

潜伏期约为2～3周，病初体温升高约1～2℃，不久后降至常温。原发性败血症主要见于幼犊，表现为精神沉郁、呆立、流涎、流鼻涕、流泪，不听驱使。意识障碍，运动失调，作转圈运动。继之卧地，呈昏迷状态，常一侧卧，强行翻身后，又很快自行翻转过来，直至死亡。病程短者2～3天，长者1～2周或更长。成年牛症状不明显，妊娠母牛常发生流产。水牛常突发脑炎，与黄牛相似，但病程较短，死亡率较高。单凭临床症状和病理剖检变化不易建立诊断，应进行细菌学检查、荧光抗体染色等。

2. 防制

(1) 卫生管理　牛场应定期以物理或化学方法进行灭鼠，并以杀虫剂定期杀灭牛体表寄生虫；饲养管理、动物医学人员应注意自身防护，以防感染发病。

(2) 发病后的措施　一旦发病，应及时隔离治疗。抗生素中的链霉素、青霉素及庆大霉素，磺胺类中的磺胺嘧啶钠、磺胺甲基嘧啶，喹诺酮类中的诺氟沙星和氧氟沙星等均有较好的疗效。治疗方案如下。

方案1：① 5%庆大-小诺霉素注射液0.1毫升/千克（体重），肌内注射，2次/天，连续应用3～5天。②葡萄糖生理盐水250～1000毫升、氨苄西林7毫克/千克（体重）、盐酸氯丙嗪0.6毫克/千克（体重），静脉注射，1～2次/天，连用3～5天。③全群以阿莫西林可溶性粉5～10毫克/千克（体重），混饮，1次/天，连用3～5天。

方案2：①全群以阿莫西林可溶性粉5～10毫克/千克（体重），混饮，1次/天，连用3～5天。②左旋氧氟沙星注射液，肌内注射，0.1毫升/千克（体重），2次/天。③葡萄糖生理盐水250～1000毫升、盐酸氯丙嗪0.6毫克/千克（体重）、磺胺间甲氧嘧啶钠注射液首次量100毫克/[千克（体重）·次]、地塞米松15毫克/头，维持量50毫克/[千克（体重）·次]，2次/天，静脉注射，连用3～5天。

方案3：注射用青霉素钠1600万单位、注射用硫酸链霉素6克、注射用水30毫升，一次肌内注射。每天2次，连用5天。

(九) 链球菌病

1. 简介

牛链球菌病是由数种致病性链球菌引起牛的多种疾病（链球菌乳房炎、链球菌肺炎、犊牛链球菌病）的总称。

(1) 链球菌乳房炎　链球菌乳房炎可分为急性型和慢性型两种，可表现为浆液性或化脓性乳房炎。急性乳房炎表现为乳房明显肿胀、坚硬、发热、疼痛。全身不适，体温稍高，食欲缺乏，产奶量减少或产奶停止，乳房肿胀严重时行走困难，常侧卧、呻吟、后肢伸直。最初乳汁呈淡黄色或微红色，继之出现微细的凝乳块至絮片物质。慢性乳房炎多为原发性，也有从急性转变而来，临床症状不明显。表现为产奶量逐渐下降，乳汁带有咸味，有时呈淡蓝色水样，间断地排出凝乳块和絮片物质。乳房有大小不同的灶性或弥漫性硬肿块。

(2) 链球菌肺炎　是由肺炎链球菌引起的一种急性、败血性传染病，多发生于犊牛。传染源为病牛和带菌牛，3周以内的犊牛最易感，主要经呼吸道感染，呈散发或地方性流行。病初不食或少食，呼吸极度困难，结膜发绀，心脏衰竭。很快出现神经症状，四肢抽搐，共济运动失调，常于几小时内死亡。病程长的，鼻镜潮红，鼻流脓涕，结膜发炎，消化不良并伴有腹泻，很快呈现支气管肺炎症状，呼吸困难，咳嗽，共济运动失调。胸腔积液，脾脏充血增生、质韧如橡皮样，即所谓“橡皮脾”是本病特征。

（3）犊牛链球菌病　多是由脐带感染而引起的犊牛急性败血症。犊牛出生后不久即出现眼炎，很快呈败血症状，知觉过敏，四肢关节发硬，发热。

根据临床症状，可以作出初步诊断。

2. 防制

（1）严格消毒　牛场应制订严格的消毒防病措施，场区及牛畜舍、饲养用具等应定期以0.3%洗必泰或0.01%度灭芬等进行消毒；注意接生断脐、断尾、阉割、注射等手术的消毒，防止感染。

（2）发病后的措施　链球菌肺炎和犊牛链球菌病治疗方案如下。

方案1：①乳酸环丙沙星注射液5毫克/[千克（体重）·次]，肌内注射，2次/天，连用3～5天。②全群以阿莫西林可溶性粉5～10毫克/千克（体重），混饮，1次/天，连用3～5天。③复方康福那心注射液5～10毫升/(头·次)，肌内注射，2次/天，连用3～5天。

方案2：①磺胺甲噁唑注射液首次量100毫克/[千克（体重）·次]（维持量50毫克/千克）、5%碳酸氢钠30～50毫升、葡萄糖生理盐水500～1500毫升、柴胡注射液5～20毫升，静脉注射，2次/天，连用3～5天。②硫氰酸红霉素可溶性粉5毫克/[千克（体重）·次]，全群混饮，2次/天，连续应用3～5天。

方案3：①头孢噻呋钠粉针0.1毫升/千克（体重），注射用水稀释，肌内注射，2次/天，连用3～5天。②阿莫西林可溶性粉10～15毫克/[千克（体重）·次]，2次/天，全群混饮，连续用3～5天。③复方康福那心注射液5～10毫升、葡萄糖生理盐水500～1500毫升、40%乌洛托品10～25毫升/（头·次），静脉注射，1～2次/天，连用3～5天。

（十）牛放线菌病

1. 简介

牛放线菌病的主要特征是在乳房部位呈现特异性肉芽肿和慢性化脓灶。本病的病原主要有牛放线菌、伊氏放线菌和林民放线杆菌等。这些细菌的抵抗力不强，易被普通浓度的常用消毒剂杀死。在自然条件下，不能由病畜直接传给健畜，主要通过皮肤或黏膜的创伤而感染。本病症状和病变特殊，根据临床症状和病理变化，可作出确切诊断。

2. 防制

(1) 加强卫生管理　对牛场、牛舍每天应进行清扫和定期消毒，清除牛舍中的尖锐物体，尤其是栏架上的毛刺，以防发生外伤和感染。

(2) 发病后的措施　由于牛放线病为散发状，且不能由病畜直接传给健畜，故对病牛一般不进行治疗而作淘汰处理；对症状较轻、治愈后不妨碍产乳的母牛，可应用碘制剂、环丙沙星联合治疗。治疗方法如下。

方案1：①乳酸环丙沙星注射液5毫克/[千克（体重）·次]，肌内注射，2次/天，连用5～7天。②阿莫西林可溶性粉5～10毫克/千克（体重），混饮，1次/天，连用5～7天。③碘化钾2～5克/(次·天)，拌料中喂给，连用3～5天。

方案2：①乳酸环丙沙星注射液5毫克/[千克（体重）·次]，肌内注射，2次/天，连用5～7天。②病牛以阿莫西林可溶性粉5～10毫克/千克（体重），混饮，1次/天，连用5～7天。③葡萄糖生理盐水500～1500毫升、10%碘化钾25～50毫升，隔日静注一次，连用3～5次。④以12号长针头刺入牛放线肿内部，以0.5%聚维酮碘反复冲洗，排出脓液、坏死组织后，再度注入0.5%聚维酮碘20～50毫升，留作治疗用。

方案3：注射用青霉素钠240万单位、注射用硫酸链霉素3克、注射用水20毫升，溶解后，患部周围分点注射，每天一次，连用5天。

（十一）钩端螺旋体病

1. 简介

钩端螺旋体病是一种人畜共患病和自然疫源性传染病，带菌率和发病率都较高。临床表现形式多样，如发热、黄疸、血红蛋白尿、出血性素质、流产、皮肤和黏膜坏死、水肿等。

主要通过皮肤、黏膜或经消化道进入而感染；也可通过交配、人工授精而感染；在菌血症期间还可通过吸血昆虫，如蜱、虻、蝇和水蛭传播。每年以7～10月为流行的高峰期，可呈地方性流行。本病可发生于各种年龄的家畜，但以幼龄发病较多，症状也较严重。潜伏期一般为2～20天。急性病牛表现为体温升高、厌食，皮肤干裂、坏死或溃疡。黏膜黄染，尿呈浓茶样，含有大量血红蛋白和胆色素等。常于发病后3～7天死亡。亚急性型常见于奶牛，病初有不同程度的体温升高，厌食，精神不振，黏膜水肿，产奶量显著下降或停乳，乳汁变黄常有血凝块，病牛很少死亡。流产是本病的重要症状之一，牛群大量流产可疑为本病，确诊需要进行微生物学和免疫学检查。

2. 防制

（1）消灭自然疫源　牛场应坚持正常性的灭鼠、杀灭吸血昆虫，填平场区内的污水坑，排污道封盖完整，以避免人畜接触污物。

（2）隔离消毒　在牛群中发现本病，应立即隔离，彻底消毒被污染的场地、牛舍、用具，病牛和带菌牛应设专人护理和饲养。

（3）个人防护　兽医工作者和饲养管理人员要做好个人防护工作，并接种钩端螺旋多价疫苗，以防止自身感染。

（4）免疫接种　钩端螺旋体多价疫苗（人用）8～10毫升/头，皮下或肌内注射。本苗既可用来进行预防接种，也可用来进行紧急接种，2周内可以控制疫情。

（5）发病后的措施　在牛场发现感染牛，应视为全群感染，应采取隔离措施，进行全群治疗。治疗方案如下。

方案1：①电解多维300～500克、阿莫西林可溶性粉10～15毫克/[千克（体重）·次]，拌料混饲，2次/天。连续应用3～5天。②硫酸链霉素粉针15毫克/千克（体重），注射时用水稀释，肌内注射，2次/天，连用3～5天。

方案2：①电解多维300～500克、氟苯尼考可溶性粉1000～1500克/吨（饲料），拌料混饲，连喂7天。②葡萄糖生理盐水500～1500毫升、10%维生素C 10～30毫升、复方康福那心注射液5～10

毫升，静脉或腹腔注射，1～2次/天，连用3～5天。③阿莫西林粉针10～15毫克/千克（体重），2次/天，连用3～5天。

方案3：注射用盐酸四环素3～4克、5%葡萄糖生理盐水2000毫升，一次静脉注射。

（十二）结核病

1. 简介

结核病是由分枝杆菌引起的一种人、畜、禽共患的慢性传染病。牛结核病的主要特征是渐进性消瘦，组织器官中形成结核结节，继之结核结节发生干酪样坏死或钙化。

病原体为结核分枝杆菌、牛分枝杆菌和禽分枝杆菌。牛结核病是由牛分枝杆菌所引起的。家畜中牛最易感染，特别是乳牛，然后依此为黄牛、牦牛、水牛。牛常发生的是肺结核，病初食欲、反刍无变化，但易疲劳，常发干咳。继之咳嗽逐渐加重，呼吸次数增加、气喘，精神欠佳。病牛日渐消瘦、贫血，颌下、咽、肩前、股前、腹股沟淋巴结肿大如拇指状，不热不痛，表面凹凸不平，有的破溃排出脓汁或干酪样物，不易愈合，常形成瘘管。乳房常被侵害，乳房淋巴结肿大，坚硬，无热无痛，泌乳量减少，乳汁一般无明显变化，严重时呈水样稀薄。肠道结核多发于犊牛，表现为食欲缺乏，消化不良，顽固性下痢，迅速消瘦。生殖系统结核时，表现为性机能紊乱，性欲亢进，频繁发情。孕牛流产、公牛睾丸肿大。结核病牛病状多样，临床症状不明显，较难以作出明确诊断，常需进行实验室检查。

2. 防制

（1）加强隔离检疫和消毒　引进牛时要进行隔离饲养，严格检疫，确认阴性时方可解除隔离混群饲养。定期进行环境、牛舍、运动场以及设备用具的消毒。

（2）发病后的措施　发现可疑病例的牛群，可用结核菌素试验进行检疫，阳性牛、病牛均应进行淘汰；对污染的场所，用具等须以10%漂白粉或3%氢氧化钠进行彻底消毒。牛结核病发病率低、病程长、治疗见效慢、费用高，因此一般不进行治疗，而作淘汰处理。

（十三）副结核病

1. 简介

副结核病又称副结核性肠炎，是由副结核分枝杆菌引起的牛的一种慢性传染病。显著特征是顽固性腹泻和渐行性消瘦，肠黏膜增厚并形成皱襞。副结核分枝杆菌主要引起牛发病，特别是乳牛，然后依次为黄牛、牦牛、水牛。患病动物通过粪便排出大量病原菌污染环境，健康牛通过被污染的饮水、草料等，经消化道而感染。当怀孕母牛患有副结核病时，可通过子宫传染给犊牛。潜伏期为6～12个月，甚至更长。早期为间断性腹泻，继之变为经常性的顽固拉稀，排出稀薄、恶臭、带有气泡、黏液和血块的粪便。起初食欲、精神尚好，渐变食欲缺乏、消瘦、脱水，精神变差，经常卧地，不愿起立。被毛粗乱，下颌及胸前水肿，体温常无变化。如腹泻不止，经3～4个月因衰竭而死。根据流行病学、临床症状，常可作出初步诊断，确诊需进行实验室检查。

2. 防制

(1) 加强管理　认真搞好饲养管理和卫生工作，给予全价平衡营养，消除发病的激应因素，以增强牛的抗病能力；疫区牛场每年要做4次变态反应检查，对有临床症状或反应阳性的牛，应作扑杀处理；牛场应制订严格的消毒防病措施，场区及牛舍、饲养用具等应以10%含氯石灰水、1%优氯净、2%氢氧化钠等进行喷洒消毒。

(2) 发病后的措施　副结核病尚无有效疗法，用硫酸链霉素、异烟肼等进行治疗有一定效果。但病程长，见效慢，一般还是以淘汰病牛为好。治疗方案如下。

方案1：①电解多维300～500克/吨、硫酸新霉素预混剂100～150克/(次·头)，拌料混饲，2次/天。连续应用7天为一疗程。②硫酸链霉素粉针15毫克/千克（体重），注射时用水稀释，肌内注射，2次/天，连用7天为一疗程。休息1～2天，开始第二个疗程。

方案2：①硫酸链霉素粉针15毫克/千克（体重），注射用水稀释，肌内注射，2次/天，连用5～7天。②异烟肼2～3克/(头·次)，灌服，3次/天，连用5～7天。休息1～2天，开始第二个疗程。

(十四) 弯曲菌病

1. 简介

弯曲菌病是由胎儿弯曲菌和空肠弯曲菌引起的各种动物以不育、流产或腹泻为特征的传染病。

(1) 弯曲菌性流产　是由胎儿弯曲菌引起的流产。母牛在交配感染后，可引起阴道和子宫内膜炎，从阴门不时排出黏液。胚胎早期死亡并被吸收，从而不断发情，发情周期不规则或明显延长。有些怀孕母牛的胎儿死亡较迟，流产多发生于怀孕的第5～6个月，流产率为5%～20%，往往有胎衣滞留现象。牛经第一次感染痊愈后，一般不再发生感染。公牛感染后一般没有明显的临床症状，精液也正常，但常常带菌。根据流行病学、临床症状，常可作出初步诊断，确诊需进行实验室检查。

(2) 弯曲菌性腹泻（冬痢）　是由空肠弯曲菌引起的。牛感染空肠弯曲菌后发生的腹泻，又称“冬痢”。本病多发生于秋冬季节，大、小牛均可发病，呈地方性流行。潜伏期为3天，病常突然而来，一夜之间可使20%以上的牛发病，病牛排出具有恶臭、水样、棕色稀粪，并常含有血液。体温、呼吸、心跳正常。小肠蠕动亢进，产奶量下降50%～95%。病情严重者，精神沉郁，食欲缺乏，弓背收腹，毛逆立，寒战虚脱，病程2～3天，如治疗及时，很少发生死亡。根据流行病学、临床症状，常可作出诊断，无需进行实验室检查。

2. 防制

(1) 加强卫生和消毒　牛场应制订严格的消毒防病措施，场区及牛舍、饲养用具等应以0.5%过氧乙酸、10%含氯石灰水、3%来苏尔、2%复合酚等进行喷洒消毒；弯曲菌性流产是由交配传染的，发病牛场应对种公牛进行严格检疫，淘汰患病和带菌种公牛，最好改为人工授精。

(2) 发病后的措施 发病后的治疗方案如下。

方案1：①0.1%高锰酸钾溶液反复冲洗子宫，排净冲洗液后，注入宫净康1支，1次/天，连用3～5天。②催产素75～150国际单位/(头·次)，肌内注射，4小时后胎衣仍不能排出，可重复应用1次。③全群以恩诺沙星可溶性粉100克拌料100千克喂给，2次/天，连用3～5天。(弯曲菌性流产)

方案2：①硫酸双氢链霉素15毫克/千克（体重）、注射用水10～20毫升，肌内注射，2次/天，连用3～5天。②葡萄糖生理盐水1000～2500毫升、左旋氧氟沙星注射液0.1毫升/千克（体重）、10%维生素C 10～20毫升，静脉注射，2次/天，连用3～5天。

③0.1%高锰酸钾溶液反复冲洗子宫，排净冲洗液后，将1.5%露它净溶液30～40毫升与氯霉素注射液10毫升混匀后注入，1次/天，连用3～5天。④垂体后叶素50～100国际单位/（头·次），肌内注射，连用1～2次。（弯曲菌性流产）

方案3：①左旋氧氟沙星注射液0.1毫升/千克（体重），肌内注射，2次/天，连用3～5天。②全群以硫酸新霉素预混剂100～150克/次，拌料混饲，2次/天，连用3～5天。③将1份量口服补液盐放入1000毫升（30℃左右）的温开水中，完全溶解后，供病牛饮用。（弯曲菌性流产）

方案4：①氟苯尼考注射液10毫克/千克（体重），肌内注射，1次/天，连用3～5天。②硫酸黏菌素预混剂（以硫酸黏杆菌素计）3～5毫克/千克（体重），拌料混饲，1次/天，连用3～5天。③葡萄糖生理盐水1500毫升、10%葡萄糖注射液500毫升、10%樟脑磺酸钠注射液10～20毫升、10%维生素C 10～20毫升，静脉注射，2次/天，连用3～5天。

（十五）莱姆病

1. 简介

莱姆病是由伯氏疏螺旋体引起的人和多种动物的共患传染病。临床表现以叮咬性皮损、发热、关节炎、脑炎、心肌炎为特征。

伯氏疏螺旋体在蜱叮咬人或动物时，随蜱唾液进入皮肤，经2～32天潜伏期，病菌在皮肤中扩散，形成皮肤损伤，进入血液后，引起牛发热，精神沉郁，四肢无力，关节肿大，跛行。病初轻度腹泻，继之出现水样腹泻。早期怀孕母牛感染后可发生流产。一些病牛出现心肌炎、肾炎和肺炎等症状。感染牛的血液、尿、关节液、肺和肝中均可检出病菌。根据流行病学，临床症状，可作出初步诊断，确诊需进行实验室检查。

2. 防制

受本病威胁的地区，进入温暖季节后应定期以3%～5%溴氰菊酯喷洒牛体，以杀灭蜱等吸血昆虫。发病后的治疗方案如下。

方案1：①氯唑西林钠粉针5～10毫克/[千克（体重）·次]，肌内注射，2次/天，连用3～5天。②复方氨基比林注射液10～20毫升/（头·次），2次/天，连用3～5天。③全群以硫氰酸红霉素可溶性粉5毫克/[千克（体重）·次]，混饲，2次/天，连用3～5天。

方案2：①苯唑西林钠10～15毫克/[千克（体重）·次]，肌内注射，2～3次/天，连用3～5天。②葡萄糖生理盐水1500毫升、盐酸多西环素粉针5毫克/千克（体重）、10%樟脑磺酸钠注射液10～20毫升、10%维生素C 10～20毫升、30%安乃近10～20毫升，静脉注射，2次/天，连用3～5天。③肿胀的关节涂以鱼石脂软膏，1次/天，连用3～5天。

（十六）衣原体病

1. 简介

衣原体病是由鹦鹉热衣原体和反刍动物衣原体引起的多种动物和人类的共患传染病。表现为流产、肺炎、肠炎、脑炎、多发性关节炎、结膜炎等。各种年龄的牛均可感染发病，初产牛主要表现为流产，流产多发生于怀孕后期，流产率高达60%。一般预后良好，很少发生不育和再次流产。种公牛感染后常发生睾丸炎、尿道炎等。肺肠炎型主要见于6个月龄以内的犊牛，表现为精神沉郁，体温升高至40.5℃，呼吸急促，咳嗽，流泪，鼻腔内有黏性分泌物。有些可表现为肠炎。脑炎型多发于2岁以下的牛，体温突然升高至40.5～41.5℃，食欲缺乏或废绝，迅速消瘦，流涎和咳嗽，受害关节肿大、疼痛，有的病牛出现神经症状呈角弓反张，死亡率30%。本病表现多样，临床上较难作出诊断，对疑似病牛应尽早进行实验室检查。

2. 防制

（1）加强隔离消毒　牛场应坚持定期以0.1%新洁尔灭、2%甲醛溶液消毒，以杀灭病原。牛场内不得养鸡、鸽和其他鸟类，以免传染病原。

（2）发病后的措施　发病后的治疗方案如下：（流产病牛采用方案1、方案2治疗；肺炎及肠炎病牛采用方案3、方案4治疗；脑炎病牛采用方案5、方案6治疗；多发性关节炎、结膜炎病牛采用方案7、方案8治疗）。

方案1：①土霉素注射液5～10毫克/千克（体重），1次/天，肌内注射，连用3～5天。②0.1%高锰酸钾溶液反复冲洗子宫，排净冲洗液后，将1.5%露它净溶液30～40毫升与氯霉素注射液10毫升混匀后注入，1次/天，连用3～5天。③催产素75～150国际单位/

(头·次)，肌内注射，4小时后可重复应用1次。④全群以头孢羟氨苄可溶性粉30～40毫克/千克（体重）（以头孢羟氨苄计），2次/天，连用3～5天。

方案2：①全群电解多维300克/吨、氟苯尼考可溶性粉1000～1500克/吨，拌料混饲，连喂3～5天。②5%左旋氧氟沙星注射液0.1毫升/千克（体重），肌内注射，2次/天，连用3～5天。③1.5%露它净溶液反复冲洗子宫，排净冲洗液后，注入氯霉素注射液10毫升，1次/天，连用3～5天。

方案3：①葡萄糖生理盐水1500～2500毫升、盐酸多西环素粉针5毫克/千克（体重）、10%樟脑磺酸钠注射液10～20毫升、10%维生素C 10～20毫升、30%安乃近10～20毫升，静脉注射，2次/天，连用3～5天。②复方氨基比林注射液10～20毫升/次，肌内注射，2次/天，连用3～5天。③白头翁散200克/(头·次)，1次/天，腹泻病牛灌服；白矾散200克/(头·次)，1次/天，咳嗽病牛灌服。

方案4：①复方氨基比林注射液10～20毫升/次，肌内注射，2次/天，连用3～5天。②葡萄糖生理盐水1500毫升、氨苄西林钠粉针25毫克/千克（体重）、10%樟脑磺酸钠注射液10～20毫升、醋酸地塞米松10毫克/头、30%安乃近10～20毫升，静脉注射，2次/天，连用3～5天。③清肺止咳散350克/(头·次)，温开水冲匀，灌服，1次/天，连用3～5天。

方案5：①10%葡萄糖注射液1 500毫升、5%碳酸氢钠注射液250～500毫升、磺胺甲恶唑注射液首次量100毫克/千克（体重）[维持量50毫克/千克（体重）]、10%樟脑磺酸钠注射液10～20毫升、醋酸地塞米松10毫克/头，静脉注射，2次/天，连用3～5天。②30%安乃近10～20毫升/（头·次），肌内注射，1～3次/天。③头孢羟氨苄可溶性粉（以头孢羟氨苄计）40毫克/[千克（体重）·次]，全群混饲，2次/天。

方案6：①10%葡萄糖注射液1500毫升、20%甘露醇1500毫升、5%碳酸氢钠注射液250～500毫升、复方磺胺嘧啶钠注射液首次量60毫克/千克（体重）[以磺胺嘧啶钠计，维持量30毫克/千克（体重）]，静脉注射，2次/天，连用3～5天。②10%樟脑磺酸钠注射液10～20毫升/(头·次)，肌内注射，2～3次/天。③醋酸地塞米松10毫克/头，肌内注射，2～3次/天。

方案7：①肿大关节涂抹鱼石脂软膏，1次/天，连用数日。②氯唑西林钠粉针5～10毫克/[千克（体重）·次]，肌内注射，2次/天，连用3～5天。

方案8：①注射用氨苄西林钠0.5g、0.5%盐酸普鲁卡因10毫升，以9号注射针头刺入睛明穴，缓慢注射，注意不得刺入眼球内，1次/2天。②以红霉素眼药膏点眼，2次/天，连用数日。③决明散350克、蜂蜜60克、鸡蛋2枚，温开水冲匀，一次灌服，1次/天，连用3～5天。

（十七）附红细胞体病

1. 简介

附红细胞体病是由温氏附红细胞体引起的以发热、黄疸和贫血为主要临床特征的一种传染病。病牛和带菌牛是最主要的传染源。自然感染的途径较多，如打斗、舔食伤口、被污染的针头、断尾钳、耳号钳、手术刀及吸血昆虫等均可传播本病。

牛群大批发病，常是带菌牛或新感染牛在长途运输、免疫接种、更换饲料、天气骤变、伴发感染等的作用下发病。病牛表现为发热，体温升高达40～42℃，持续不降；呼吸急促，精神沉郁，少食或不食；继之，出现贫血，消瘦，皮肤及可视黏膜苍白、黄染。剖检可见血液稀薄，凝固缓慢。胸、腹腔及心包腔内积水。肝脏肿大，呈棕黄色，胆囊内充满浓绿色似胶冻样的胆汁；脾脏肿大，质地松软。根据流行病学、临床症状和病理变化，可作出初步诊断。要作出确切诊断，须进行实验室检查。

2. 防制

（1）加强管理　平常应加强牛群的饲养管理，供给全价饲料和清洁饮水，作好夏季防暑、冬季保暖工作，减少应激因素（闷热、拥挤等）的刺激；温暖季节应定期喷洒杀虫剂，以杀灭蚊、蝇、蜱、牛虻、体虱、跳蚤等吸血昆虫，消灭传染媒介；坚持自繁自养，在引进外地种畜时进行严格检查，并隔离观察一个月；治疗疾病时需要保证每头牛一个针头。打耳号、断尾、阉割等外科手术时注意对所用器械进行消毒；定期对环境、设备用具进行消毒。

（2）药物预防　使用抗原虫类、砷制剂等药物进行预防，如阿散酸等。

(3) 被动免疫　无菌采集耐过动物的血液，分离血清加 2000～3000 单位/毫升的长效土霉素，肌内注射可预防发病。

(4) 发病后的措施　治疗方案如下。

方案 1：①三氮脒粉针 3～5 毫克/千克（体重），临用前以生理盐水配成 5%～7%的溶液，分点深部肌内注射，必要时，可于 3 天后再注射 1 次。②0.1%维生素 B_{12} 2 毫克/(次·天)，1 次/天，连用 3 次。

方案 2：①新砷凡纳明（九一四）15～25 毫克/千克（体重）、葡萄糖生理盐水 500～1500 毫升，静脉注射，间隔 2～3 天重复一次，2～3 次为一个疗程。②多西环素 10～15 毫克/千克（体重），肌内注射，2 次/天，连用 3～5 天。③0.1%维生素 B_{12} 2 毫克/(次·天)，1 次/天，连用 3 次。

方案 3：①黄色素 3～5 毫克/千克（体重），以生理盐水配成 0.5%溶液，静脉注射，1 次/天，连用 4 天。②0.1%维生素 B_{12} 2 毫克/(次·天)，1 次/天，连用 3 次。

(十八) 无浆体病

1. 简介

无浆体病是由无浆体引起的反刍动物的一种血液传染病，其特征为高热、贫血、消瘦、黄胆和胆囊肿大。潜伏期为 17～45 天，体温突然升高至 40～42℃，鼻镜干燥，食欲缺乏，反刍减少，皮肤和黏膜变为苍白和黄染。常伴有顽固性的前胃弛缓，粪暗黑，常有血液或黏液。逐渐消瘦，营养不良，精神沉郁，最终衰竭而死。根据流行病学、临床症状可作出初步诊断，血涂片检查可作出确切诊断。

2. 防制

温暖季节应定期喷洒杀虫剂，以杀灭蜱、蚊、蝇、牛虻、体虱、跳蚤等吸血昆虫，消灭传染媒介。发病后的治疗方案如下。

方案 1：①土霉素注射液 5～10 毫克/千克（体重），肌内注射，1 次/天，连用 3～5 天。②健胃散 300～500 克/(次·头)，1 次/天，连续应用 7～10 天。③0.1%维生素 B_{12} 2 毫克/(次·天)，1 次/天，连用 3 次。

方案 2：①三氮脒粉针 3～5 毫克/千克（体重），临用前以生理盐水配成5%～7%的溶液，分点深部肌内注射，必要时，可于3天后再注射1次。②0.1%维生素B_{12} 2毫克/(次·天)，1次/天，连用3次。③全群以健胃散250克/头，1次/天，连用7天。

（十九）气肿疽

1. 简介

气肿疽是由气肿疽梭菌引起的牛的一种急性、发热性传染病。其特征为肌肉丰满部位发生炎性气性肿胀，并常有跛行。潜伏期为3～5天，体温升高至40～42℃，早期即出现跛行。继之在肌肉丰满的部位发生肿胀，初期热而痛，后来中央变冷、无痛，患部皮肤干硬呈暗红色或黑色。切开患部，从切口流出污红色、含泡沫的酸臭液体。发病局部淋巴结肿大，触之坚硬。食欲废绝，反刍停止，呼吸困难，最后体温下降而死。根据流行病学、临床症状可作出初步诊断，确诊需进行实验室检查。

2. 防制

(1) 加强隔离卫生　牛场应制订严格的消毒防病措施，场区及牛舍、饲养用具等应以3%福尔马林、0.2%升汞、2%氢氧化钠等进行喷洒消毒；发现病畜应立即隔离治疗，病死牛严禁剥皮食肉，应深埋或焚烧，以减少病原的传播。

(2) 免疫接种　气肿疽明矾菌苗，不论年龄大小，一律为5毫升/头，免疫期为6个月。

(3) 发病后措施　发病后的治疗方案如下。

方案1：①氯唑西林钠粉针5～10毫克/[千克（体重）·次]，肌内注射，2次/天，连用3～5天。②切开患部，3%过氧化氢反复冲洗，以生理盐水冲去残留的过氧化氢，然后撒布青霉素粉。③葡萄糖生理盐水500～1500毫升、10%樟脑磺酸钠注射液10～20毫升、10%维生素C 10～20毫升、30%安乃近10～20毫升，静脉注射，2次/天，连用3～5天。

方案2：①氨苄西林钠0.5～1.5克、0.25%普鲁卡因20～30毫升，患部周围分点注射。②葡萄糖生理盐水500～1500毫升、10%樟脑磺酸钠注射液10～20毫升、氨苄西林钠7毫克/千克（体重）、30%安乃近10～20毫升，静脉注射，2次/天，连用3～5天。

（二十）牛传染性胸膜肺炎

1. 简介

牛传染性胸膜肺炎是由丝状支原体引起的一种传染性肺炎，以纤维素性胸膜肺炎为主要特征。自然病例仅见于牛，不同年龄、性别和品种的牛均能感染。病牛及带菌牛是本病的主要传染源。本病一年四季都可发生，在新发病的牛群中常为暴发性流行，病势剧烈，发病率和病死率都比较高，且多为急性经过。潜伏期为 2～4 周。根据病的经过可分为急性型和慢性型两种类型。

（1）急性型　体温升高至 40～42℃，稽留不退，呼吸次数剧增，张口喘气，鼻孔不时流出黏性或脓性分泌物，咳嗽次数少而低沉，胸部触诊有痛感，精神不振，食欲较差，时发腹泻，病程一般为 5～8 天，病死率较高。

（2）慢性型　表现为清晨、晚间、运动、采食时，咳嗽明显。咳嗽时病牛站立不动，背拱起，颈直伸，直到呼吸道内分泌物被咳出、吞咽下为止。呼吸次数增多和呈腹式呼吸。症状时而明显，时而缓和。消化机能紊乱，进行性消瘦，病程可拖延 2～3 个月，甚至长达半年以上。

特征性病变在胸腔、肺脏切面呈大理石样花纹和浆液纤维素性胸膜肺炎，胸膜常有纤维素附着物与肺发生粘连。根据流行病学、临床症状和病理变化，可作出诊断。

2. 防制

（1）自繁自养　牛场应采用自繁自养的方法，不从外地引入青年牛，是预防本病的首要措施，并采用人工授精技术。必须引进时，对引进牛要进行检疫。

（2）卫生管理　牛场环境及牛舍应注意打扫，定期以 5%来苏尔、2%氢氧化钠溶液进行消毒。

（3）免疫接种　对疫区和受威胁区 6 月龄以上的牛，必须每年接种 1 次牛肺疫兔化弱毒菌苗。

（4）发病后的措施　发现病畜或可疑病畜，要尽快确诊，上报疫情，划定疫点、疫区、受威胁区。对疫区实行封锁，按《中华人民共和国动物防疫法》规定，采取紧急、强制性的控制和扑灭措施。扑杀患病牛；对同群牛隔离观察，进行预防性治疗。彻底消毒栏舍、场地和饲养工具、用具；严格无害化处理污水、污物、粪尿等。严格执行封锁疫区的各项规定。

牛可用抗生素治疗，一般用四环素、长效土霉素、链霉素、头孢噻呋、氨苄西林、红霉素、硫酸卡那霉素、泰乐菌素等药物。治疗方案如下。

方案 1：①酒石酸泰乐菌素粉针 10 毫克/千克（体重）、注射用水 20 毫升，肌内注射，2 次/天，连用 5～7 天。本品禁止与莫能菌素、盐酶素等同时使用。②盐酸大观-克林霉素可溶性粉 10 毫克/千克（体重），全群混饲，连用 5～7 天。

方案 2：①左旋氧氟沙星注射液 5 毫克/千克（体重），肌内注射，2 次/天，连用 5～7 天。②10％延胡索酸泰妙菌素可溶性粉（以延胡索酸泰妙菌素计）80 克/吨（饲料），混饲，本品禁止与莫能菌素、盐酶素等同时使用。

方案 3：替米考星注射液 10～20 毫升静脉注射。或注射用盐酸四环素 2～4 克、5％葡萄糖生理盐水 2000 毫升，1 次静脉注射，每天 2 次，连用 2～3 天。

（二十一）土拉杆菌病

1. 简介

土拉杆菌病又称野兔热，原发于野生啮齿动物，它们传染给家畜和人。动物患本病主要表现为体温升高，淋巴结肿大，脾脏和其他内脏的坏死性变化。

牛则以犊牛较为多见，发生季节与野生啮齿动物及吸血昆虫繁殖滋生的季节相一致。潜伏期为 1～3 天，患病牛表现为体表淋巴结肿大，精神沉郁，食欲缺乏，体温升高至 41℃以上，全身虚弱，行动迟缓，呼吸困难，常呈腹式呼吸，有时咳嗽，病程缓慢，多数病牛可耐过，而逐渐康复，很少发生死亡。妊娠母牛常发生流产。水牛常表现为食欲缺乏或废绝，发热寒战，时有咳嗽，体表淋巴结肿大。剖检可见体表淋巴结肿大发炎、化脓，支气管肺炎、胸膜炎以及脾实质变性、坏死。根据流行病学、临床症状可作出初步诊断，确诊须进行实验室检查。

2. 防制

（1）卫生消毒　养牛场内应定期灭鼠，温暖季节应定期以杀虫剂喷洒，杀灭吸血昆虫，养牛场内不得饲养其他动物；牛场环境及牛舍应注意打扫，定期以5%来苏尔、3%石碳酸、2%氢氧化钠溶液进行喷洒消毒。

（2）发病后的措施　治疗方案如下。

方案1：①硫酸链霉素20毫克/千克（体重），肌内注射，2次/天，连续应用5～7天。②强力霉素可溶性粉100克拌料100千克，全群混饲，连用5～7天。③健胃散350克/头，温开水冲匀，灌服，1次/天，连服3～5天。④复方氨基比林注射液10～25毫升/（次·头），肌内注射，2～3次/天，使用天数视体温而定。

方案2：①硫酸链霉素20毫克/千克（体重），肌内注射，2次/天，连续应用5～7天。②氟苯尼考可溶性粉100克拌料100千克，全群混饲，连续应用5～7天。③清瘟败毒散300～400克/（头·次），温开水冲匀，灌服，1次/天，连服3～5天。④复方氨基比林注射液10～25毫升/（次·头），肌内注射，2～3次/天，使用天数视体温而定。

（二十二）传染性角膜结膜炎

1. 简介

传染性角膜结膜炎又名红眼病，是主要危害牛羊的一种急性传染病，其特征为眼结膜和角膜发生明显的炎症变化，伴有大量流泪，继之发生角膜浑浊。

它是一种多病原性疾病，已报道的病原有牛嗜血杆菌、立克次体、支原体、衣原体和某些病毒。牛、绵羊、山羊、骆驼、鹿等，不分性别和年龄均具有易感性，但以幼龄动物多发。病畜通过眼泪和鼻分泌物排出病原体，污染饲料、饮水和周围环境，健畜可因食入被病原体污染的饲料和饮水，或与病畜直接接触而感染。本病主要发生于天气炎热和湿度较高的夏季和秋季，其他季节则较少。一旦发病，传播迅速，常呈地方流行。青年牛群发病率高达60%～90%。潜伏期为3～7天，病初羞明流泪，眼睑肿胀、疼痛，角膜血管扩张、充血，结膜和瞬膜红肿、外翻。严重者角膜浑浊增厚，并发生溃疡，形成角膜翳。个别的可见眼前房积脓或角膜破裂，晶状体脱落。病程20～30天，一般无全身症状。眼球化脓时，往往伴有体温升高，食欲缺乏，精神沉郁等。病情较轻者，常可自愈，但常会遗留角膜翳、角膜白斑或失明。根据流行病学、眼部症状，即可作出确切诊断。

2. 防制

(1) 加强消毒和检疫　牛场环境及牛舍应注意打扫，定期以5%来苏尔、3%石碳酸、0.5%过氧乙酸溶液进行喷洒消毒；牛场从外地引进青年牛时，应进行严格检疫，确认无病时才能引进，并混群饲养。

(2) 发病后的措施　无全身症状的只做眼部治疗即可，如有体温升高，食欲缺乏，精神沉郁等全身症状的，除眼部治疗外，尚应配合全身治疗，以加快康复。治疗方案如下。

方案1：①注射用氨苄西林钠0.5克、0.5%盐酸普鲁卡因注射液10毫升、醋酸地塞米松注射液10毫克，以9号注射针头刺入睛明穴，缓慢注射，注意不得刺入眼球内，1次/2天。②以红霉素眼药膏点眼，2次/天，连用数日。

方案2：①注射用氨苄西林钠0.5克、0.5%盐酸普鲁卡因注射液10毫升、醋酸地塞米松注射液10毫克，以9号注射针头刺入睛明穴，缓慢注射，注意不得刺入眼球内，1次/2天。②以氧氟沙星眼药水点眼，2次/天，连用数日。

方案3：①注射用氨苄西林钠0.5克、0.5%盐酸普鲁卡因注射液10毫升、醋酸地塞米松注射液10毫克，以9号注射针头刺入睛明穴，缓慢注射，注意不得刺入眼球内，1次/2天。②以光明眼药膏点眼，2次/天，连用数日。③葡萄糖生理盐水500～1500毫升、10%樟脑磺酸钠注射液10～20毫升、氨苄西林钠7毫克/千克（体重）、30%安乃近10～20毫升，静脉注射，2次/天，连用3～5天。④决明散350克、蜂蜜60克、鸡蛋2枚，温开水冲匀，灌服，1次/天，连用3～5天。

第二节　寄生虫病

一、蠕虫病

(一) 牛囊尾蚴病（牛囊虫病）

1. 简介

牛囊尾蚴病又称牛囊虫病，是由寄生在人肠道的牛带绦虫的幼虫寄生于牛肌肉中而引起的寄生虫病。中间宿主主要是黄牛、水牛，绵羊、山羊、羚羊和鹿，人类则是终末宿主。牛囊尾蚴多寄生在中间宿主的横纹肌、脑、眼和其他内脏器官中。本病严重危害人和动物的健康。牛患囊尾蚴病多不表现出临床症状，在大量感染或是某一器官受害时才见到症状。多表现为营养不良，生长受阻，贫血、水肿。如喉头受害时，可出现呼吸困难、声音嘶哑和吞咽困难；眼睛受害时，则出现视力障碍甚至失明；大脑受害时，可表现出癫痫症状，有时产生急性脑炎或突然死亡。牛患囊尾蚴病生前诊断比较困难，只有剖检时才能作出诊断。

2. 防制

（1）加强卫生和驱虫　宰杀场发现患囊尾蚴病的牛，应彻底煮熟后出售；感染严重的病尸可炼油供工业用；养牛场饲养管理人员，要定期以灭绦灵或吡喹酮内服，以驱杀肠道牛带绦虫。人驱虫后排出的虫体和粪便应彻底焚烧，以达无害化。

（2）发病后的措施　目前尚无治疗牛囊尾蚴病的有效方法；防治牛患囊尾蚴病，重在治疗人的牛带绦虫病。人没有了绦虫病，牛就不会感染囊尾蚴，而发生牛患囊尾蚴病。

（二）细颈囊尾蚴病

1. 简介

细颈囊尾蚴病是由泡状带绦虫的幼虫（细颈囊尾蚴）寄生于猪、黄牛、山羊、绵羊等家畜及野生动物肝脏浆膜、网膜和肠系膜等处，所引起的寄生虫病。细颈囊尾蚴对幼龄家畜的致病性很强，尤以仔猪、犊牛和羔羊为甚。成年动物除感染特别严重者外，一般无临床症状。而仔猪、犊牛和羔羊常有明显的症状。多表现为虚弱消瘦和黄疸。有急性腹膜炎时，体温升高，腹腔积水，肚腹膨大，按压腹壁有痛感，经过 9～10 天的急性发作期后，转为慢性。细颈囊尾蚴病生前诊断比较困难，只有剖检时才能作出诊断。

2. 防制

（1）加强隔离和卫生　养牛场最好不要养犬和猫，如养有犬和猫应定期以吡喹酮内服，以驱杀肠道泡状带绦虫。犬和猫驱虫后排出的虫体和粪便应彻底焚烧；养牛场以屠宰动物废弃物，如肝脏、肠系膜和网膜饲喂犬和猫时，应煮熟后喂给，不得生喂。

(2) 发病后的措施

方案：目前只有吡喹酮对细颈囊尾蚴有治疗作用，吡喹酮75毫克/千克（体重），温水调匀灌服，1次/天，连服3天，杀灭效果可达100%。

(三) 食道口线虫（结节虫）病

1. 简介

反刍兽食道口线虫病是由辐射食道口线虫、哥伦比亚食道口线虫、微食道口线虫等的幼虫及成虫寄生于结肠腔及肠壁而引起的寄生虫病，由于有些种的幼虫阶段可使肠壁发生结节，故有结节虫病之名。感染严重的牛大肠黏膜才会出现大量结节，并可引发结节性肠炎。粪便中带有脱落的肠黏膜，腹泻或下痢，机体消瘦，发育障碍，被毛粗乱无光，继发细菌感染时，可发生化脓性结节性大肠炎，甚至引起死亡。生前诊断比较困难，只有在剖检时在结肠肠壁发现乳白色结节才能作出诊断。

2. 防制

(1) 加强卫生消毒　牛舍应每天进行打扫、冲洗，并以2%氢氧化钠消毒，不到被食道口线虫虫卵污染的草地放牧以避免被感染。

(2) 发病后的措施　发病牛场以潮霉素B预混剂（按潮霉素B计）10～13克拌料1000千克，全群混饲，连用8天。治疗方案如下。

方案1：①芬苯达唑预混剂（按芬苯达唑计）7.5毫克/千克（体重），全群拌料混饲，1次/天，连用6天。②服药后每天清扫牛舍，将排出的虫体和粪便运到远离牛场的地方堆积发酵或挖坑沤肥，以杀灭食道口线虫卵。

方案2：①盐酸左旋咪唑预混剂（按盐酸左旋咪唑计）7.5毫克/千克（体重），拌料全群1次混饲，间隔2周再驱虫1次。②服药后1～3天，每天清扫牛舍，将排出的虫体和粪便运到远离牛场的地方堆积发酵或挖坑沤肥，以杀灭食道口线虫卵。

(四) 血矛线虫病

1. 简介

血矛线虫病是由寄生于反刍动物皱胃和小肠的多种线虫引起的消化道圆线虫病，其中以捻转血矛线虫的致病力最强。捻转血矛线虫呈毛发状，因吸血而呈淡红色。颈乳突显著，呈锥形，伸向后侧方。头端尖细，口囊小，内有一背矛状小齿。雌虫因白色的生殖器官环绕于含有血液的肠道周围，形成了红白线系相间排列的外观，故称捻转血矛线虫，亦称捻转胃虫。

感染性幼虫被反刍动物摄食后，在瘤胃内脱鞘，脱鞘后进入皱胃，钻进胃黏膜，感染后18～21天发育成熟，成虫游离在胃内，交配产卵，其寿命不超过1年。病牛消瘦、贫血，可视黏膜苍白或轻度黄染。被毛粗乱，下痢或便秘。

2. 防制

(1) 注意驱虫　在血矛线虫病流行地区，每年春季和秋季，应用丙硫咪唑或伊维菌素等，各进行一次预防性驱虫。

(2) 发病后的措施　治疗方案如下。

方案1：1%伊维菌素注射液0.3毫升/千克（体重），皮下注射，夏、秋季节每月1次。

方案2：盐酸左旋咪唑片7.5毫克/千克（体重），拌料内服，夏、秋季节每月1次。

二、原虫病

(一) 弓形虫病

1. 简介

弓形虫病是由刚第弓形虫引起的一种人畜共患病。宿主种类十分广泛，人和动物的感染率都很高。牛、羊、犬等也能被感染而发病。

弓形虫病的急性症状表现为食欲缺乏或废绝，体温升高，呼吸急促，眼内出现浆液或脓性分泌物，流清鼻涕。精神沉郁，嗜睡，数日后出现神经症状，后肢麻痹，病程2～8天，常发生死亡。慢性病例则病程较长，表现出厌食，逐渐消瘦，贫血。病畜可出现后肢麻痹，并导致死亡，但多数病畜可耐过。根据流行病学和临床症状可作出初步诊断，要作出明确诊断必须进行实验室检查。

2. 防制

(1) 隔离消毒　养牛场禁止养猫，并严防外来猫进入牛场，更不得使其接触饲料和饮水；大多数消毒剂对弓形虫卵囊无效，养殖场发生弓形虫病时，对可能被污染的区域可用火焰喷灯进行消毒。

(2) 发病后的措施

方案 1：磺胺二甲氧嘧啶钠预混剂（按磺胺二甲氧嘧啶钠计）0.1 克/千克（体重）、碳酸氢钠粉 30～100 克/次，拌料混饲，1 次/天，连用 3～5 天。

方案 2：① 20%磺胺间甲氧嘧啶钠注射液首次量 0.5 毫升/千克（体重），维持量 0.25 毫升/千克（体重），肌内注射，2 次/天。②碳酸氢钠粉 30～100 克/次，拌料混饲，2 次/天，连用 3～5 天。

方案 3：葡萄糖生理盐水注射液 1500～2500 毫升、20%磺胺间甲氧嘧啶钠注射液首次量 100 毫克（维持量 50 毫克）/[千克（体重）·次]、5%碳酸氢钠注射液 200～300 毫升，静脉注射，2 次/天，连用 3～5 天。

（二）牛巴贝斯虫病

1. 简介

牛巴贝斯虫病是一种经蜱传播的急性发作的季节性原虫病。牛巴贝斯虫和双芽巴贝斯虫一起广泛存在于有牛蜱的北纬 32°～南纬 30°的世界各地，两者常混合感染寄生于红细胞内。牛巴贝斯虫和双芽巴贝斯虫可呈梨籽形、圆形、椭圆形和不规则形等。

潜伏期为 8～15 天，病初体温升高至 40～42℃，呼吸心跳加快，精神沉郁，食欲缺乏或消失，反刍、嗳气缓慢或停止，便秘或腹泻，一些病牛常排出黑褐色、恶臭，并带有黏液的粪便。怀孕母牛可发生流产，奶牛泌乳减少或停止。病牛迅速消瘦、贫血，可视黏膜苍白和黄染。尿液呈淡红色至黑红色。根据临床症状一般可作出初步诊断，确诊须进行实验室检查。

2. 防制

(1) 灭虫　进入温暖季节后，要以 25%二嗪农杀虫乳液 2.4 毫升，加常水 1000 毫升，对牛舍和牛体进行喷洒以杀灭蜱，每月 1 次。

(2) 发病后的措施　治疗方案如下。

方案 1：①二丙酸双脒苯脲注射液 2 毫克/千克（体重），肌内注射。②0.1%维生素 B_{12} 注射液 2 毫升，肌内注射，1 次/天，连用 3～5 天。③右旋糖酐铁注射液 10 毫克/千克（体重），深部肌内注射。

方案 2：①三氮脒 5～7 毫克/千克（体重），以注射用水配成 7%的溶液，深部肌内注射，1 次/天，连用 2～3 天。②0.1%维生素 B_{12} 注射液 2 毫升，肌内注射，1 次/天，连用 3～5 天。③右旋糖酐铁注射液 10 毫克/千克（体重），深部肌内注射。

(三) 泰勒虫病

1. 简介

泰勒虫病是由泰勒科泰勒属的各种原虫寄生于牛、羊和一些野生动物巨噬细胞、淋巴细胞和红细胞内所引起的疾病的总称。文献记载寄生于牛的泰勒虫共有 5 种，我国发现有环形泰勒虫和瑟氏泰勒虫两种。泰勒虫病是一种季节性很强的地方性流行病，流行于我国西北、东北和华北的一些省、区。发病率高，病死率高，多呈急性经过，以高热、出血、贫血、消瘦和体表淋巴结肿大为特征。

潜伏期 14～20 天，常取急性经过，大部分病牛经 3～20 天死亡。体温升高至 40～42℃，呈稽留热型，少数病牛可呈弛张热或间歇热。精神沉郁，呼吸心跳加快，食欲缺乏或消失，反刍嗳气缓慢，行走无力，多卧少立，眼结膜充血肿胀，流出大量浆液性眼泪，很易变为贫血和黄染，布满绿豆大的溢血斑。尾根、肛门周围及阴囊等薄的皮肤上出现粟粒乃至扁豆大的深红色结节。颌下、胸前、腹下及四肢发生水肿。全身皮下、肌间、黏膜和浆膜上均可见大量的出血点和出血斑。全身淋巴结肿大，切面多汁，实质有暗红色和灰白色大小不一的结节。根据临床症状一般可作出初步诊断，作淋巴结穿刺检查石榴体可作出确切诊断。

2. 防制

(1) 灭虫　进入温暖季节后，要以 25%二嗪农杀虫乳液 2.4 毫升，加常水 1000 毫升，对牛舍和牛体进行喷洒以杀灭蜱，每月 1 次。

(2) 发病后的措施　治疗方案如下。

方案 1：①磺胺甲氧吡嗪 50 毫克/千克（体重）、甲氧苄氨嘧啶 25 毫克/千克（体重）、磷酸伯胺喹啉 0.75 毫克/千克（体重），混合均匀，温水调匀灌服，1 次/天，连用 2～3 天。②10%葡萄糖注射液 1500～2500 毫升、生理盐水注射液 500～1000 毫升、10%安钠咖 20 毫升，静脉注射，2 次/天，连用 3～5 天。③0.1%维生素 B_{12} 注射液 2 毫升，肌内注射，1 次/天，连用 3～5 天。④右旋糖酐铁注射液 10 毫克/千克（体重），深部肌内注射。

方案 2：①三氮脒 5～7 毫克/千克（体重），以注射用水配成 7%溶液，深部肌内注射，1 次/天，连用 2～3 次。如红细胞染虫率下降不明显，应继续用药2次。②0.1%维生素B_{12}注射液2毫升，肌内注射，1次/天，连用3～5天。③右旋糖酐铁注射液10毫克/千克（体重），深部肌内注射。

（四）球虫病

1. 简介

球虫病是由艾美尔属的多种球虫寄生于肠道而引起的孢子虫病，以出血性肠炎为主要特征，主要发生于犊牛，常呈季节性地方散发或流行。

潜伏期2～3周，多呈急性经过。病初精神沉郁，被毛粗乱，体温略高或正常，站立无力，喜卧于地上。食欲缺乏，排出稀粪，粪中带有血液。随后体温升高至40～41℃，机体消瘦，可视黏膜苍白，被毛粗乱无光，食欲缺乏或消失，肠音亢进，排出水样、咖啡色稀粪，粪中带有脱落的肠黏膜碎片和凝血块，后期粪便呈黑色，几乎全为血液，体温下降到36℃以下，卧地不起，在极度贫血和衰竭的情况下死亡。根据临床症状一般可作出初步诊断，作粪便压片检查，发现球虫卵囊，即可作出确切诊断。

2. 防制

（1）加强隔离卫生和消毒　牛场和牛舍应每天进行打扫，将粪便及污物运往贮粪池进行发酵处理后，作肥料。并以5%氢氧化钠热溶液消毒；成年牛可能是球虫携带者，故犊牛与成年牛要分开饲养，以防犊牛被球虫卵囊所感染。

（2）发病后的措施　治疗方案如下。

方案1：①磺胺二甲基嘧啶0.1克/千克（体重）、甲氧苄氨嘧啶25毫克/千克（体重）、次硝酸铋20克、小苏打（碳酸氢钠）50克、颠茄酊20毫升，温水调匀灌服，1～2次/天，连用3～5天。②0.1%维生素B_{12}注射液2毫升，肌内注射，1次/天，连用3～5天。③安络血注射液50～100毫克/次，肌内注射，2～3次/天，连用3～5天。

方案2：①白头翁散200～250g/头，温水调匀灌服，1次/天，连用3～5天。②葡萄糖生理盐水注射液1500～2500毫升、10%安钠咖20毫升、磺胺间甲氧嘧啶钠注射液50毫克/千克（体重）、5%碳酸氢钠注射液200～250毫升，静脉注射，2次/天，连用3～5天。

③0.1%维生素 B_{12} 注射液 2 毫升，肌内注射，1 次/天，连用 3～5 天。④安络血注射液 50～100 毫克/次，肌内注射，2～3 次/天，连用 3～5 天。

三、体外寄生虫病

（一）疥螨病

1. 简介

疥螨病是由疥螨属的螨类寄生于家畜表皮内所引起的慢性皮肤病，以接触传染，并引起患病动物剧烈痒感及各种类型的皮肤炎症为特征。疥螨病是猪、牛、羊等家畜的重要螨病。这个属的疥螨有牛疥螨、猪疥螨、山羊疥螨、绵羊疥螨等，有些疥螨的宿主特异性并不十分严格，如人经常接触家畜，就有可能受到家畜疥螨的侵袭。

疥螨病多局限于头部和颈部，有时可蔓延到腹部和四肢。痒感剧烈，常在栏杆、圈墙等处摩擦，有时患部因摩擦而脱毛、出血。因经常摩擦，可见有渗出液结成的硬痂皮。皮肤弹性降低，出现皱褶或龟裂。病程延长时，食欲缺乏，营养不良，甚至发生死亡。采取病料压片，进行显微观察即可作出确切诊断。

2. 防制

（1）加强隔离　经常观察牛群，检查有无脱毛、发痒现象，发现可疑病牛，应立即隔离并查明原因给予治疗。

（2）发病后的措施　牛群中发现疥螨病时，以伊维菌素预混剂（按伊维菌素计）2 克拌料 1000 千克，全群混饲，连用 7 天。

方案 1：①患部及其周围剪毛，除去污垢和痂皮，以温肥皂水或 2%温来苏尔水刷洗。②以硫黄软膏涂抹患部，2 次/天，直至痊愈。

方案 2：①1%伊维菌素注射液 0.3 毫升/千克（体重），皮下注射。如不能痊愈，可每隔 7 用药 1 次，连用 2～3 次。②以硫黄软膏涂抹患部，2 次/天，直至痊愈。

（二）牛壁虱病

1. 简介

牛壁虱是牛冬春季节常发生的体外寄生虫病。幼虫和成虫在牛体表寄生和吸吮血液，引起牛贫血和营养障碍，并造成牛骚动不安，影响牛的生长发育和身体健康。

2. 防制

(1) 加强卫生管理　要做到牛舍干燥、清洁卫生，经常刷拭牛体。

(2) 发病后的措施　治疗方案如下。

方案1：将100克百部浸泡于1000克烧酒内，约24小时后用酒涂擦患部。

方案2：干烟叶100克，干石榴皮50克，共研成末，用棉油调后涂擦患部，也可用棉球蘸棉油或香油涂擦患部。

方案3：1%敌百虫溶液喷洒牛体，治疗效果较好。

附录

一、畜禽病害肉尸及其产品无害化处理规程（GB 16548—2006）

（中华人民共和国国家质量监督检验检疫总局和中国国家标准化管理委员会发布）

前　言

本标准的全部技术内容为强制性。

本标准是对 GB 16548—1996 的修订。

本标准根据《中华人民共和国动物防疫法》及有关法律法规和规章的规定，参照世界动物卫生组织（OIE）《国际动物卫生法典》(International Animal Health Codes）标准性文件的有关部分，依据相关科技成果和实践经验修订而成。

本标准与 GB 16548—1996 的主要区别在于：

——将标准名称改为《病害动物和病害动物产品生物安全处理规程》；

——将适用范围改为“适用于国家规定的染疫动物及其产品，病死、毒死或者死因不明的动物尸体，经检验对人畜健康有危害的动物和病害动物产品、国家规定应该进行生物安全处理的动物和动物产品”；

——“术语和定义”中，明确“生物安全处理”的含义；

——在销毁的方法中增加“掩埋”一项，并规定具体的操作程序和方法。

本标准由中华人民共和国农业部提出。

本标准由全国动物防疫标准化技术委员会归口。

本标准起草单位：农业部全国畜牧兽医总站。

本标准主要起草人：徐百万、李秀峰、陈国胜、辛盛鹏、冯雪领、李万有。

病害动物和病害动物产品生物安全处理规程

1. 范围

本标准规定了病害动物和病害动物产品的销毁、无害化处理的技术要求。

本标准适用于国家规定的染疫动物及其产品、病死毒死或者死因不明的动物尸体、经检验对人畜健康有危害的动物和病害动物产品、国家规定的其他应该进行生物安全处理的动物和动物产品。

2. 术语和定义

下列术语和定义用于本标准。

2.1 生物安全处理

通过用焚毁、化制、掩埋或其他物理、化学、生物学等方法将病害动物尸体和病害动物产品或附属物进行处理，以彻底消灭其所携带的病原体，达到消除病害因素，保障人畜健康安全的目的。

3. 病害动物和病害动物产品的处理

3.1 运送

运送动物尸体和病害动物产品应采用密闭、不渗水的容器，装前卸后必须要消毒。

3.2 销毁

3.2.1 适用对象

3.2.1.1 确认为口蹄疫、猪水疱病、猪瘟、非洲猪瘟、非洲马瘟、牛瘟、牛传染性胸膜肺炎、牛海绵状脑病、痒病、绵羊梅迪/维纳斯病、蓝舌病、小反刍兽疫、绵羊痘和山羊痘、山羊关节炎脑炎、高致病性禽流感、鸡新城疫、炭疽、鼻疽、狂犬病、羊快疫、羊肠毒血症、肉毒梭菌中毒症、羊猝狙、马传染性贫血病、猪密螺旋体痢疾、猪囊尾蚴年蚴、急性猪丹毒、钩端螺旋体病（已黄染肉尸）、布氏杆菌病、结核病、鸭瘟、兔病毒性出血症、野兔热的染疫动物以及其他严重危害人畜健康的病害动物及其产品。

3.2.1.2 病死、毒死或不明死因动物的尸体。

3.2.1.3 经检验对人畜有毒有害的、需销毁的病害动物和病害动物产品。

3.2.1.4 从动物体割除下来的病变部分。

3.2.1.5 人工接种病原微生物或进行药物试验的病害动物和病

害动物产品。

3.2.1.6 国家规定的其他应该销毁的动物和动物产品。

3.2.2 操作方法

3.2.2.1 焚毁

将病害动物尸体、病害动物产品投入焚化炉或用其他方式烧毁碳化。

3.2.2.2 掩埋

本法不适用于患有炭疽等芽孢杆菌类疫病，以及牛海绵状脑病、痒病的染疫动物及产品、组织的处理。具体掩埋要求如下：

① 掩埋地应远离学校、公共场所、居民住宅区、村庄、动物饲养和屠宰场所、饮用水源地、河流等地区；

② 掩埋前应对需掩埋的病害动物尸体和病害动物产品实施焚烧处理；

③ 掩埋坑底铺 2 厘米厚生石灰；

④ 掩埋后需将掩埋土夯实。病害动物尸体和病害动物产品上层应距地表 1.5 米以上；

⑤ 焚烧后的病害动物尸体和病害动物产品表面，掩埋后的地表环境应使用有效消毒药喷洒消毒。

3.3 无害化处理

3.3.1 化制

3.3.1.1 适用对象

除 3.2.1 规定的动物疫病以外的其他疫病的染疫动物，以及病变严重、肌肉发生退行性变化的动物的整个尸体或胴体、内脏。

3.3.1.2 操作方法

利用干化、湿化机，将原料分类，分别投入化制。

3.3.2 消毒

3.3.2.1 适用对象

除 3.2.1 规定的动物疫病以外的其他疫病的染疫动物的生皮、原毛以及未经加工的蹄、骨、角、绒。

3.3.2.2 操作方法

（1）高温处理法

适用于染疫动物蹄、骨和角的处理。

将肉尸作高温处理时剔出的骨、蹄、角放入高压锅内蒸煮至骨脱胶或脱脂时止。

(2) 盐酸食盐溶液消毒法

适用于被病原微生物污染或可疑被污染和一般染疫动物的皮毛消毒。

用2.5%盐酸溶液和15%食盐水溶液等量混合，将皮张浸泡在此溶液中，并使溶液温度保持在30℃左右，浸泡40小时，1米^{2}的皮张用10升消毒液。浸泡后捞出沥干，放入2%氢氧化钠溶液中，以中和皮张上的酸，再用水冲洗后晾干。也可按100毫升25%食盐水溶液中加入盐酸1毫升配制消毒液，在室温15℃条件下浸泡48小时，皮张与消毒液之比为1∶4。浸泡后捞出沥干，再放入1%氢氧化钠溶液中浸泡，以中和皮张上的酸，再用水冲洗后晾干。

(3) 过氧乙酸消毒法

适用于任何染疫动物的皮毛消毒

将病皮放入新鲜配制的2%过氧乙酸溶液浸泡30分钟，捞出，用水冲洗后晾干。

(4) 碱盐液浸泡消毒法

适用于被病原微生物污染的皮毛的消毒。

将病皮浸入5%碱盐液（饱和盐水内加5%氢氧化钠）中，室温（18～25℃）浸泡24小时，并随时加以搅拌，然后取出挂起，待碱盐液流净，放入5%盐酸溶液内浸泡，使皮上的酸碱中和，捞出，用水冲洗后晾干。

(5) 煮沸消毒法

适用于染疫动物鬃毛的处理。

将鬃毛于沸水中煮沸2～2.5小时。

二、畜禽场环境质量标准（NY/T 388—1999）

1. 范围

本标准规定了畜禽场必要的空气、生态环境质量标准以及畜禽饮用水的水质标准。

本标准适用于畜禽场的环境质量控制、监测、监督、管理、建设项目的评价及畜禽场环境质量的评估。

2. 引用标准

下列标准所包含的条文，通过在本标准中引用而构成本标准的条文，本标准出版时，所示版本均为有效。所有标准都会被修订，使用本标准的各方应探讨使用下列标准最新版本的可能性。

GB 2930—1985　牧草种子检验规程

GB/T 5750—1985　生活饮用水标准检验法

GB/T 6920—1986　水质　pH 值的测定　玻璃电极法

GB/T 7470—1987　水质　铅的测定　双硫腙分光光度法

GB/T 7475—1987　水质　铜、锌、铅、镉的测定原子吸收分光光谱法

GB/T 7467—1987　水质　六价铬的测定　二苯碳酰二肼分光光度法

GB/T 7477—1987　水质　钙和镁总量的测定　EDTA 滴定法

GB/T 13195—1991　水质　水温的测定　温度计或颠倒温度计测定法

GB/T 14623—1993　城市区域环境噪声测量方法

GB/T 14668—1993　空气质量　氨的测定　纳氏试剂比色法

GB/T 14675—1993　空气质量　恶臭的测定　三点比较式臭袋法

GB/T 15432—1995　环境空气　总悬浮颗粒物的测定　重量法

3. 术语

3.1　畜禽场

按养殖规模本标准规定：鸡≥5000 只，母猪存栏≥75 头，牛≥25 头的畜禽场，该场应设置有舍区、场区和缓冲区。

3.2　舍区

畜禽所处的半封闭的生活区域，即畜禽直接的生活环境区。

3.3　场区

规模化畜禽场围栏或院墙以内、舍内以外的区域。

3.4　缓冲区

在畜禽场外周围，沿场院向外≤500 米范围内的畜禽保护区，该区具有保护畜禽场免受外界污染的功能。

3.5　PM_{10}

可吸入颗粒物，空气动力学当量直径≤10 微米的颗粒物。

3.6　TSP

总悬浮颗粒物，空气动力学当量直径≤100 微米的颗粒物。

4. 技术要求

4.1　畜禽场空气环境质量

畜禽场空气环境质量见附表 2-1。

附表 2-1　畜禽场空气环境质量

序号	项目	缓冲区	场区	舍区			
				禽舍		猪舍	牛舍
				雏禽	成禽		
1	氨气/(毫克/米^3)	2	5	10	15	25	20
2	硫化氢/(毫克/米^3)	1	2	2	10	10	8
3	二氧化碳/(毫克/米^3)	380	750	1500		1500	1500
4	PM_{10}/(毫克/米^3)	0.5	1	4		1	2
5	TSP/(毫克/米^3)	1	2	8		3	4
6	恶臭(稀释倍数)	40	50	70		70	70

注：表中数据皆为日均值。

4.2　舍区生态环境质量

舍区生态环境质量见附表 2-2。

附表 2-2　舍区生态环境质量

序号	项目	禽		猪		牛
		雏禽	成禽	仔猪	成年猪	
1	温度/℃	21～27	10～24	27～32	11～17	10～15
2	湿度/%	75		80		80

续表

序号	项目	禽		猪		牛
		雏禽	成禽	仔猪	成年猪	
3	风速/(米/秒)	0.5	0.8	0.4	1.0	1.0
4	照度/勒克司	50	30	50	30	50
5	细菌/(个/米^3)	25000		17000		20000
6	噪声/分贝	60	80	80		75
7	粪便含水率/%	65～75		70～80		65～75
8	粪便清理	干法		日清粪		日清粪

4.3　畜禽饮用水质量

畜禽饮用水质量见附表 2-3。

附表 2-3　畜禽饮用水质量

序号	项目	自备井	地面水	自来水
1	大肠菌群/(个/升)	3	3	
2	细菌总数/(个/升)	100	200	
3	pH 值	5.5～8.5		
4	总硬度/(毫克/升)	600		
5	溶解性总固体/(毫克/升)	2000		
7	铅/(毫克/升)	Ⅳ类地下水标准	Ⅳ类地下水标准	饮用水标准
9	铬(六价)/(毫克/升)	Ⅳ类地下水标准	Ⅳ类地下水标准	饮用水标准

注：甘肃、青海、新疆和沿海、岛屿地区溶解性总固体可放宽到 3000 毫克/升。

5. 监测

5.1　采样

环境质量各种参数的监测及采样点、采样办法、采样高度及采样频率的要求按《环境监测技术规范》执行。

5.2　分析方法

各项污染物的分析方法见附表 2-4。

附表 2-4　各项污染物的分析方法

序号	项目	方法	方法来源
1	氨气	纳氏试剂比色法	GB/T 14668—1993
2	硫化氢	碘量法	中国环境监测总站《污染源统一监测分析方法》(废气部分),标准出版社,1985
3	二氧化碳	滴定法	国家环保总局《水和废水监测分析方法》(第三版),中国环境科学出版社,1989
4	PM_{10}	重量法	GB/T 6920—1986
5	TSP	重量法	GB/T 15432—1995
6	恶臭	三点比较式臭袋法	GB/T 14675—1993
7	温度	温度计测定法	GB/T 13195—1991
8	湿度(相对)	湿度计测定法	国家气象局《地面气象观测规范》,1979
9	风速	风速仪测定法	国家气象局《地面气象观测规范》,1979
10	照度	照度计测定法	国家气象局《地面气象观测规范》,1979
11	空气细菌总数	平板法	GB/T 5750—1985
12	噪声	声级计测量法	GB/T 14623—1993
13	粪便含水率	重量法	参考 GB/T 2930—1982 暂采用此法
14	大肠菌群	多管发酵法	GB/T 14623—1985
15	水质细菌总数	菌落总数测定	《水和废水监测分析方法》(第三版),中国环境科学出版社,1989
16	pH 值	玻璃电极法	GB/T 6920—1986
17	总硬度	EDTA 滴定法	GB/T 7477—1987
18	溶解性总固体	重量法	《水和废水监测分析方法》(第三版),中国环境科学出版社,1989
19	铅	原子吸收分光光度法 双硫腙分光光度法	GB/T 7475—1987 GB/T 7470—1987
20	铬(六价)	二苯碳酰二肼分光光度法	GB/T 7467—1987

三、畜禽养殖污染防治管理办法

《畜禽养殖污染防治管理办法》，已于 2001 年 3 月 20 日经国家环境保护总局局务会议通过，现予以公布施行。

第一条　为防治畜禽养殖污染，保护环境，保障人体健康，根据环境保护法律、法规的有关规定，制定本办法。

第二条　本办法所称畜禽养殖污染，是指在畜禽养殖过程中，畜禽养殖场排放的废渣，清洗畜禽体和饲养场地、器具产生的污水及恶臭等对环境造成的危害和破坏。

第三条　本办法适用于中华人民共和国境内畜禽养殖场的污染防治。畜禽放养不适用本办法。

第四条　畜禽养殖污染防治实行综合利用优先，资源化、无害化和减量化的原则。

第五条　县级以上人民政府环境保护行政主管部门在拟定本辖区的环境保护规划时，应根据本地实际，对畜禽养殖污染防治状况进行调查和评价，并将其污染防治纳入环境保护规划中。

第六条　新建、改建和扩建畜禽养殖场，必须按建设项目环境保护法律、法规的规定，进行环境影响评价，办理有关审批手续。畜禽养殖场的环境影响评价报告书（表）中，应规定畜禽废渣综合利用方案和措施。

第七条　禁止在下列区域内建设畜禽养殖场：

（一）生活饮用水水源保护区、风景名胜区、自然保护区的核心区及缓冲区；

（二）城市和城镇中居民区、文教科研区、医疗区等人口集中地区；

（三）县级人民政府依法划定的禁养区域；

（四）国家或地方法律、法规规定需特殊保护的其他区域。

本办法颁布前已建成的、地处上述区域内的畜禽养殖场应限期搬迁或关闭。

第八条　畜禽养殖场污染防治设施必须与主体工程同时设计、同时施工、同时使用；畜禽废渣综合利用措施必须在畜禽养殖场投入运营的同时予以落实。

环境保护行政主管部门在对畜禽养殖场污染防治设施进行竣工验收时，其验收内容中应包括畜禽废渣综合利用措施的落实情况。

第九条　畜禽养殖场必须按有关规定向所在地的环境保护行政主管部门进行排污申报登记。

第十条　畜禽养殖场排放污染物，不得超过国家或地方规定的排放标准。

在依法实施污染物排放总量控制的区域内，畜禽养殖场必须按规定取得《排污许可证》，并按照《排污许可证》的规定排放污染物。

第十一条　畜禽养殖场排放污染物，应按照国家规定缴纳排污费；向水体排放污染物，超过国家或地方规定排放标准的，应按规定缴纳超标准排污费。

第十二条　县级以上人民政府环境保护行政主管部门有权对本辖区范围内的畜禽养殖场的环境保护工作进行现场检查，索取资料，采集样品，监测分析。被检查单位和个人必须如实反映情况，提供必要资料。

检察机关和人员应当为被检查的单位和个人保守技术秘密和业务秘密。

第十三条　畜禽养殖场必须设置畜禽废渣的贮存设施和场所，采取对贮存场所地面进行水泥硬化等措施，防止畜禽废渣渗漏、散落、溢流、雨水淋失、恶臭气味等对周围环境造成污染和危害。

畜禽养殖场应当保持环境整洁，采取清污分流和粪尿的干湿分离等措施，实现清洁养殖。

第十四条　畜禽养殖场应采取将畜禽废渣还田、生产沼气、制造有机肥料、制造再生饲料等方法进行综合利用。

用于直接还田利用的畜禽粪便，应当经处理达到规定的无害化标准，防止病菌传播。

第十五条　禁止向水体倒畜禽废渣。

第十六条　运输畜禽废渣，必须采取防渗漏、防流失、防遗撒及其他防止污染环境的措施，妥善处置贮运工具清洗废水。

第十七条　对超过规定排放标准或排放总量指标，排放污染物或造成周围环境严重污染的畜禽养殖场，县级以上人民政府环境保护行政主管部门可提出限期治理建议，报同级人民政府批准实施。

被责令限期治理的畜禽养殖场应向做出限期治理决定的人民政府的环境保护行政主管部门提交限期治理计划，并定期报告实施情况。

提交的限期治理计划中，应规定畜禽废渣综合利用方案。环境保护行政主管部门在对畜禽养殖场限期治理项目进行验收时，其验收内容中应包括上述综合利用方案的落实情况。

第十八条　违反本办法规定，有下列行为之一的，由县级以上人民政府环境保护行政主管部门责令停止违法行为，限期改正，并处以1000元以上3万元以下罚款：

（一）未采取有效措施，致使贮存的畜禽废渣渗漏、散落、溢流、雨水淋失、散发恶臭气味等对周围环境造成污染和危害的；

（二）向水体或其他环境倾倒、排放畜禽废渣和污水的。违反本办法其他有关规定，由环境保护行政主管部门依据有关环境保护法律、法规的规定给予处罚。

第十九条　本办法中的畜禽养殖场，是指常年存栏量为500头以上的猪、3万羽以上的鸡和100头以上的牛的畜禽养殖场，以及达到规定规模标准的其他类型的畜禽养殖场。其他类型的畜禽养殖场的规模标准，由省级环境保护行政主管部门根据本地区实际，参照上述标准作出规定。

地方法规或规章对畜禽养殖场的规模标准规定严于第一款确定的规模标准的，从其规定。

第二十条　本办法中的畜禽废渣，是指畜禽养殖场的畜禽粪便、畜禽舍垫料、废饲料及散落的毛羽等固体废物。

第二十一条　本办法自公布之日起实施。

四、畜禽养殖业污染防治技术规范（HJ/T 81—2001）

前　言

随着我国集约化畜禽养殖业的迅速发展，养殖场及其周边环境问题日益突出，成为制约畜牧业进一步发展的主要因素之一。为防止环境污染，保障人、畜健康，促进畜牧业的可持续发展，依据《中华人民共和国环境保护法》等有关法律、法规制定本技术规范。

本技术规范规定了畜禽养殖场的选址要求、场区布局与清粪工艺、畜禽粪便贮存、污水处理、固体粪肥的处理利用、饲料和饲养管理、病死畜禽尸体处理与处置、污染物监测等污染防治的基本技术要求。

本技术规范为首次制定。

本技术规范由国家环境保护总局自然生态保护司提出。

本技术规范由国家环境保护总局科技标准司归口。

本技术规范由北京师范大学环境科学研究所、国家环境保护总局南京环境科学研究所和中国农业大学资源与环境学院共同负责起草。

本技术规范由国家环境保护总局负责解释。

1　主题内容

本技术规范规定了畜禽养殖场的选址要求、场区布局与清粪工艺、畜禽粪便贮存、污水处理、固体粪肥的处理利用、饲料和饲养管理、病死畜禽尸体处理与处置、污染物监测等污染防治的基本技术要求。

2　技术原则

2.1　畜禽养殖场的建设应坚持农牧结合、种养平衡的原则，根据本场区土地（包括与其他法人签约承诺消纳本场区产生粪便污水的土地）对畜禽粪便的消纳能力，确定新建畜禽养殖场的养殖规模。

2.2　对于无相应消纳土地的养殖场，必须配套建立具有相应加工（处理）能力的粪便污水处理设施或处理（置）机制。

2.3　畜禽养殖场的设置应符合区域污染物排放总量控制要求。

3　选址要求

3.1　禁止在下列区域内建设畜禽养殖场：

3.1.1　生活饮用水水源保护区、风景名胜区、自然保护区的核心区及缓冲区；

3.1.2　城市和城镇居民区，包括文教科研区、医疗区、商业区、工业区、游览区等人口集中地区；

3.1.3　县级人民政府依法划定的禁养区域；

3.1.4　国家或地方法律、法规规定需特殊保护的其他区域。

3.2　新建改建、扩建的畜禽养殖场选址应避开3.1规定的禁建区域，在禁建区域附近建设的，应设在3.1规定的禁建区域常年主导风向的下风向或侧风向处，场界与禁建区域边界的最小距离不得小于500米。

4　场区布局与清粪工艺

4.1　新建、改建、扩建的畜禽养殖场应实现生产区、生活管理区的隔离，粪便污水处理设施和禽畜尸体焚烧炉；应设在养殖场的生产区、生活管理区的常年主导风向的下风向或侧风向处。

4.2 养殖场的排水系统应实行雨水和污水收集输送系统分离，在场区内外设置的污水收集输送系统，不得采取明沟布设。

4.3 新建、改建、扩建的畜禽养殖场应采取干法清粪工艺，采取有效措施将粪及时、单独清出，不可与尿、污水混合排出，并将产生的粪渣及时运至贮存或处理场所，实现日产日清。采用水冲粪、水泡。粪湿法清粪工艺的养殖场，要逐步改为干法清粪工艺。

5 畜禽粪便的贮存

5.1 畜禽养殖场产生的畜禽粪便应设置专门的贮存设施，其恶臭及污染物排放应符合《畜禽养殖业污染物排放标准》。

5.2 贮存设施的位置必须远离各类功能地表水体（距离不得小于400米），并应设在养殖场生产及生活管理区的常年主导风向的下风向或侧风向处。

5.3 贮存设施应采取有效的防渗处理工艺，防止畜禽粪便污染地下水。

5.4 对于种养结合的养殖场，畜禽粪便。贮存设施的总容积不得低于当地农林作物生产用肥的最大间隔时间内本养殖场所产生粪便的总量。

5.5 贮存设施应采取设置顶盖等防止降雨（水）进入的措施。

6 污水的处理

6.1 畜禽养殖过程中产生的污水应坚持种养结合的原则，经无害化处理后尽量充分还田，实现污水资源化利用。

6.2 畜禽污水经治理后向环境中排放，应符合《畜禽养殖业污染物排放标准》的规定，有地方排放标准的应执行地方排放标准。

污水作为灌溉用水排入农田前，必须采取有效措施进行净化处理(包括机械的、物理的、化学的和生物学的)，并须符合《农田灌溉水质标准》(GB 5084—92）的要求。

6.2.1 在畜禽养殖场与还田利用的农田之间应建立有效的污水输送网络，通过车载或管道形式将处理（置）后的污水输送至农田，要加强管理，严格控制污水输送沿途的弃、撒和跑、冒、滴、漏。

6.2.2 畜禽养殖场污水排入农田前必须进行预处理（采用格栅、厌氧、沉淀等工艺、流程)，并应配套设置田间贮存池，以解决农田在非施肥期间的污水出路问题，田间贮存池的总容积不得低于当地农林作物生产用肥的最大间隔时间内畜禽养殖场排放污水的总量。

6.3 对没有充足土地消纳污水的畜禽养殖场，可根据当地实际情况选用下列综合利用措施。

6.3.1 经过生物发酵后，可浓缩制成商品液体有机肥料。

6.3.2 进行沼气发酵，对沼渣、沼液应尽可能实现综合利用，同时要避免产生新的污染，沼渣及时清运至粪便贮存场所，沼液尽可能进行还田利用，不能还田利用并需外排的要进行进一步净化处理，达到排放标准。沼气发酵产物应符合《粪便无害化卫生标准》(GB 7959—87)。

6.3.3 制取其他生物能源或进行其他类型的资源回收综合利用，要避免二次污染，并应符合《畜禽养殖业污染物排放标准》的规定。

6.4 污水的净化处理应根据养殖种类、养殖规模、清粪方式和当地的自然地理条件，选择合理、适用的污水净化处理工艺和技术路线，尽可能采用自然生物处理的方法，达到回用标准或排放标准。

6.5 污水的消毒处理提倡采用非氯化的消毒措施，要注意防止产生二次污染物。

7 固体粪肥的处理利用

7.1 土地利用

7.1.1 畜禽粪便必须经过无害化处理，并且须符合《粪便无害化卫生标准》后，才能进行土地利用，禁止未经处理的畜禽粪便直接施入农田。

7.1.2 经过处理的粪便作为土地的肥料或土壤调节剂来满足作物生长的需要，其用量不能超过作物当年生长所需养分的需求量。在确定粪肥的最佳使用量时需要对土壤肥力和粪肥肥效进行测试评价，并应符合当地环境容量的要求。

7.1.3 对高降雨区、坡地及沙质容易产生径流和渗透性较强的土壤，不适宜施用粪肥或粪肥使用量过高易使粪肥流失引起地表水或地下水污染时，应禁止或暂停使用粪肥。

7.2 对没有充足土地消纳利用粪肥的大中型畜禽养殖场和养殖小区，应建立集中处理畜禽粪便的有机肥厂或处理（置）机制。

7.2.1 固体粪肥的堆制可采用高温好氧发酵或其他适用的技术和方法，以杀死其中的病原菌和蛔虫卵，缩短堆制时间，实现无害化。

7.2.2　高温好氧堆制法分为自然堆制发酵法和机械强化发酵法，可根据本场的具体情况选用。

8　饲料和饲养管理

8.1　畜禽养殖饲料应采用合理配方，如理想蛋白质体系配方等，提高蛋白质及其他营养的吸收效率，减少氮的排放量和粪的生产量。

8.2　提倡使用微生物制剂、酶制剂和植物提取液等活性物质，减少污染物排放和恶臭气体的产生。

8.3　养殖场场区、畜禽舍、器械等的消毒应采用环境友好的消毒剂和消毒措施（包括紫外线、臭氧、双氧水等方法），防止产生氯代有机物及其他的二次污染物。

9　病死畜禽尸体的处理与处置

9.1　病死畜禽尸体要及时处理，严禁随意丢弃，严禁出售或作为饲料再利用。

9.2　病死禽畜尸体处理应采用焚烧炉焚烧的方法，在养殖场比较集中的地区，应集中设置焚烧设施；同时焚烧产生的烟气应采取有效的净化措施，防止烟尘、一氧化碳、恶臭等对周围大气环境的污染。

9.3　不具备焚烧条件的养殖场应设置两个以上的安全填埋井，填埋井应为混凝土结构，深度大于2米，直径1米，井口加盖密封。进行填埋时，在每次投入畜禽尸体后，应覆盖一层厚度大于10厘米的熟石灰，井填满后，须用黏土填埋压实并封口。

10　畜禽养殖场排放污染物的监测

10.1　畜禽养殖场应安装水表，对用水实行计量管理。

10.2　畜禽养殖场每年应至少两次定期向当地环境保护行政主管部门报告污水处理设施和粪便处理设施的运行情况，提交排放污水、废气、恶臭以及粪肥的无害化指标的监测报告。

10.3　对粪便污水处理设施的水质应定期进行监测，确保达标排放。

10.4　排污口应设置国家环境保护总局统一规定的排污口标志。

11　其他养殖场防疫、化验等产生的危险废水和固体废弃物应按国家的有关规定进行处理。

参 考 文 献

[1] 田文霞主编．兽医防疫消毒技术．北京：中国农业出版社，2007.
[2] 农业部农业科教培训中心主编．动物卫生防疫技术．北京：中国农业大学出版社，2006.
[3] 肖金东主编．畜禽疫病防治手册．北京：化学工业出版社，2012.
[4] 潘树德主编．畜禽疫苗手册．北京：化学工业出版社，2012.
[5] 魏刚才主编．规模化牛场兽医手册．北京：化学工业出版社，2013.